高等职业教育铁道供电技术专业"十三五"规划教材
全国高职院校专业教学创新系列教材——铁道运输类

牵引供电规程

主　编○邓小桃　王向东
副主编○王旭东　薛海峰　崔景萍
主　审○陈　刚

西南交通大学出版社
·成都·

图书在版编目（ＣＩＰ）数据

牵引供电规程／邓小桃，王向东主编. —成都：
西南交通大学出版社，2017.4（2024.9 重印）
高等职业教育铁道供电技术专业"十三五"规划教材
全国高职院校专业教学创新系列教材. 铁道运输类
ISBN 978-7-5643-5283-7

Ⅰ. ①牵… Ⅱ. ①邓… ②王… Ⅲ. ①牵引供电系统
– 安全操作规程 – 高等职业教育 – 教材 Ⅳ.
①TM922.3-65

中国版本图书馆 CIP 数据核字（2017）第 027701 号

高等职业教育铁道供电技术专业"十三五"规划教材
全国高职院校专业教学创新系列教材——铁道运输类

牵引供电规程

主编　邓小桃　王向东

责 任 编 辑	宋彦博	
封 面 设 计	何东琳设计工作室	
出 版 发 行	西南交通大学出版社	
	（四川省成都市二环路北一段 111 号	
	西南交通大学创新大厦 21 楼）	
发行部电话	028-87600564　028-87600533	
邮 政 编 码	610031	
网　　　址	http://www.xnjdcbs.com	
印　　　刷	四川森林印务有限责任公司	
成 品 尺 寸	185 mm × 260 mm	
印　　　张	13.75	
字　　　数	342 千	
版　　　次	2017 年 4 月第 1 版	
印　　　次	2024 年 9 月第 6 次	
书　　　号	ISBN 978-7-5643-5283-7	
定　　　价	45.00 元	

课件咨询电话：028-81435775
图书如有印装质量问题　本社负责退换
版权所有　盗版必究　举报电话：028-87600562

高等职业教育铁道供电技术专业"十三五"规划教材
编 委 会

前　言

本书是根据新制定的高职学校铁道供电技术专业教学计划"牵引供电规程"课程教学大纲及该专业教学指导委员会教材编写计划编写的。

本课程是铁道供电技术专业的专业课程，重点讲解高速铁路牵引供电系统接触网和牵引变电所的安全工作规则和运行检修规则。

本书的主要内容有：高速铁路牵引变电所安全工作规则、高速铁路牵引变电所运行检修规则、高速铁路接触网安全工作规则、高速铁路接触网运行检修暂行规程、牵引供电事故管理规则及高速铁路接触网故障抢修规则。

本书由武汉铁路职业技术学院邓小桃和湖南铁路科技职业技术学院王向东主编，由武汉铁路职业技术学院陈刚主审。全书共分为六章，其中第一章和第三章第一节、第二节、第三节由武汉铁路局武汉供电段方华编写，第二章和第三章第五节由武汉铁路职业技术学院邓小桃编写，第三章第四节、第六节、第七节和第八节由包头铁道职业技术学院薛海峰编写，第四章由湖南铁路科技职业技术学院王向东编写，第五章由武汉铁路职业技术学院王旭东编写，第六章由山东职业学院崔景萍编写。

在本书的编写过程中，武汉供电段的李广生、蔡斌给予了大力支持和帮助，在此表示衷心的感谢。

限于编者水平，书中难免有不妥之处，恳请读者批评指正。

编　者

2016 年 12 月

目　录

第一章 绪 论

第一节 安全用电知识

电能具有能量转换效率高、使用方便、易于传输和清洁环保等优点，已广泛应用到我们工作、生活的方方面面。电能的广泛应用有力地推动了人类社会的发展，给人类创造了巨大的财富，改善了人类的生活。但我们在享受电能带来的便利的同时，也要注意用电安全，要在采取必要的安全措施的情况下正确使用和维修电工设备。

一、安全用电的重要性

安全用电具有以下几个方面的特点：

1. 特殊性

由于电力生产和使用的特殊性，即发电、供电和用电是同时进行的，用电事故的发生会造成全厂停电、设备损坏以及人员伤亡，还可能波及电力系统，造成大面积停电的重大事故。

2. 广泛性

不论是工业还是农业，不论是世界五百强企业还是中小企业，不论是我们的工作还是生活，都离不开电，都会遇到各种不同的安全用电问题。

3. 综合性

对于高速铁路来说，安全用电不仅与高速铁路供电系统密切相关，还与工务、通信、动车、信号、调度、机务等系统相关；再者，安全用电工作既有科学技术的一面，又有组织管理的一面。安全用电是一项系统管理工程。造成电气事故的原因是多方面的，有主观因素，如违章作业、误操作或缺乏电气知识等；也有客观因素，如电气装置结构设计不合理，电气元件或设备质量不合格，工作环境恶劣以及雷击过电压等自然力破坏。因此，保证安全用电的措施也必然是多方面的。

4. 严重性

高速铁路的安全、正点运行离不开电能，而从技术、管理、设备层面来确保安全用电已迫在眉睫。从我国触电事故分析来看，我国县级以上工矿企事业单位的触电死亡人数在各类工伤事故中所占比例已经超过 10%。就用电而言，我国每用电 1~2 亿千瓦时即死亡 1 人，而美国、日本等国每用电 30~40 亿千瓦时才死亡 1 人。我国安全用电水平之低，令人震惊。我国电气火灾数量已超过火灾数量总数的 20%，而电气火灾所造成的经济损失所占比例还要更高一些。在管理方面，尚有许多安全用电问题亟待解决，例如电气安全标准、规范、规程还不够完善，专业人员素质还有待提高等。此外，电具有看不见、摸不着、嗅不到的特点，人们不易直接感受它和认识它，电磁学的理论也比较抽象，这些都将增加电气安全培训的难度。当然，只要我们努力适应它的特点，就一定能够掌握安全用电的规律，并做好安全用电工作。

二、安全用电基本要求

1. 贯彻"安全第一，预防为主"的方针

为保证人身、设备（电气设备）、系统（电力系统）三方面的安全，用电单位必须把电气安全工作放在首位，贯彻"安全第一，预防为主"的方针，加强安全用电教育和安全技术培训，同时还要不断总结经验，认真吸取教训，采取各种切实有效的措施，防止事故发生。

2. 设备的本质安全是安全用电的根本保证

所谓用电设备处于本质安全的状态，就是指设备在正常运行时出现异常故障，或操作人员出现误操作时，设备本身固有的条件仍然可以保证人身安全。

3. 提高电气安全管理的科学性

随着现代科学技术的发展，安全用电必须朝着更科学、更实用、更系统的方向发展。在工程技术管理方面，主要任务是完善传统的安全技术方法，研究和开发新的安全技术方法，开发先进的自动化技术和电气检测、监测技术在安全领域的应用，建立完整的安全用电体系。在管理科学方面，主要任务是逐步提高相关人员的安全用电水平，逐步实现安全用电标准化。

4. 安全用电必须思想、措施、组织三落实

电气事故统计分析表明，事故发生的原因大部分都是相关人员不遵守安全工作规程和缺乏安全用电知识。而且，大量的用电事故都是频繁发生的、有重复性的，并且是可以预知的，例如误操作事故，设备质量、安装、维修事故等。对于上述事故，只要从思想上重视，采取有效措施，是完全可以避免的。

措施落实就是要坚决贯彻保证安全的组织措施和技术措施，其中包括贯彻安全规程，以及严格执行有关设计、施工、验收、定期检修、预防性试验等各项行之有效的规程和制度。

电气安全技术是一门专业性很强的技术，不掌握电气知识，不了解电气设备，就不可能理解规程，也不可能认真执行规程。电气工作人员作为特殊工种，必须经培训合格后持证上岗，并且要不断进行知识更新。组织落实要落实于电工，也要落实于安全用电管理人员和电气专业技术人员。

三、安全用电基本知识

安全电压是指对人体不会造成生命危险的电压。它是根据人体电阻来推定的：人体电阻一般为 800 Ω ~ 1 MΩ，流经人体不致造成生命危险的电流一般不会超过 50 mA，故按照欧姆定律可推知人体安全电压应小于 40 V。我国规定 36 V 以下为安全电压，在某些特殊场合规定 12 V 为安全电压。

低压是指对地电压在 250 V 及以下，如 380/220 V 三相四线制居民生活用电线路，直流

220/110 V 电源等。高压是指对地电压在 250 V 以上，如 10 kV 电力线路、25 kV 电气化铁路接触网线路等。

电气设备或电力系统一相发生接地短路时，电流从接地处四散流出，在地面上形成不同的电位分布。若此时人走近短路点，两脚间就会产生电位差，即跨步电压。当跨步电压达到 40 V 以上时，将使人有触电危险，特别是人被跨步电压击倒后加大了人体的触电电压，从而可能造成意外和死亡。发现有跨步电压危险时，应单足或双足并拢跳离危险区，也可沿与半径垂直方向小步慢慢退出。

高速铁路牵引变电所（包括分区所、开闭所、AT 所）发生高压接地故障时，在切断电源前，任何人与接地点的距离，室内不得小于 4 m，室外不得小于 8 m。高速铁路接触网断线接地时，人与接地点的距离不得小于 10 m。必须进入上述范围作业时，作业人员要穿绝缘靴，接触设备外壳和构架时要戴绝缘手套。实践表明，穿绝缘靴是防护跨步电压伤害的一种有效措施。

安全用电的原则是：不接触低压带电体，不靠近高压带电体。

（一）常用的安全用电措施

（1）火线必须进开关。火线进开关后，当开关处于分断状态时，用电器上就不带电了，不但利于维修而且可减少触电机会。

（2）合理选择照明电压。一般工厂和家庭的照明多采用悬挂式，人体接触机会较少，可选用 220 V 电压供电；工人接触机会较多的机床照明灯则应选 36 V 以下电压供电，绝不允许采用 220 V 灯具作为机床照明灯；在潮湿、有导电粉尘、有腐蚀性气体的情况下，应选 24 V、12 V 甚至 6 V 电压来供照明灯具使用。

（3）合理选择导线和熔丝。导线中通过电流时，不允许过热，所以导线的额定电流应比实际输电的电流大一些。而熔丝是作为保护用的，要求电路发生短路时能迅速熔断，所以不能选额定电流很大的熔丝来保护小电流电路。但也不能用额定电流小的熔丝来保护大电流电路，不然会频繁熔断，使电路没法正常工作。导线应根据电压损失、载流量、机械强度和经济电流密度来选择。额定电流的大小利用公式 $S=UI$ 来进行计算。熔丝根据额定电流大小选择。

（4）电气设备要有一定的绝缘电阻，并应定期检查其老化的程度，决定其能否继续使用。电气设备的金属外壳和导电线圈间必须有一定的绝缘电阻，否则人触及正在工作的电气设备的金属外壳就会触电。一般在电气设备出厂前，都测量过它们的绝缘电阻，以确保使用者的安全。在使用电气设备的过程中，应注意保护绝缘材料，预防绝缘材料受损和老化。

（5）电气设备的安装要正确。要根据说明书安装电气设备，对带电体要加防护，尤其对高压带电体要加有效的防护，使一般人无法靠近高压带电体。必要时可加联锁装置以防触电。

（6）采用各种保护用具。接触带电体时，要采用绝缘安全工具，主要有绝缘棒、绝缘钳、验电器、绝缘手套、绝缘靴、绝缘垫等。干燥的木质桌凳、玻璃、橡皮等有绝缘性能的物品也可以充当保护用具但应避免接触高压。使用绝缘品的目的是增大接触电阻，截断电流回路，防止触电伤害。

（7）采用电气设备的保护接零和保护接地措施。

保护接地是将电气设备在正常情况下不带电的金属外壳或构架与大地连接，目的是利用大地为绝缘损坏或遭受雷击等情况下的电气设备提供对地电流流通回路，保证人身的安全。

保护接零就是将电气设备在正常情况下不带电的金属外壳或构架与供电系统中的零线连接。当一相绝缘损坏碰壳时，由于外壳与零线连通，形成该相对零线的单相短路，短路电流使线路上的保护装置（如熔断器、低压断路器等）迅速动作，切断电源，消除触电危险。对未接零设备，对地短路电流不一定能使线路保护装置迅速可靠动作。

保护接地和保护接零不能在同一个供电系统中使用。如果同时使用，假如保护接地的电气设备碰壳漏电，电流通过接地保护电阻、大地、系统中性点接地的电阻与零线构成了电流通路，零线上对地有了电压，结果系统中所有接零设备的对地电压都会升高。

（二）其他安全用电常识

（1）对于任何电气设备，在确认其无电以前，应一律认为其有电，因此不要随便接触电气设备。

（2）不盲目信赖开关或控制装置，只有拔下用电器的插头才是最安全的，即应从根源上杜绝一切来电可能。

（3）不损伤电线。若发现电线、插头、插座有损坏，必须及时更换。

（4）拆开的或断裂裸露的带电接头，必须及时用绝缘物包好并放置到人身不易触碰到的地方。

（5）尽量避免带电操作，尤其手湿时更应避免带电操作；在做必要的带电操作时，应尽量单手操作，另一只手藏起来并有人监护。

（6）数人作业时，通电前必须通知他人。

（7）仔细检查绝缘，不盲目信赖。绝缘材料受环境影响比较大，有老化降低绝缘的可能，因此千万不能因为有绝缘而掉以轻心。

（8）在带电设备周围严禁使用钢皮尺、钢卷尺进行测量工作，以避免造成电弧放电或直接触电。

第二节　电气化铁路安全常识

用电能作为铁路运输动力能源的牵引方式叫作电力牵引。电气化铁路的牵引动力来自电力机车，这是一种非自给性机车（本身不带能源），因此必须在电气化铁路沿线设置一套完善的、不间断地向电力机车供电的设备，通常将这种设备构成的完整的、可靠的工作系统称为电力牵引供电系统。电力牵引供电系统由国家电力系统或发电厂用专用的高压输电线路供电，通常又将这种专用的高压输电线和电力牵引供电系统称为电气化铁路供电系统。电气化铁路的主要优点是运输成本低、污染小、运量大、速度高、周转快、乘务人员劳动强度低及工作环境改善等。

一、电气化铁路人身安全规则等相关知识

我国电气化铁路采用工频单相交流制供电，架设在铁路线路上空的接触网带有 25 kV 的高压电，接触网附近也存在高压电，因此与非电气化铁路相比，电气化铁路对人身安全和作业

安全提出了更高的要求。为了防止触电伤亡事故发生，确保安全生产和职工群众的生命财产安全，凡在电气化铁路工作的从业人员，以及广大旅客、押运人员和沿线居民，必须熟知电气化铁路安全的有关规定，并且必须严格执行。

（一）电气化铁路在安全方面的特殊要求

为确保电气化铁路运输安全，中国铁路总公司除在《铁路技术管理规程》中对保证安全方面做出有关规定外，还根据电气化铁路的特点，颁布了《电气化铁路有关人员电气安全规则》《牵引变电所安全工作规程》《接触网安全工作规程》等。铁路局根据各自局管内的具体情况，专门制定了电气化铁路行车组织办法和保证行车安全的措施，或在铁路局《行车组织规则》中做了补充规定。因此，凡参加电气化铁路工作的运输、供电、机务、工务、电务、车辆等部门的职工，以及广大旅客、押运人员和沿线居民都应该认真学习和严格执行有关电气化铁路安全的规定。

（二）电气化铁路带有 25 kV 高压电的部件

（1）接触网及其相连的部件。

（2）电力机车主变压器的一次侧。

（3）当接触网的绝缘损坏，且未装接地线或接地线损坏时，接触网支柱及其金属结构瞬间会带有高压电。

（三）电气化铁路附近有关安全规定

（1）为保证人身安全，除专业人员按规定作业外，任何人员所携带的物件（包括长杆、导线等）与接触网设备的带电部分需保持 2 m 以上的距离。

（2）在距接触网带电部分不到 2 m 的建筑物上作业时，接触网必须停电，并要遵照下列规定办理：

① 施工领导人要向供电调度员提交接触网停电申请书，申请书中应明确指出施工地点、施工所需时间、施工开始时间及作业特点。对于有计划的作业，申请书应于施工前两天提出。

② 只有在接到供电调度员许可停电施工的命令，并由接触网工区指定的接触网工安设临时接地线之后，方可开始施工。施工时接触网工必须在场监护。在有关电气安全方面，施工领导人必须听从接触网工的指导。

③ 施工结束，接触网工要确认所有工作人员都已在安全地点之后，方可拆除临时接地线，并通知供电调度员施工已完毕。在拆除临时接地线之后严禁再进行施工。

（3）在距接触网带电部分 2~4 m 的导线、支柱、房顶及其他设施上施工时，接触网可不停电，但须有接触网工或经专门训练的人员在场监护。

（4）发现接触网断线及其部件损坏，或在接触网上挂有线头、绳索等物时，均不准与之接触，要立即通知附近的接触网工区或供电调度派人处理。在接触网检修人员到达以前，对该处加以防护，任何人员均应距已断导线接地处所 10 m 以外。如接触网已断导线等侵入建筑接近限界，危及行车安全时，则必须根据《铁路技术管理规程》的规定进行防护处理。

（5）在距接触网支柱及接触网带电部分 5 m 以内的金属结构上均须装设接地线。天桥及跨线桥靠近跨越接触网的地方，必须设置安全栅网。

悬挂有接触网或与接触网相连的支柱及金属结构上，接地线已损坏时，禁止与之接触。支柱及金属结构的接地线，应由接触网工装设；当更换钢轨或进行养路工作需移设接地线时，应由接触网工或工务部门受过专门训练的人员进行操作。

（四）有关人身安全的一般规定

（1）在电气化区段内，任何人不准登上机车车辆顶或翻越车顶通过线路。在旅客站台、行人较多的电气化区段，所有接触网支柱应悬挂或涂有"禁止攀登，高压危险"等警告牌。禁止在支柱上搭挂衣物、攀登支柱或在支柱旁休息。

（2）手持木杆、梯子等工具通过接触网时，必须水平通过，不准高举超过安全距离。押运、随车装卸、勤通学等人员，在电气化铁路区段内，禁止搭乘机车煤水车及坐在车顶或装载的货物上。机车司机、运转长及连接员，除做好宣传工作之外，当列车驶进电气化区段前，还需注意货物装载状态，要设法排除超出限界的树枝、棒杆等，紧固飘动的篷布，关闭油罐车顶上盖。

（3）为引起人们对高压带电体的注意，在电气化铁路沿线接触网支柱上应标示"高压危险，严禁攀登"等警告语；在电气化铁路上使用的内燃机车，其通往车顶的梯子上应有标示"高压危险"的警告牌；在电力机车、牵引变压器的一次侧（高压侧）应设置安全防护栅网。

（4）各种车辆和行人通过电气化铁路平交道口必须遵守下列规定：

① 通过道口车辆限界及货物装载高度（从地面算起）不得超过 4.5 m，超过时，应绕行立交道口或进行货物倒装。

② 通过平交道口时，车辆上部或其货物装载高度（从地面算起）超过 2 m 时，车辆上部及装载货物上严禁坐人。

③ 当行人持有长大、飘动的物件通过道口时，不得高举挥动，应与牵引供电设备带电部分保持 2 m 以上的距离。

（5）在接触网支柱及接触网带电部分 5 m 范围内的金属结构上均需装设接地线，接地线损坏时，禁止与之接触。天桥及跨线桥靠近跨越接触网的地方，必须设置安全栅网。因天桥、跨线桥等跨越接触网的地方，距离带电部分较近，容易发生触电事故，为了确保人身安全，设置安全栅网以屏蔽感应电流。为此，行人通过这种天桥或跨线桥时，严禁用竹竿、棍棒、铁线等非绝缘物件穿捅安全栅网，因为直接或间接与接触网带电部分接触都十分危险。

（6）铁路运输部门三令五申，严禁扒乘货车，主要是为了防止人员坠车事故，且在电气化铁路上扒乘货车时还容易发生人员触电伤亡事故。因此，在发现有人扒乘货车时要严加制止。特别是从非电气化铁路开来的货车，在进入电气化铁路前，接发列车人员应认真检查，发现有人扒乘在敞、平车装载的货物或棚车车顶上时，应令其下车，劝其乘坐客车或安排在安全处所，以防列车进入电气化铁路区段后扒乘人员触电。

如列车已进入电气化铁路区段，且停于带电的接触网下面时，应好言相劝，提醒扒乘人员上方有高压电，千万不要站立，要以俯卧式慢慢爬下车。必要时应操作隔离开关，使接触网停电后再使其下车。在接触网带电条件下，千万不能大声斥责、吓唬，以免扒乘人员害怕，站起来逃跑时触电。

二、电气化铁路作业安全规则等相关知识

（一）有关作业的安全规定

（1）所有接触网设备，自第一次受电开始，在办理停电接地手续之前，均按有电对待。对于新建电气化铁路，在牵引供电设备送电前 15 天，建设单位应将送电日期通告铁路沿线路内外各有关单位。路内外有关单位接到通知后，要通过多种形式进行广泛宣传和安全培训教育。电气化铁路上的施工和作业，均须按带电要求办理各项手续。

（2）电气化区段各单位每年必须认真组织从业人员进行电气化安全措施的专门学习培训和考试，考试合格后方准在电气化区段作业。非电气化区段调入电气化区段的人员必须进行安全培训，并经考试合格后方准上岗。

（3）在铁路营业线进行施工维修作业的劳务工必须由具有带班资格的正式职工带领，劳务工不得单独上线作业；施工维修作业必须由经过专门培训并考试合格的职工担任防护员，劳务工不得担任防护工作；施工维修作业要严格按照规定设置现场施工安全防护，防护人员要切实履行防护职责，认真做好安全防护工作。

（4）营业线施工、维修单位要加强对劳务工的施工安全培训，要按照三级安全培训教育要求，根据施工维修作业内容进行应知应会和安全专业技术培训；做好特殊作业岗位的安全技能培训，特种作业人员必须持证上岗；要加强对劳务工正确使用安全带、安全帽等安全防护用品的培训和使用情况的检查，确保施工维修作业过程的安全控制和安全防护措施落实到位。

（5）在带电接触网下进行事故应急救援、抢险处理时，要由供电部门采取安全可靠的防护措施。当非电气化区段的有关人员进入电气化区段进行抢险、救灾或处理应急突发事件时，有关单位、部门的负责人应向作业人员告知电气化区段安全规定和注意事项，并设专人防护。

（6）在电气化铁路天桥及跨线桥靠近跨越接触网的地方，必须设置安全栅网。

（7）在电气化区段，除专业人员按规定作业外，所有人员和所携带的物件（如长杆、导线等）与接触网设备、牵引变电设备和电力机车的带电部分，必须保持 2 m 以上的距离。禁止通过任何物体（如棒条、导线、水流等）与上述设备相接触（接触网间接带电作业除外）。

（8）乘坐轨道作业车时，严禁将长大料具高举挥动。作业人员拿有长大物体通过电气化铁路时，必须使其保持水平状态通过。

（9）电气化区段接触网未停电时，任何从业人员严禁登上各种机车车辆顶部进行任何作业，严禁翻越车顶通过线路。

（10）在电气化区段，通过铁路平交道口的机动车辆装载的货物高度（从地面算起，下同）不得超过 4.5 m 和触动道口限界门的活动横板或吊链。装载高度超过 2 m 的货物上严禁坐人。供电部门要在道口限界门右侧杆上，装设有上述内容的安全提示牌。

（11）在电气化铁路上架设索道或其他网线时，需经主管部门批准，并与有关部门签订施工安全协议；有关部门必须做好监护工作，保证其绳索（包括晃动量）与接触网带电部分最小距离应大于 5 m，并设有接地线。

（12）在电气化铁路上使用铺路机、铺轨机、铺碴机、架桥机及吊车等设备时，如其作业范围不越出机车车辆上部限界，而工作人员（包括其动作范围）与接触网带电部分的距离保持在 2 m 以上时，接触网可不停电，但要有供电部门人员的监护；达不到上述条件时，应停电作业，按相关规定办理手续。

（13）所有进入电气化区段作业的人员必须按规定穿戴劳动防护用品。

（14）间接带电作业使用的各种绝缘工具，必须有安全标志和产品合格证，且其材质的电气强度不得小于 3 kV/cm。有关单位要制定绝缘工具的专门保管制度和防潮措施，并按要求定期进行试验。在每次使用绝缘工具前，必须仔细检查其有无损坏，用清洁干燥的抹布擦拭有效绝缘部分，并用 2 500 V 兆欧表分段测量有效绝缘部分的绝缘电阻是否符合要求。

（15）工务、电务等部门使用的连接线应用截面面积不小于 70 mm² 的铜线做成，不得出现断股、散股和绝缘胶皮损坏，一经发现立即停用或报废。

（16）各单位在电气化区段作业前，必须进行安全预想；使用绝缘护品和绝缘工具前，必须进行双人互检，确认状态良好；施工作业时，必须制定三级安全卡控措施；需接触网停电时，必须由供电部门按程序办理停电手续，装设可靠的临时接地线，并设专人监护，且必须明确监护的对象、范围和安全注意事项。

（17）在距接触网带电部分不足 2 m 的建筑物上作业时，接触网必须停电，由供电部门验电和装设可靠的临时接地线，并设专人监护。作业结束后，供电部门要确认所有工作人员都已进入安全地点，方可通知正式完工，办理送电手续。

（18）禁止在接触网支柱上搭挂衣物、攀登支柱或在支柱旁休息。禁止在吸流变压器、支柱、铁塔下避雨。在雷雨天气巡视设备时，不准靠近避雷针、避雷器。雨天作业时，必须远离接触网支柱、接地线、回流线等设备。

（19）用水或一般灭火器扑灭距接触网带电部分不足 4 m 的燃着物体时，接触网必须停电；扑灭距接触网超过 4 m 的燃着物体时，可不停电，但必须使水流不向接触网方向喷射。若用沙土灭火，距接触网在 2 m 以上时，可不停电。

（20）在距离接触网支柱及带电部分 5 m 以内的钢管、脚手架、钢梁杆、道口金属杆等金属结构上，均需装设接地线。在距接触网小于 5 m 的范围内使用发电机、空压机、搅拌机等机电设备时，应有良好的接地装置。

（21）严禁向接触网上抛挂绳索等物体，发现接触网断线或在接触网上挂有线头、绳索等物体时，不得与其接触，必须保持 10 m 以上的距离，并对该处加以防护，立即通知供电部门进行处理。

（22）在雨雪等天气不良情况下，禁止靠近接触网设备部件等，禁止使用带金属的雨伞等物在接触网下作业。

（23）电气化铁路各单位要根据《铁路技术管理规程》（以下简称《技规》）、《铁路行车组织规则》（以下简称《行规》）、《接触网安全工作规程》《牵引变电所安全工作规程》和《电气化铁路有关人员电气安全规则》等安全规章的要求，结合单位的具体情况，制定保证人身安全和作业安全的细则、措施，以及事故应急处理预案等。

（二）电气化铁路附近消防安全规定

电气化铁路附近发生火灾时，须遵守下列规定：

（1）距牵引供电设备带电部分不足 4 m 的燃着物体，使用水或灭火器灭火时，牵引供电设备必须停电。

（2）距牵引供电设备带电部分超过 2 m 的燃着物体，使用沙土灭火时，牵引供电设备可不停电，但须保持灭火机具及沙土等与带电部分的距离在 2 m 以上。

第三节　触电事故与触电急救

一、电气触电事故

（一）触电事故的几种形式

1. 直接接触触电

在正常运行条件下，人体误触及电气设备带电导体，就是直接接触触电。直接接触触电的特点是：人体的接触电压就是运行设备的工作电压，人体触及带电体造成的故障电流就是人体的触电电流。

直接接触触电是伤害程度最为严重的一种触电形式。直接接触触电分为单相触电和两相触电两种。

1）单相触电

人体接触电气设备的任何一相带电导体所发生的触电，称为单相触电。触及中性点直接接地的电网及中性点不接地的低压电网，都可能发生单相触电，如图 1.1 和图 1.2 所示。

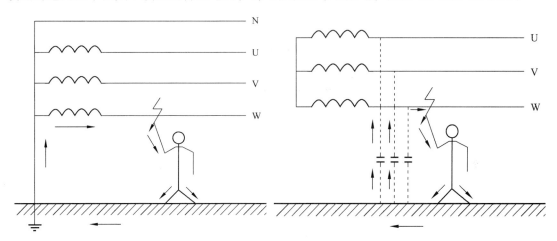

图 1.1　中性点直接接地的单相触电　　　图 1.2　中性点不直接接地的单相触电

2）两相触电

人体同时接触两相带电体的触电事故，称为两相触电，如图 1.3 所示。此时，不论中性点是否接地，人体承受的电压都是线电压，触电的后果往往很严重。两相触电事故一般比单相触电事故少一些。

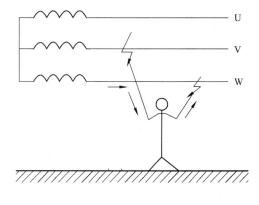

图 1.3　两相触电

2. 间接接触触电

当电气设备的绝缘在运行中发生故障而损坏时，电气设备本来在正常工作状态下不带电的外露金属部件（外壳、构架、护罩等）呈现危险的对地电压，当人体触及这些金属部件时，就构成间接触电，亦称为接触电压触电。

在低压中性点直接接地的配电系统中，电气设备发生碰壳短路将是一种危险的故障。如果该设备没有采取接地保护，一旦人体接触外壳时，加在人体上的接触电压近似等于电源对地电压，这种触电的危险程度相当于直接接触触电，完全有可能导致人身伤亡。

根据历年来触电伤亡事故的统计分析，在低压配电系统中的触电伤亡事故，主要是间接接触所引起的。因此，防止间接触电事故是减少触电事故的重要方面。

3. 跨步电压触电

当电气设备发生接地故障时，接地电流流入大地，在距接地点不同距离的地表面各点上呈现不同电位，若人在附近行走，两脚之间便承受了电位差。人的跨距一般按 0.8 m 考虑，此时两脚间的电位差，称为跨步电压，由跨步电压造成的触电称为跨步电压触电。

在图 1.4 中，接地电流经油断路器 QF 的外壳、接地导线、钢管接地体而散入地中。

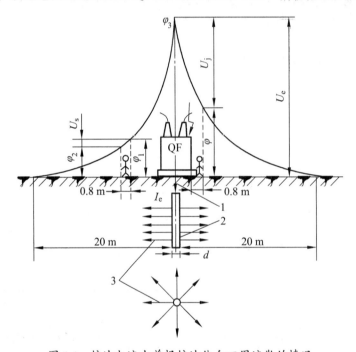

图 1.4　接地电流由单根接地体向四周流散的情况

1—接地导线；2—接地体；3—流散电流；U_e—对地电压；I_e—接地电流；QF—油断路器

跨步电压为

$$U_s = V_1 - V_2$$

式中　U_s——跨步电压（V）；

　　　V_1——人左脚所站处电位（V）；

　　　V_2——人右脚所站处电位（V）。

跨步电压值的大小随着与接地体或蹾地处间的距离而变化。当人的一脚踏在接地体（或碰地处）上跨出一步时，跨步电压最大。当人站立的位置距接地体或蹾地处越远时，跨步电压越小。距接地体或碰地处达 20 m 以上时，跨步电压接近于零。

4. 剩余电荷触电

电气设备的相间绝缘和对地绝缘都存在电容效应。由于电容器具有存储电荷的性能，因此，在刚断开电源的停电设备上，都会保留一定量的电荷，称为剩余电荷。如此时有人触及停电设备，就可能遭受剩余电荷电击。另外，如大容量电力设备和电力电缆、并联电容器、电力变压器及大容量电动机等，在退出运行、摇测绝缘电阻后或耐压试验后都会有剩余电荷的存在。设备容量越大，电缆线路越长，这种剩余电荷的积累电压越高。因此，在摇测绝缘电阻或耐压试验工作结束后，必须注意充分放电，以防剩余电荷电击。

5. 感应电压触电

带电设备的电磁感应和静电感应作用，能使附近的停电设备上感应出一定的电位，其数值的大小决定于带电设备电压的高低、停电设备与带电设备的平行距离、几何形状等因素。感应电压往往是在电气工作者缺乏思想准备的情况下出现的，因此具有相当高的危险性。在电力系统中，感应电压触电事故屡有发生，甚至造成伤亡事故。

6. 静电触电

静止电荷的堆积会形成电压很高的的静电场，当人体接触此类物体时，静电场通过人体放电，使人体受到电击。

静电电位可高达数万伏至数十万伏，可能发生放电，产生静电火花，引起爆炸、火灾，也能对人体造成电击伤害。由于静电电击不是电流持续通过人体的电击，而是由静电放电造成的瞬间冲击性电击，能量较小，通常不会造成人体心室颤动而死亡，但是往往造成二次伤害，如高空坠落或其他机械性伤害，因此同样具有相当高的危险性。

7. 雷电触电

雷电事故是指发生雷击时，由雷电放电所造成的事故。雷电放电具有电流大（可达数十至数百千安）、电压高（300～400 kV）、陡度高（雷击冲击波的波首陡度可达 500～1000 kA/μs）、放电时间短（30～50 μs）、温度高（可达 2000 ℃）等特点，释放出来的能量可形成极大的破坏力，除可能毁坏建筑设施和设备外，还可能伤及人、畜，甚至引起火灾和爆炸，造成大规模停电等。因此，电力设施、高大建筑物，特别是有火灾和爆炸危险的建筑物和工程设施，均需考虑防雷措施。

8. 电弧触电

若高压带电体与人体间形成高电压击穿空气绝缘，就造成了电弧触电。在电力工作中，要时刻注意与高压带电体保持安全距离。

（二）造成触电事故的原因

造成触电事故的原因很多，主要有以下几方面：

1. 电气设备安装不合理

例如：室内、外配电装置的最小安全净距不够；室内配电装置各种通道的最小宽度小于规定值；架空线路的对地距离及交叉跨越的最小距离不合要求；电气设备的接地装置不符合规定；落地式变压器无围栏；电气照明装置安装不当，如相线未接在开关上，灯头离地面太低；电动机安装不合格；导线穿墙无套管；电力线和广播线同杆架设；电杆梢径过小等。

2. 违反安全工作规程

例如：非电气工作人员操作或维修电气设备；带电移动或维修电气设备，带电登杆或爬上变压器台作业；在线路带电情况下，砍伐靠近线路的树木，在导线下面修建房屋、打井、堆柴；使用行灯和移动式电动工具不符合安全规定；在带电设备附近进行起重作业时，安全距离不够；带负荷分合隔离开关或跌开式熔断器，带电将两路电源误并列等误操作；私自乱拉乱接临时电线；低压带电作业的工作位置、活动范围、使用工具及操作方法不正确等。

3. 运行维修不及时

例如：架空线路被大风刮断或外力扯断，造成断线接地，或电气设备外壳损坏，导线绝缘老化破损，致使金属导体外露等没有及时发现和修理。

4. 缺乏安全用电常识

例如：家用电器不按使用说明书的要求接线；私设电网防盗和用电捕鱼、捕鼠；将湿衣服晒在电线上；用活树当电杆等。

二、电流对人体的危害

（一）作用机理分析

触电对人体的伤害形式，一般可分为电击和电伤两种。

1. 电击

电流直接通过人体的伤害称为电击。电流通过人体内部造成人体器官的损伤，破坏人体内细胞的正常工作，主要表现为生物学效应。电流通过人体，会引起麻感、针刺感、压迫感、打击感、痉挛、疼痛、呼吸困难、血压异常、昏迷、心律不齐、窒息、心室颤动等症状。

心室颤动是小电流电击使人致命最多见和最危险的原因。发生心室颤动时，心脏每分钟颤动 1000 次以上，但幅值很小，而且没有规律，血液实际上已终止循环，大脑和全身迅速缺氧，病情将急剧恶化，如不及时抢救，很快将导致死亡。

当人体遭受电击时，如果有电流通过心脏，可能直接作用于心肌，引起心室颤动；如果没有电流通过心脏，亦可能经中枢神经系统反射作用于心肌，引起心室颤动。

通常所说的触电指的就是电击。

2. 电伤

电流转换为其他形式的能量作用于人体的伤害称为电伤。电伤是由电流的热效应、化学效应、机械效应等对人造成的伤害，常见的有灼伤、烙伤和皮肤金属化等现象。

1）电灼伤

灼伤是电流的热效应造成的伤害，分为电流灼伤和电弧烧伤两种情况。

2）电烙印

电烙印是指人体与带电体接触的部位留下的永久性斑痕，斑痕外皮肤失去弹性，表皮坏死。

3）皮肤金属化

皮肤金属化是指由于电流的作用，熔化和蒸发了的金属微粒渗入人体的皮肤，使皮肤坚硬和粗糙而呈现特殊的颜色。皮肤金属化多是在弧光放电时发生和形成的，在一般情况下，此种伤害是局部性的。

4）机械性损伤

机械性损伤是指电流作用于人体，由于中枢神经反射和肌肉强烈收缩等作用导致的机体组织断裂、骨折等伤害。

5）电光眼

电光眼是指当发生弧光放电时，由红外线、可见光、紫外线对眼睛造成的伤害。电光眼表现为角膜炎或结膜炎。

（二）影响触电程度的因素

1. 通过人体的电流值

通过人体的电流越大，人的生理反应和病理反应越明显，引起心室颤动所需的时间越短，致命的危险性越大。按照人体呈现的状态，可将通过人体的电流分为三个级别。

1）感知电流

感知电流指在一定概率下，人体能够感觉到的最小电流。感知电流的最小值为 0.7 ~ 1.1 mA。

2）摆脱电流

摆脱电流指大于感知电流，而人体能自行摆脱带电体的最大电流。当通过人体的电流超过感知电流时，肌肉收缩加强，刺痛感觉增强，感觉部位扩展。当电流增大到一定程度时，由于中枢神经反射和肌肉收缩、痉挛，触电人将不能自行摆脱带电体。

摆脱电流与人体生理特征、电极形状、电极尺寸等因素有关，为 10 ~ 16 mA（对于成年男性为 15 ~ 20 mA，对于成年女性为 10 ~ 15 mA）。

3）致命电流

致命电流是指大于摆脱电流，能够置人于死地的最小电流。在电流不超过数百毫安的情况下，电击致命的主要原因是电流引起心室颤动。因此，可以认为室颤电流是短时间内使人致命的最小致命电流，约为 50 mA。

4）室颤电流

通过人体时引发心室的纤维性颤动的最小电流称为室颤电流。室颤电流受电流持续时间、电流途径、电流种类、人体生理特征等因素的影响。

2. 电流作用于人体的时间

电流在人体内作用的时间越长，电击危险性越大，其主要原因是：人体电阻减小、电解液成分增加、中枢神经反射增强，工频电流对人体的作用如表 1.1 所示。人体可以忍受的工频电流的极限值约为 30 mA。

因此，当发现有人触电时，应当迅速使触电者摆脱带电体。

表 1.1 工频电流对人体的作用

电流/mA	电流持续时间	生理效应
0~0.5	连续通电	没有感觉
0.5~5	连续通电	开始有感觉，手指、手腕等处有麻感，没有痉挛，可以摆脱带电体
5~30	数分钟以内	痉挛，不能摆脱带电体，呼吸困难，血压升高，是可以忍受的极限
30~50	数秒~数分	心脏跳动不规则，昏迷，血压升高，强烈痉挛，时间过长即引起心室颤动
50~数百	低于心脏搏动周期	受强烈刺激，但未发生心室颤动
	超过心脏搏动周期	昏迷，心室颤动，接触部位留有电流通过的痕迹
超过数百	低于心脏搏动周期	在心脏易损期触电时，发生心室颤动，接触部位留有电流通过的痕迹
	超过心脏搏动周期	心脏停止跳动，昏迷，可能致命的灼伤

3. 电流在人体内流通的途径

电流通过头部会使人昏迷不醒而死亡，通过脊髓会使人瘫痪，通过心脏会引起心室颤动乃至心脏停止跳动而导致死亡，通过人的局部肢体亦可能引起中枢神经强烈反射而导致严重后果。

通过心脏的电流越大、电流路线越短的途径，就是电击危险性越大的途径。

三、触电急救

（一）急救原则

现场急救的原则可归纳为"迅速、就地、准确、坚持"八个字。

（1）迅速：就是要动作迅速，争分夺秒、千方百计地使触电者脱离电源，并将触电者放到安全地方。

（2）就地：就是要争取时间，在现场（安全地方）就地抢救触电者。

（3）准确：就是抢救的方法和施行的动作姿势要正确。

（4）坚持：急救必须坚持到底，直至医务人员判定触电者已经死亡，已无法再抢救时，才能停止抢救。

人触电以后，会出现神经麻痹、呼吸困难、血压升高、昏迷、痉挛，直至呼吸中断、心脏停搏等现象，呈现昏迷不醒的状态。因此，如果未见明显的致命外伤，就不能轻率地认定触电者已经死亡，而应该看作"假死"，施行急救。

有效的急救在于快而得法，即用最快的速度，施以正确的方法进行现场救护，多数触电者是可以复活的。

（二）急救方法

触电急救的第一步是使触电者迅速脱离电源，第二步是现场救护。现分述如下：

1. 使触电者脱离电源

电流对人体的作用时间越长，对生命的威胁越大。所以，触电急救的关键是首先使触电者迅速脱离电源。可根据具体情况，选用下述几种方法使触电者脱离电源：

1）脱离低压电源的方法

脱离低压电源的方法可用"拉""切""挑""拽"和"垫"五个字来概括。

"拉"，指就近拉开电源开关、拔出插销或瓷插保险。此时应注意拉线开关和板把开关是单极的，只能断开一根导线。有时由于安装不符合规程要求，把开关安装在零线上，这时虽然断开了开关，但人体触及的导线可能仍然带电，就不能认为已切断电源。

"切"，指用带有绝缘柄的利器切断电源线。当电源开关、插座或瓷插保险距离触电现场较远或一时无法找到开关时，可用带有绝缘手柄的电工钳或有干燥木柄的斧头、铁锹等利器将电源线切断。切断时应防止带电导线断落触及周围的人体。多芯绞合线应分相切断，以防短路伤人。

"挑"，指如果导线搭落在触电者身上或压在身下，这时可用干燥的木棒、竹竿等挑开导线或用干燥的绝缘绳套拉导线或触电者，使之脱离电源。

"拽"，指救护人可戴上手套或在手上包缠干燥的衣服、围巾、帽子等绝缘物品拖拽触电者，使之脱离电源。如果触电者的衣裤是干燥的，又没有紧缠在身上，救护人可直接用一只手抓住触电者不贴身的衣裤，将触电者拉脱电源。但要注意拖拽时切勿触及触电者的体肤。救护人亦可站在干燥的木板、木桌椅或橡胶垫等绝缘物品上，用一只手把触电者拉脱电源。

"垫"，指如果触电者由于痉挛手指紧握导线或导线缠绕在身上，救护人可先用干燥的木板塞进触电者身下使其与地绝缘来隔断电源，然后再采取其他办法把电源切断。

2）脱离高压电源的方法

由于高压装置的电压等级高，一般绝缘物品不能保证救护人的安全，而且高压电源开关距离现场较远，不便拉闸，因此，使触电者脱离高压电源的方法与脱离低压电源的方法有所不同。通常的做法是：

（1）立即电话通知有关供电部门拉闸停电。

（2）如电源开关离触电现场不甚远，则可戴上绝缘手套，穿上绝缘靴，拉开高压断路器，或用绝缘棒拉开电源开关以切断电源。

（3）往架空线路抛挂裸金属软导线，人为造成线路短路，迫使继电保护装置动作，从而使电源开关跳闸。抛挂前，将短路线的一端先固定在铁塔或接地引线上，另一端系重物。抛掷短路线时，应注意防止电弧伤人或断线危及人员安全，也要防止重物砸伤人。

（4）如果触电者触及断落在地上的带电高压导线，且尚未确证线路无电，救护人不可进入断线落地点 8~10 m 的范围内，以防止跨步电压触电。进入该范围的救护人员应穿上绝缘靴或临时双脚并拢跳跃着接近触电者。当触电者脱离带电导线后应迅速将其带至 8~10 m 以外并立即开始触电急救。只有在确认线路已经无电时，才可在触电者离开导线后就地急救。

3）使触电者脱离电源时的注意事项

（1）救护人不得采用金属和其他潮湿的物品作为救护工具。

（2）未采取绝缘措施前，救护人不得直接触及触电者的皮肤和潮湿的衣服。

（3）在拉拽触电者脱离电源的过程中，救护人应用单手操作，以防止救护人触电。

（4）当触电者位于高位时，应采取措施预防触电者在脱离电源后坠地摔伤或摔死。即使触电者在平地，也要注意触电者脱离电源倒下的方向。

（5）夜间发生触电事故时，应考虑切断电源后的临时照明问题，用显眼材料和警示牌指明出事现场，以利救护和避免发生二次事故。

2．现场救护

当触电者脱离电源后，应立即就地对其进行抢救。"立即"之意就是争分夺秒，不可贻误。"就地"之意就是不能消极地等待医生的到来，而应在现场施行正确的救护，同时派人通知医务人员到现场，并做好将触电者送往医院的准备工作。

根据触电者受伤害的程度，现场救护有以下几种抢救措施：

1）触电者未失去知觉时的救护措施

如果触电者所受的伤害不太严重，神志尚清醒，只是心悸、头晕、出冷汗、恶心、呕吐、四肢发麻、全身乏力，甚至一度昏迷，但未失去知觉，则应让触电者在通风暖和的处所静卧休息，并派人严密观察，同时请医生前来或送往医院诊治。

2）触电者已失去知觉时（心肺正常）的抢救措施

如果触电者已失去知觉，但呼吸和心跳尚正常，则应使其舒适地平卧着，解开衣服以利于呼吸，且四周不要围人，保持空气流通，冷天应注意保暖，同时立即请医生前来或送往医院诊察。若发现触电者呼吸困难或心跳失常，或发生痉挛，应立即施行人工呼吸或胸外心脏按压。

3）对"假死"者的急救措施

如果触电者呈现"假死"（即所谓电休克）现象，则可能有三种临床症状：一是心跳停止，但尚能呼吸；二是呼吸停止，但心跳尚存（脉搏很弱）；三是呼吸和心跳均已停止。"假死"症状的判定方法是"看、听、试"。"看"是观察触电者的胸部、腹部有无起伏动作；"听"是用耳贴近触电者的口鼻处，听他有无呼气声音；"试"是用手或小纸条试测口鼻有无呼吸的气流，再用两手指轻压一侧（左或右）喉结旁凹陷处的颈动脉感觉有无搏动。如"看""听""试"的结果是既无呼吸又无颈动脉搏动，则可判定触电者呼吸停止或心跳停止或呼吸心跳均停止。"看、听、试"的操作方法如图1.5所示。

当判定触电者呼吸和心跳停止时，应立即按心肺复苏法就地抢救。所谓心肺复苏法就是支持生命的三项基本措施，即通畅气道，口对口（鼻）人工呼吸，胸外按压（人工循环）。

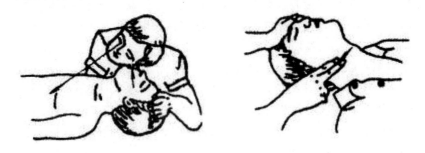

图 1.5　判定"假死"的看、听、试

（1）通畅气道。

若触电者呼吸停止，要紧的是始终确保其气道通畅，其操作要领是：

① 清除口中异物。使触电者仰面躺在平硬的地方，迅速解开其领扣、围巾、紧身衣和裤带。如发现触电者口内有食物、假牙、血块等异物，可将其身体及头部同时侧转，迅速用一个手指或两个手指交叉从口角处插入，从中取出异物。操作中要注意防止将异物推到咽喉深处。

② 采用仰头抬颌法（如图1.6）通畅气道。操作时，救护人用一只手放在触电者前额，另一只手的手指将其颏颌骨向上抬起，两手协同将头部推向后仰，舌根自然随之抬起，气道即可畅通。气道是否畅通如图1.7所示。为使触电者头部后仰，可于其颈部下方垫适量厚度的物品，但严禁将枕头或其他物品垫在触电者头下，因为头部抬高前倾会阻塞气道，还会使施行胸外按压时流向脑部的血量减小，甚至完全消失。

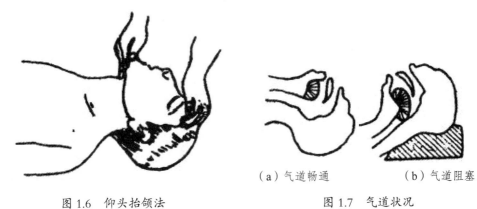

图1.6　仰头抬颌法

（a）气道畅通　　　　（b）气道阻塞

图1.7　气道状况

（2）口对口（鼻）人工呼吸。

救护人在完成通畅气道的操作后，应立即对触电者施行口对口或口对鼻人工呼吸。口对鼻人工呼吸用于触电者嘴巴紧闭的情况。口对口人工呼吸如图1.8所示。人工呼吸的操作要领如下：

① 先大口吹气刺激起搏。救护人蹲跪在触电者的左侧或右侧，用放在触电者额上的手的手指捏住其鼻翼，另一只手的食指和中指轻轻托住其下巴。救护人深吸气后，与触电者口对口紧合，在不漏气的情况下，先连续大口吹气两次，每次1~1.5 s，然后用手指试测触电者颈动脉是否有搏动，如仍无搏动，可判断心跳确已停止，在施行人工呼吸的同时应进行胸外按压。

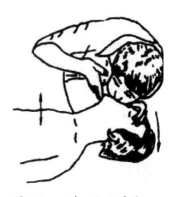

图1.8　口对口人工呼吸

② 正常口对口人工呼吸。大口吹气两次试测颈动脉搏动后，立即转入正常的口对口人工呼吸阶段。正常的吹气频率是每分钟约12次（对儿童是每分钟15次，注意每次吹气量）。正常的口对口人工呼吸操作姿势如上述，但吹气量不需过大，以免引起胃膨胀。如触电者是儿童，吹气量宜小些，以免肺泡破裂。救护人换气时，应将触电者的鼻或口放松，让其借自己胸部的弹性自动吐气。吹气和放松时要注意触电者胸部有无起伏的呼吸动作。吹气时如有较大的阻力，可能是头部后仰不够，应及时纠正，使气道保持畅通。

③ 触电者如牙关紧闭，可改行口对鼻人工呼吸。吹气时要将触电者嘴唇紧闭，防止漏气。

（3）胸外按压。

胸外按压是借助人力使触电者恢复心脏跳动的急救方法。其有效性在于选择正确的按压位置和采取正确的按压姿势。

① 确定正确的按压位置的步骤：

a. 右手的食指和中指沿触电者的右侧肋弓下缘向上，找到肋骨和胸骨接合处的中点（按压部位为胸骨中段 1/3 与下段 1/3 交界处）。

b. 右手两手指并齐，中指放在切迹中点（剑突底部），食指平放在胸骨下部，另一只手的掌根紧挨食指上缘置于胸骨上，掌根处即为正确按压位置，如图 1.9 所示。

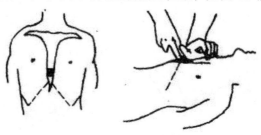

图 1.9　正确的按压位置

② 正确的按压姿势：

a. 使触电者仰面躺在平硬的地方并解开其衣服，仰卧姿势与口对口（鼻）人工呼吸法相同。

b. 救护人立或跪在触电者一侧肩旁，两肩位于触电者胸骨正上方，两臂伸直，肘关节固定不屈，两手掌相叠，手指翘起，不接触触电者胸壁。

c. 以髋关节为支点，利用上身的重力，垂直将正常成人胸骨压陷 4～5 cm（儿童和瘦弱者酌减，儿童为 3 cm，婴儿为 2 cm）。

d. 压至要求程度后，立即全部放松，但救护人的掌根不得离开触电者的胸壁。按压要平稳，有规则，不能间断，不能冲击猛压。

按压姿势与用力方法如图 1.10 所示。按压有效的标志是在按压过程中可以触到颈动脉搏动。

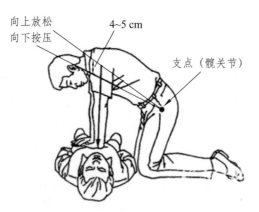

向上放松
向下按压
4～5 cm
支点（髋关节）

图 1.10　按压姿势和用力方法

③ 恰当的按压频率：

a. 胸外按压要以均匀速度进行。操作频率以成人每分钟 80~100 次，儿童每分钟 100 次为宜。每次包括按压和放松一个循环，按压和放松的时间相等。

b. 当胸外按压与口对口（鼻）人工呼吸同时进行时，操作的节奏为：先进行 30 下胸外按压，再人工呼吸 2 次，而后以 30 比 2 的比例轮流、反复进行；双人救护时，每按压 15 次后由另一人吹气 1 次（15∶1），反复进行。

（三）现场救护中的注意事项

1. 抢救过程中应适时对触电者进行再判定

（1）按压吹气 1 min 后（相当于单人抢救时做了 4 个 30∶2 循环），应采用"看、听、试"方法在 5~7 s 内完成对触电者是否恢复自然呼吸和心跳的再判断。

（2）若判定触电者已有颈动脉搏动，但仍无呼吸，则可暂停胸外按压，而再进行 2 次口对口人工呼吸，接着每隔 5 s 吹气一次（相当于每分钟 12 次）。如果脉搏和呼吸仍未能恢复，则继续坚持心肺复苏法抢救。

（3）在抢救过程中，要每隔数分钟用"看、听、试"方法再判定一次触电者的呼吸和脉搏情况，每次判定时间不得超过 5~7 s。在医务人员未前来接替抢救前，现场人员不得放弃现场抢救。

2. 抢救过程中移送触电伤员时的注意事项

（1）心肺复苏应在现场就地坚持进行，不要图方便而随意移动触电伤员。如确有需要移动时，抢救中断时间不应超过 30 s。

（2）移动触电者或将其送往医院，应使用担架并在其背部垫以木板，不可让触电者身体蜷曲着进行搬运。移送途中应继续抢救，在医务人员未接替救治前不可中断抢救。

（3）应创造条件，用装有冰屑的塑料袋做成帽状包绕在伤员头部，露出眼睛，使脑部温度降低，争取触电者心、肺、脑能得以复苏。

3. 触电者好转后的处理

如触电者的心跳和呼吸经抢救后均已恢复，可暂停心肺复苏法操作。但心跳呼吸恢复的早期仍有可能再次骤停，救护人应严密监护，不可麻痹，要随时准备再次抢救。触电者恢复之初，往往神志不清、精神恍惚或情绪躁动不安，应设法使他安静下来。

4. 慎用药物

人工呼吸和胸外按压是对触电"假死"者的主要急救措施，任何药物都不可替代。无论是兴奋呼吸中枢的可拉明、洛贝林等药物，或者是有使心脏复跳的肾上腺素等强心针剂，都不能代替人工呼吸和胸外心脏按压这两种急救办法。必须强调的是，对触电者用药或注射针剂，应由有经验的医生诊断确定，慎重使用。例如，肾上腺素有使心脏恢复跳动的作用，但也可使心脏由跳动微弱转为心室颤动，从而导致触电者心跳停止而死亡，这方面的教训是不少的。因此，现场触电抢救中，对使用肾上腺素等药物应持慎重态度。如没有必要的诊断设备条件和足够的把握，不得乱用。而在医院内抢救触电者时，则由医务人员据医疗仪器设备诊断的结果决定是否采用这类药物救治。此外，禁止采取冷水浇淋、猛烈摇晃、大声呼唤或架着触电者跑步等"土"办法刺激触电者的举措，因为人体触电后，心脏会发生颤动，脉搏微弱，血流混乱，如果在这种现象下用上述办法强烈刺激心脏，会使触电者因急性心力衰竭而死亡。

5. 触电者死亡的认定

对于触电后失去知觉、呼吸与心跳停止的触电者，在未经心肺复苏急救之前，只能视为"假死"。任何在事故现场的人员，一旦发现有人触电，都有责任及时和不间断地进行抢救。"及时"就是要争分夺秒，即医生到来之前不等待，送往医院的途中也不可中止抢救。"不间断"就是要有耐心，要坚持不懈地进行抢救。目前有抢救近 5 h 终使触电者复活的实例，因此，抢救时间应持续 6 h 以上，直到救活或医生做出触电者已临床死亡的认定为止。

只有医生才有权认定触电者已死亡，宣布抢救无效，否则就应本着人道精神坚持不懈地运用人工呼吸和胸外按压对触电者进行抢救。

三、关于电伤的处理

电伤是触电引起的人体外部损伤（包括电击引起的摔伤）、电灼伤、电烙伤、皮肤金属化这类组织损伤，需要到医院治疗。但现场也必须做预处理，以防止细菌感染，损伤扩大。这样，可以减轻触电者的痛苦和便于转送医院。

（1）对于一般性的外伤创面，可用无菌生理食盐水或清洁的温开水冲洗后，再用消毒纱布、防腐绷带或干净的布包扎，然后将触电者护送去医院。

（2）如伤口大出血，要立即设法止住。压迫止血法是最迅速的临时止血法，即用手指、手掌或止血橡皮带在出血处供血端将血管压瘪在骨骼上而止血，同时火速送医院处置。如果伤口出血不严重，可用消毒纱布或干净的布料叠几层盖在伤口处压紧止血。

（3）高压触电造成的电弧灼伤，往往深达骨骼，处理十分复杂。现场救护可用无菌生理盐水或清洁的温开水冲洗，再用酒精全面涂擦，然后用消毒被单或干净的布类包裹好送往医院处理。

（4）对于因触电摔跌而骨折的触电者，应先止血、包扎，然后用木板、竹竿、木棍等物品将骨折肢体临时固定并速送医院处理。

思考题

1. 安全用电的原则是什么？
2. 常用的安全用电措施有哪些？
3. 保护接地和保护接零有何不同？
4. 触电事故有哪几种形式？
5. 触电急救八字原则是什么？
6. 发现有人触电时，脱离高、低压电源的方法有哪些？
7. 叙述心肺复苏的完整过程。
8. 电气化铁路的特点是什么？
9. 电气化铁路哪些部件带有 25 kV 高压电？其安全距离如何规定？
10. 电气化铁路区段，哪些位置必须设"高压危险"警示标志？
11. 各种车辆和行人通过电气化铁路平交道口时，必须遵守哪些规定？
12. 电气化铁路附近有哪些消防安全规定？

第二章　高速铁路牵引变电所安全工作规则

本章主要讲授高速铁路牵引变电所安全工作规则，使学生熟悉供变电现场工作制度，掌握本专业必需的牵引变电所检修作业安全及检修作业程序的基本知识和基本技能，树立"安全第一、预防为主"的安全意识，并初步具备安全作业的能力。

第一节　总　则

第1条　在高速铁路牵引变电所（包括开闭所、分区所、AT所、接触网开关控制站，除特别指出者外，以下皆同）的运行和检修工作中，为确保人身、行车和设备安全，特制定本规则。本规则适用于高速铁路牵引变电所的运行、检修和试验。

第2条　牵引变电所带电设备的一切作业，均必须按本规则的规定严格执行。

第3条　各部门要经常进行安全技术教育，组织有关人员认真学习和熟悉本规则，不断提高安全技术水平，切实贯彻执行本规则的各项内容。

各铁路局应根据本规则规定的原则和要求，结合实际情况制定细则、办法，并报总公司核备。

第4条　对现有不符合本规则规定标准的设备，应有计划地逐步改造或更换。

第二节　一般规定

第5条　牵引变电所的电气设备自第一次受电开始即认定为带电设备。

第6条　从事牵引变电所运行和检修工作的有关人员，必须实行安全等级制度，经过考试评定安全等级，取得安全合格证之后（安全合格证格式和安全等级的规定，分别见图2.1和表2.1），方准参加牵引变电所运行和检修工作。每年定期按表2.2要求进行年度安全考试和签发安全合格证。

（封面）

（第1页）

电气化铁道

安 全 合 格 证

×××铁路局

单　　　位：＿＿＿＿＿＿＿＿＿

专　　　业：＿＿＿＿＿＿＿＿＿

姓　　　名：＿＿＿＿＿＿＿＿＿

职　　　称：＿＿＿＿＿＿＿＿＿

发证日期：＿＿＿年＿＿月＿＿日

发证单位：＿＿＿＿＿（盖章）

合 格 证

号　　　码：＿＿＿＿＿＿＿＿＿

日期	考试原因	职称	安全等级	评分	主考人（签章）

注　意　事　项

1. 执行工作时，要随时携带本证。

2. 本证只限本人使用，不得转让或借给他人。

3. 无考试成绩、无主考人签章者，本证无效。

4. 本证如有丢失，补发时必须重新考试。

说明：合格证尺寸为宽 65 mm、长 95 mm，配以红色塑料封面。

图 2.1　　电气化铁道安全合格证格式

表 2.1　　牵引变电所工作人员安全等级的规定

等级	允许担当的工作	必须具备的条件
一级	不允许在高速铁路牵引变电所进行工作	新从事牵引变电所作业人员经过教育和学习,初步了解在牵引变电所内安全作业的基本知识
二级	（1）停电作业； （2）远离带电部分作业	（1）担当一级工作半年以上； （2）具有牵引变电所运行、检修或试验的一般知识； （3）了解本规则； （4）根据所担当的工作掌握电气设备的停电作业的工作； （5）能处理较简单的故障； （6）会进行紧急救护
三级	（1）值守人员； （2）停电作业和远离带电部分作业的工作领导人； （3）高压试验的工作领导人	（1）担当二级工作 1 年以上； （2）掌握牵引变电所运行、检修或试验的有关规定； （3）熟悉本规则； （4）能领导作业组进行停电和远离带点部分的作业； （5）会处理常见故障
四级	（1）牵引变电所工长； （2）检修班组工长； （3）工作票发票人	（1）担当三级工作 1 年以上； （2）熟悉牵引变电所运行、检修或试验的有关规定； （3）根据所担当的工作,熟悉电气设备的检修和试验； （4）能处理较复杂的故障
五级	（1）车间主任、供电调度人员； （2）技术主任、副主任、有关技术人员； （3）段长、副段长、总工程师	（1）担当四级工作 1 年以上,技术员及以上的各级干部具有中等专业学校或相当于中等专业学校及以上的学历者（牵引供电业）可不受此限； （2）熟悉并会解释牵引变电所运行、检修和安全工作规则及检修工艺

表 2.2　年度安全考试人员和签发安全合格证部门

应试人员	签发安全合格证部门
单位领导干部	上级业务主管部门
运行检修人员	各单位主管部门

第 7 条　从事牵引变电所运行和检修工作的人员，每年定期进行 1 次安全考试。属于下列情况的人员，要事先进行安全考试。

（1）开始参加牵引变电所运行和检修工作的人员。

（2）当职务或工作单位变更，但仍从事牵引变电所运行和检修工作并需提高安全等级的人员。

（3）中断工作连续 3 个月以上仍需继续担当牵引变电所运行和检修工作的人员。

第 8 条　运行检修人员应掌握紧急救护法，特别要学会触电急救；具备必要的消防知识，特别要具备电气设备消防知识。

第 9 条　对违反本规则受到处分的人员，降低其安全等级，需恢复原安全等级时，必须重新通过安全等级考试。

第 10 条　未按规定参加安全考试和取得安全合格证的人员，必须在安全等级不低于三级的人员监护下，方可进入牵引变电所的高压设备区。

外单位来所作业的人员，应进行安全教育，必要时进行安全考试，经设备运行维护管理单位许可且在安全等级不低于三级的人员监护下，方可进入。

第 11 条　牵引变电所的运行和检修人员，要每年进行 1 次身体检查，对不适合从事牵引变电所运行检修作业的人员要及时调整。

第 12 条　雷电时禁止在室外设备以及与其有电气连接的室内设备上作业。遇有雨、雪、雾、风（风力在五级及以上）的恶劣天气时，禁止进行带电作业。

第 13 条　高空作业（距离地面 2 m 以上）人员要系好安全带（安全带的试验标准见表 2.3），戴好安全帽。在作业范围内的地面作业人员也必须戴好安全帽。

高空作业时要使用专门的用具传递工具、零部件和材料等，不得抛掷传递。

表 2.3　绝缘安全工器具试验项目、周期和要求

序号	名称	周期/月	电压等级/kV	试验电压/kV	试验长度/m	时间/min	泄漏电流/mA	合格标准及说明
1	绝缘棒、杆、滑轮	6	330	380	3.2	5		无过热、击穿和变形。若试验变压器电压等级达不到试验的要求，可分段进行试验，最多可分成 4 段，分段试验电压应为整体试验电压除以分段数再乘以 1.2 倍的系数
			220	440	2.1	1		
			110	220	1.3	1		
			27.5	120	0.9	5		
			6~10	44	0.7			
2	绝缘手套	6	高压	8		1	9	
			低压	2.5			2.5	
3	绝缘靴	6	高压	15		1	7.5	
4	绝缘绳	6	105/0.5m			5		
5	绝缘梯	6		2.5/cm		5		

序号	名称	周期/月	电压等级/kV	试验电压/kV	试验长度/m	时间/min	泄漏电流/mA	合格标准及说明
6	验电器	6	启动电压值不高于额定电压的40%，不低于额定电压的15%，试验时接触电极应与试验电极相接触					
7	金属梯	12			2205	5		任一级梯蹬加负荷后不得有裂损和永久变形
8	竹木梯	6			1765	5		
9	绳子	6			2205	5		无破损断股
10	安全带	6			2205	5		无破损

第14条 作业使用的梯子要结实、轻便、稳固并按表2.3的规定进行试验。当用梯子作业时，梯子放置的位置要保证梯子各部分与带电部分之间保持足够的安全距离，且有专人扶梯。

登梯前作业人员要先检查梯子是否牢靠，梯脚要放稳固，严防滑移；梯子上只能有一人作业。

使用人字梯时，必须有限制开度的措施。

第15条 在牵引变电所内搬动梯子、长大工具、材料、部件时，要时刻注意与带电部分保持足够的安全距离。

第16条 使用携带型火炉或喷灯时，不得在带电的导线、设备以及充油设备附近点火。作业时其火焰与带电部分之间的距离：电压为10 kV及以下时不得小于1.5 m，电压为10~220 kV时不得小于3 m，电压为330 kV时不小于4 m。

第17条 牵引变电所房屋和各类设备的钥匙均应配备至少两套。各高压分间以及各隔离开关的钥匙均不得相互通用。

有人值守牵引变电所房屋及设备钥匙由值守人员保管1套，交接班时移交下一班；另1套存放所内固定位置，并指定专人保管。

无人值守牵引变电所1套房屋钥匙由运行车间管理，1套设备钥匙在所内固定位置存放；另1套房屋及设备钥匙由检修车间管理。

第18条 在全部或部分带电的盘上进行作业时，应将有作业的设备与运行设备以明显的标志隔开。

第19条 供电调度员下达的倒闸和作业命令除遇有危及人身及设备安全的紧急情况外，均必须有命令编号和批准时间；没有命令编号和批准时间的命令无效。

第20条 牵引变电所自用电变压器、额定电压为10 kV及以上的设备，其倒闸作业以及撤除或投入自动装置、远动装置和继电保护，除第42条规定的特殊情况外，均必须有供电调度的命令方可操作。

第21条 停电的甚至是事故停电的电气设备，在断开有关电源的断路器和隔离开关（含三工位开关）并按规定做好安全措施前，任何人不得进入高压防护栅内，且不得触及该设备。

第22条 牵引变电所发生高压（对地电压为250 V以上，下同）接地故障时，在切断电源之前，任何人与接地点的距离：室内不得小于4 m，室外不得小于8 m。

必须进入上述范围内作业时，作业人员要穿绝缘靴，接触设备外壳和构架时要戴绝缘手套。作业人员进入电容器组围栅内或在电容器上工作时，要将电容器逐个放电并接地后方准作业。

第23条 牵引变电所要按规定配备消防设施和急救药箱。当电气设备发生火灾时，要立即将该设备的电源切断，然后按规定采取有效措施灭火。

作业指导书

（1）总则明确规定了本规则的使用范围及规则的要求。由于各铁路局的供电设备情况有所不同，因而由各铁路局公布的电气化铁路规程、规则，对本规则进行完善及补充。

（2）在学习本规则的同时，注意学习本铁路局的相关工作条例及工作制度。

（3）牵引变电所工作人员必须经过安全等级考试，以取得不同等级的安全合格证书（其格式见图2.1）。安全等级分五级，不同的安全等级所能从事的工作不同，其具体规定如表2.1所示。

（4）外单位来所工作学习的人员，必须经过安全知识教育，并有相应记录。

（5）电气工作人员应学会触电急救等必要的紧急救护知识，具备必要的消防知识。

（6）牵引变电所应具备以下安全用具：

① 高压绝缘拉杆、绝缘夹钳；

② 高压验电器和低压验电笔；

③ 绝缘手套、绝缘靴、绝缘鞋及绝缘台、绝缘垫；

④ 接地线、各种标示牌；

⑤ 有色护目眼镜；

⑥ 各种登高作业的安全用具，如安全带、绝缘绳、安全帽、梯子等。

（7）常用安全用具的使用：

① 安全帽。

安全帽主要用于保护作业人员的头部，可以防止头部受到伤害或降低头部受到伤害的程度。例如，当飞来或坠落下来的物体击向头部时，当作业人员从3 m及以上的高度坠落下来时，当头部有可能触电时，以及在低矮的部位行走或作业，头部有可能碰触到尖锐、坚硬的物体时，安全帽均能有效保护头部的安全。

安全帽的佩戴要符合标准，一般应注意下列事项：

➤ 戴安全帽前应将帽后调整带按自己的头型调整到适合的位置，然后将帽内弹性带系牢。缓冲衬垫的松紧由带子调节，头顶和帽体内顶部的空间垂直距离一般为25～35 mm，至少不要小于32 mm。这样才能保证当受到冲击时，帽体有足够的空间可供缓冲，平时也有利于和帽体间的通风。

➤ 不要将安全帽歪戴，或把帽檐戴在脑后方，这样会降低安全帽对于冲击的防护作用。

➤ 安全帽体顶部除了在帽体内部安装了帽衬外，有的还设计了小孔通风。正常使用时，不要为了透气而随便再行开孔，因为这样将会使帽体的强度降低。

➤ 由于安全帽在使用过程中会逐渐损坏，所以要定期检查，发现有龟裂、下凹、裂痕和磨损等异常现象时要立即更换，不准再继续使用。任何受过重击、有裂痕的安全帽，不论有无损坏现象，均应报废。

➢ 严禁使用帽内无缓冲层的安全帽。

➢ 由于安全帽大部分是使用高密度低压聚乙烯塑料制成的，具有硬化和变脆的性质，所以不宜长时间在阳光下曝晒。

➢ 对于新领的安全帽，首先应检查是否有劳动部门允许生产的证明及产品合格证，再看其是否破损、薄厚不均，缓冲层及调整带和弹性带是否齐全有效。对于不符合规定要求的应立即更换。

➢ 在现场室内作业时也要戴安全帽，特别是在室内带电作业时，更要认真戴好安全帽，因为安全帽不但可以防碰撞，而且能起到绝缘作用。

➢ 平时使用安全帽时应保持其整洁，不能接触火源，不要任意涂刷油漆，不准当凳子坐，还要防止丢失。如果丢失或损坏，必须立即补发或更换。无安全帽一律不准进入施工现场。

② 安全带。

现场高处作业，重叠交叉作业非常多。为了防止作业者在某个高度和位置上可能出现的坠落，作业者在登高和高处作业时，必须系挂好安全带。安全带的使用和维护有以下几点要求：

➢ 思想上必须重视安全带的作用。无数事例证明，安全带是"救命带"。可是有少数人觉得系安全带麻烦，上下行走不方便，特别是一些小活、临时活，认为"有扎安全带的时间活都干完了"。殊不知，事故发生就在一瞬间，所以高处作业必须按规定要求系好安全带。

➢ 使用安全带前应检查绳带有无变质、卡环有无裂纹、卡簧弹跳性是否良好。

➢ 高处作业时如安全带无固定挂处，应采用适当强度的钢丝绳或采取其他方法。禁止把安全带挂在移动或带尖锐棱角或不牢固的物件上。

➢ 高挂低用。将安全带挂在高处，人在下面就叫高挂低用。这是一种比较安全合理的科学系挂方法，可以使有坠落发生时的实际冲击距离减小。作业时严禁安全带低挂高用。

➢ 安全带要拴挂在牢固的构件或物体上，要防止摆动或碰撞，绳子不能打结使用，钩子要挂在连接环上。

➢ 安全带绳保护套要保持完好，以防绳被磨损。若发现保护套损坏或脱落，必须加上新套后使用。

➢ 严禁将安全带擅自接长使用。如果使用 3 m 及以上的长绳，必须加缓冲器，且各部件不得任意拆除。

➢ 安全带在使用前要检查各部位是否完好无损。安全带在使用后要注意维护和保管。要经常检查安全带缝制部分和挂钩部分，必须详细检查捻线是否发生断裂和残损等。

➢ 安全带在不使用时要妥善保管，不可接触高温、明火、强酸、强碱或尖锐物体，不要存放在潮湿的仓库中。

（8）在高压供电区域搬运长大物体，尤其是金属物体时，特别要注意与高空带电线路、周围电气设备保持足够的安全距离。作业使用的梯子必须水平搬运。

（9）变电所工作人员必须具备正确使用消防设施的能力，掌握发生人员触电事故时的安全急救措施。

（10）电气失火的特点是：失火的电气设备有可能带电，灭火时注意不要触电；失火的电气设备有可能带有可燃物质，比如变压器的油箱可能会导致爆炸；带电灭火时，应使用二氧化碳灭火器、干粉灭火器等不导电的灭火器。

在电气失火的情况下，应尽快切断电源。

（11）电容设备停电后，仍有积累的电荷，所以必须逐个放电后，才允许作业。

（12）变电所的安全工具要每半年内做一次预防性试验，以保证其良好的绝缘性能。试验由试验组定期进行，试验标准如表2.3所示。

第三节　运　行

值　守

第24条　牵引变电所和开闭所每班宜设值守人员两名，由安全等级不低于三级的值班员担任。值守人员负责监视设备运行状态、应急故障处理和安全保卫。

分区所、AT所无人值守。必要时（如倒闸或检修作业时）由安全等级不低于三级的运行检修人员临时担任值守人员。

第25条　有人值守的牵引变电所发生设备故障时，值守人员应及时、准确向供电调度汇报现场故障信息，在供电调度的指挥下进行应急处理，尽快恢复送电。

第26条　无人值守的牵引变电所发生设备故障时，供电调度应通过远动操作，切除故障点，尽快恢复送电；远动不能操作时，通知设备运行维护管理单位处理，尽快恢复送电。

第27条　牵引变电所须配备必要的安全用具，有人值守牵引变电所还须配备必要的工器具、仪器仪表。配备原则如表2.4所示。

第28条　当班值守人员不得签发工作票和参加检修工作。

表2.4　牵引变电所安全用具、工具、仪器仪表配备原则

标准牵引变电所须配备的安全用具						
序号	设备名称及规格	规格、参数	单位	牵引变电所	AT所	分区所
1	绝缘安全帽		顶	4	2	4
2	绝缘靴		双	4	2	4
3	绝缘手套（含存储袋）		双	4	2	4
4	安全带		条	4	2	4
5	绝缘人字梯	8 m	架	2	1	2
6	绝缘人字梯	2 m	架	2	1	2
7	绝缘升降梯	8 m	架	2	1	2
8	强光泛光工作灯		个	4	2	4
9	接地线	8 m，25 mm²	根	12	12	12
10	接地杆	二节、3 m，带护套中钩	根	12	12	12
11	接地线	15 m，50 mm²	根	12	12	12
12	接地杆	三节、5.1 m，带护套中钩	根	12	12	12

序号	设备名称及规格	规格、参数	单位	牵引变电所	AT所	分区所
		标准牵引变电所须配备的安全用具				
13	验电器	220 kV，4356	支	2		
14	声光验电器	接触式，27.5 kV	支	2	2	2
15	声光验电器	接触式，10 kV	支	2	2	2
16	防毒面具		个	2	2	2
17	防护服		套	2	2	2
18	伸缩式防护栏（带警示标）		台	2	1	1
		有人值守牵引变电所须配备的工具				
1	抢修照明灯具	全方位自动泛光工作灯、遥控探照灯、磁吸式LED工作灯等共8项	套	1		
2	数显扭力扳手		把	1		
3	充电式液压钳	B135-UC	台	1		
4	充电式液压切刀	B-TFC2	台	1		
5	充电式压接钳	B62	台	1		
6	充电式电缆切刀	B-TC095	台	1		
7	充电式螺帽切除器	B-TD1724	把	2		
8	数显力矩扳手	TZCEM	把	2		
9	力矩扳手	410-530	套	2		
10	电动组合工具		套	2		
11	手搬葫芦	1.5T、3T、5T	把	3		
12	道链葫芦		套	1		
13	充电式液压电缆切刀	B-TC051	把	1		
14	电烙铁		台	2		
15	充电式导线切刀		套	1		
16	冲击钻	5～18 mm	套	1		
17	22件工具套装	92-010-23	套	2		
18	梅花扳手	6～27 mm 09905	套	1		
19	力矩扳手	NB-22.5G 5～25 N.m	把	2		
20	套筒头	6～10、8～14	套	1		
21	力矩扳手	NB-50G 15～50 N·m	把	2		
22	套筒头	8～14、10～17、12～19	套	2		
23	力矩扳手	NB-200 50～200 N·m	把	2		
24	套筒头	16～24	套	2		
25	套筒扳手（配套筒头）	8～32 mm 09906	把	3		
26	活扳手	350 mm	把	2		

	有人值守牵引变电所须配备的仪器仪表					
1	数字式万用表		块	2		
	指针式万用表		块	2		
2	数字式钳形电流表		块	2		
3	相序表		块	2		
4	电动绝缘电阻表	500-1000-2500-5000 V	块	4		
5	地阻表		套	1		
6	红外线热成像仪		套	1		
7	数字高倍望远镜		台	2		
8	手持激光测距仪		台	1		
9	SF_6气体泄漏检测仪（定性）		台	2		

巡　视

第29条　除有权单独巡视的人员外，其他人员无权单独巡视。

有权单独巡视的人员是：牵引变电所值守人员和工长，安全等级不低于四级的检修人员、技术人员和主管领导干部。

第30条　值守人员巡视时，要事先通知供电调度或另一值守人员；其他人巡视时要经值守人员同意。在巡视时不得进行其他工作，禁止移开、越过高压设备的防护栅，并与带电部分保持足够的安全距离。

第31条　在有雷、雨的情况下必须巡视室外高压设备时，要穿绝缘靴、戴安全帽，并不得靠近避雷针和避雷器。

倒　闸

第32条　倒闸操作分远动操作和当地操作。远动操作分单控操作和程控操作。

（1）远动操作由供电调度完成。

（2）当地操作由值守人员完成。

第33条　牵引变电所倒闸作业，一般由供电调度通过远动操作完成。

牵引变电所进行当地倒闸操作时，由供电调度员发布倒闸作业命令；受令人受令复诵，供电调度员确认无误后，方准给予命令编号和批准时间。每个倒闸命令，发令人和受令人双方均要填写倒闸操作命令记录（格式见表2.5）。

供电调度员对1个牵引变电所1次只能下达1个倒闸作业命令，即1个命令完成之前，不得发出另1个命令。

表2.5　倒闸操作命令记录　　　　　　　　　　　　　　　__年

日期	命令内容	发令人	受令人	操作卡片	命令号	批准时间	完成时间	报告人	供电调度员

说明：本表应装订成册。

第34条　当地倒闸作业应根据供电调度的命令进行，一人操作，一人监护。值守人员在接到倒闸命令后，要立即进行倒闸。操作前应先进行模拟操作，确认无误后，方可进行倒闸。操作中应执行监护复诵制度。操作过程中应按操作卡片顺序逐项操作。

当地手动操作时操作人和监护人均须穿绝缘靴、戴安全帽，同时操作人还要戴绝缘手套（绝缘靴和绝缘手套的试验标准见表2.3）。

隔离开关的倒闸操作要迅速准确，中途不得停留和发生冲击。

第35条　倒闸作业完成后，电气设备操作后的位置确认原则：远动操作，供电调度确认；当地操作，操作人和监护人现场确认。

电气设备操作后的位置检查应以设备实际位置为准。无法看到实际位置时，可通过设备的机械指示位置、电气指示、带电显示装置、仪表及各种遥测、遥信等指示信号的变化来确认。确认时，应有两个及以上的指示信号，且所有指示信号均已同时发生对应变化，才能确认该设备已操作到位。

当地操作时，监护人检查确认完毕后，立即向供电调度报告，供电调度员及时发布完成时间，至此倒闸作业结束。

第36条　倒闸作业应按操作卡片进行，没有操作卡片时，由供电调度编写倒闸操作卡片。

第37条　编写操作卡片及倒闸表要遵守下列原则：

（1）停电时的操作程序：先断开负荷侧后断开电源侧，先断开断路器后断开隔离开关。送电时，与上述操作程序相反。

（2）隔离开关分闸时，先断开主闸刀后闭合接地闸刀；合闸时，与上述程序相反。

（3）禁止带负荷进行隔离开关的倒闸作业和在接地闸刀闭合的状态下强行闭合主闸刀。

第38条　当回路中未装断路器时可用隔离开关进行下列操作：

（1）开、合电压互感器和避雷器。

（2）开、合母线和直接接在母线上的设备的电容电流。

（3）空载开合所用变。

第39条　拆装高压熔断器必须一人操作，一人监护。操作人和监护人均要穿绝缘靴、戴防护眼镜，操作人还要戴绝缘手套。

第40条　带电更换低压熔断器时，操作人要戴防护眼镜，站在绝缘垫上，并要使用绝缘夹钳或绝缘手套。

第41条　正常情况下，不应操作脱扣杆进行断路器分闸。

第42条　遇有危及人身安全的紧急情况，值守人员可先行断开有关的断路器和隔离开关，再报告供电调度，但再合闸时必须有供电调度员的命令。

作业指导书

（1）高速铁路牵引变电所的值班制度，有昼夜轮换值守制和无人值守制。昼夜轮换值守制变电所的值守人员要严格遵守变电所值守人员工作制度，履行值守人员的职责，坚守岗位，确保变电所的安全运行。

（2）值守人员有权单独巡视设备，但巡视高压设备时要求事先通知供电调度。巡视时要遵守《高速铁路牵引变电所安全工作规程》和《高速铁路牵引变电所运行检修规则》的值守和巡视要求。

（3）牵引变电所倒闸作业流程及标准：

① 倒闸前准备。

提前 10 min 准备好倒闸操作命令记录及需用的钥匙。根据情况如需手动倒闸，则需准备验电器、安全帽、绝缘手套、绝缘靴、加力杆（设备操作摇把）等，并检查其状态是否良好。

② 接令。

接令时，对供电调度通过直通电话发布的命令清晰复诵，并记录到倒闸操作命令记录中，如有异议及时向供电调度反映。

③ 倒闸。

a. 根据供电调度命令内容，操作人员要确认清楚需倒闸的设备，进行倒闸操作时要同时复诵倒闸内容。

b. 当地倒闸操作原则上在保护测控盘或综自后台机上进行，如遇特殊情况，在设备本体上电动操作。

c. 当有关的电动操作失效时，可根据供电调度命令，在设备本体上进行手动机械操作。

d. 倒闸作业时要严格遵循停电时先断开断路器后断开隔离开关，送电时先闭合隔离开关后闭合断路器的原则。

④ 确认开关状态。

根据设备的机械指示、信号指示、验电器显示及表计变化等确认倒闸设备与实际位置相符。有条件时，对隔离开关等设备要确认触头、触指是否到位。

⑤ 消令。

完成上述步骤后，立即向供电调度汇报："×××变电所×××号命令完成"。供电调度给予命令完成时间，值守员负责记录到"倒闸操作命令记录"中。至此，倒闸作业方告结束。倒闸操作命令记录举例如表 2.6 所示。

表 2.6　倒闸操作命令记录示例

日期	命令内容	发令人	受令人	操作卡片	命令号	批准时间	完成时间	报告人	供电调度员
2016.7.8	当地断开 211、2111	X	Y	31	586021	10:15	10:20	Y	X

第四节　检修作业制度

作业分类

第 43 条　电气设备的检修作业分五种：

（1）高压设备停电作业——在停电的高压设备上进行的作业及在低压设备和二次回路上进行的需要高压设备停电的作业。

（2）高压设备带电作业——在带电的高压设备上进行的作业。

（3）高压设备远离带电部分的作业（简称远离带电部分的作业，下同）——当作业人员与高压设备带电部分之间保持规定的安全距离时，在高压设备上进行的作业。

（4）低压设备停电作业——在停电的低压设备上进行的作业。

（5）低压设备带电作业——在带电的低压设备上进行的作业。

工作票

第44条　工作票是在牵引变电所内进行作业的书面依据，要字迹清楚、正确，不得涂改，可打印，不得用铅笔书写。工作票按供电调度要求提前申报。

工作票1式2份，1份交工作领导人，1份交值守人员。值守人员据此办理准许作业手续，做好安全措施。

工作票应使用统一的票面格式，由工作票签发人审核无误，手工签名后方可执行。

使用过的工作票分别保存在牵引变电所和作业工区。工作票保存时间不少于3个月。

第45条　事故抢修、情况紧急时可不开工作票，但应向供电调度报告概况，听从供电调度的指挥；在作业前必须按规定做好安全措施，并记录作业的时间、地点、内容及批准人的姓名等。

第46条　在必须立即改变继电保护装置整定值的紧急情况下，可不办理工作票，由当班的供电调度员远程更改或下令由运行检修人员更改定值，事后供电调度员和运行检修人员应记录上述过程。

第47条　根据作业性质的不同，工作票分三种：

（1）第一种工作票（格式见表2.7），用于高压设备停电作业。

（2）第二种工作票（格式见表2.8），用于高压设备带电作业。

（3）第三种工作票（格式见表2.9），用于远离带电部分的作业、低压设备上的作业，以及在二次回路上进行的不需高压设备停电的作业。

表2.7　牵引变电所第一种工作票（第1页）

_____所（亭）　　　　　　　　　　　　　　　　　第_____号

作业地点及内容	
工作票有效期	自____年____月____日____时____分至____年____月____日____时____分止
工作领导人	姓名：　　　　　　　　　　　　安全等级：
作业组成员姓名及安全等级（安全等级填在括号内）	（　）　　　　　（　）　　　　　（　）　　　　　（　） （　）　　　　　（　）　　　　　（　）　　　　　（　） （　）　　　　　（　）　　　　　（　）　　　　　（　） （　）　　　　　（　） 　　　　　　　　　　　　　　　　　　　共计　　　人

必须采取的安全措施（本栏由发票人填写）	已经完成的安全措施确认（本栏值守人员签字确认）
1. 断开的断路器和隔离开关：	1. 已经断开的断路器和隔离开关确认： 确认人：
2. 安装接地线的位置： 地线　　组，共计　　根	2. 接地线装设确认： 确认人：
3. 装设防护栅悬挂标示牌的位置：	3. 防护栅、标示牌装设确认： 确认人：

4. 注意作业地点附近有电的设备是：	4. 注意作业地点附近有电设备确认： 确认人：
5. 其他安全措施：	5. 其他安全措施确认： 确认人：

发票日期：_____年_____月_____日　　　　　发票人：_____（签字）

根据供电调度员第_____号命令准予_____年_____月_____日_____时_____分开始工作。

值守人员：_____（签字）

经检查安全措施已做好，实际于_____年_____月_____日_____时_____分开始工作。

工作领导人：_____（签字）

变更作业组成员记录：_____

发票人：_____（签字）工作领导人：_____（签字）

经供电调度员_____同意，工作时间延长到_____年_____月_____日_____时_____分。

值守人员：_____（签字）工作领导人：_____（签字）

工作已于_____年_____月_____日_____时_____分全部结束。

工作领导人：_____（签字）

接地线共_____组和临时防护栅、标示牌已拆除，并恢复了常设防护栅和标示牌，工作票于_____年____月_____日_____时_____分结束。

值守人员：_____（签字）

说明：本票用 A4 纸。

表 2.8　牵引变电所第二种工作票（第 1 页）

_____所（亭）　　　　　　　　　　　第_____号

作业地点及内容				
工作票有效期	自____年____月____日____时____分至____年____月____日____时____分止			
工作领导人	姓名：		安全等级：	
作业组成员姓名及安全等级（安全等级填在括号内）	（　　）	（　　）	（　　）	（　　）
	（　　）	（　　）	（　　）	（　　）
	（　　）	（　　）	（　　）	（　　）
	（　　）	（　　）	（　　）	（　　）
			共计　　　人	

必须采取的安全措施（本栏由发票人填写）	已经完成的安全措施确认（本栏值守人员签字确认）
1. 装设防护栅、悬挂标识牌的位置：	1. 防护栅、悬挂标识牌装设位置： 确认人：
2. 注意作业地点附近接地或带电的设备是：	2. 注意作业地点附近接地或带电的设备是： 确认人：

3. 注意作业地点附近不同电压的设备是：	3. 注意作业地点附近不同电压的设备是： 确认人：
4. 绝缘工具状态：	4. 绝缘工具状态确认： 确认人：
5. 其他安全措施：	5. 其他安全措施确认： 确认人：

发票日期：_____年_____月_____日　　　　　　　发票人：_____（签字）

根据供电调度员第_____号命令准予_____年_____月_____日_____时_____分开始工作。

　　　　　　　　　　　　　　　　　　　　　　　　值守人员：_____（签字）

经检查安全措施已做好，实际于_____年_____月_____日_____时_____分开始工作。

　　　　　　　　　　　　　　　　　　　　　　　　工作领导人：_____（签字）

变更作业组成员记录：_____

　　　　　　　　　　　　　　　　　　　　　　　　发票人：_____（签字）

　　　　　　　　　　　　　　　　　　　　　　　　工作领导人：_____（签字）

工作已于_____年_____月_____日_____时_____分全部结束。

　　　　　　　　　　　　　　　　　　　　　　　　工作领导人：_____（签字）

临时防护栅及标示牌已拆除，并恢复了常设防护栅和标示牌，工作票于_____年____月_____日___时_____分结束。　　值守人员：_____（签字）

说明：本票用 A4 纸。

表 2.9　牵引变电所第三种工作票

_____所（亭）　　　　　　　　　　　　　　　　　第_____号

作业地点及内容		发票人		（签字）
		发票日期	年　月	日
工作票有效期	自　年　月　日　时　分至　年　月　日　时　分止			
工作领导人	姓名：		安全等级：	

作业组成员及安全等级	（　　）	（　　）	（　　）	（　　）
	（　　）	（　　）	（　　）	（　　）
	（　　）	（　　）	（　　）	（　　）
			共计　　　人（含工作领导人）	

必须采取的安全措施（本栏由发票人填写）	已经完成的安全措施确认 （本栏值守人员签字确认）
	确认人：

已做好安全措施准予在_____年_____月_____日_____时_____分开始工作。

值守人员：_____（签字）

经检查安全措施已做好，实际于_____年____月____日____时____分开始工作。

工作领导人：_____（签字）

变更作业组成员记录：_____

发票人：_____（签字）

工作领导人：_____（签字）

工作已于_____年_____月____日____时____分全部结束。

工作领导人：_____（签字）

作业地点已清理就绪，工作票于_____年_____月_____日____时____分结束。

值守人员：_____（签字）

说明：本票用 A4 纸。

第 48 条 第一种工作票的有效时间，以批准的检修期为限。若在规定的工作时间内作业不能完成，应在规定的结束时间前，根据工作领导人的请求，由值守人员向供电调度办理延期手续。第二种、第三种工作票有效时间最长为 1 个工作日，不得延长。

因作业时间较长，工作票污损影响继续使用时，应将该工作票重新填写。

第 49 条 发票人在工作前要尽早将工作票交给工作领导人和值守人员，使之有足够的时间熟悉工作票中内容及做好准备工作。

第 50 条 工作领导人和值守人员对工作票内容有不同意见时，要及时向发票人提出，经过认真分析，确认正确无误后，方准作业。

第 51 条 工作票中规定的作业组成员，一般不应更换。若必须更换时，应经发票人同意。若发票人不在，可经工作领导人同意。但工作领导人更换时必须经发票人同意，并均要在工作票上签字。工作领导人应将作业组成员的变更情况及时通知值守人员。

第 52 条 外单位及非专业人员在牵引变电所工作时应加入作业组并须遵守下列规定：

（1）若需设备停电，要按停电的性质和范围填写相应的工作票，办理停电手续，并须在安全等级不低于三级人员的监护下进行工作。工作票 1 张交给值守人员，另 1 张交给监护人，监护人负责有关电气安全方面的监护职责。

（2）若设备不需停电，由值守人员负责做好电气方面的安全措施（如加设防护栅、悬挂标示牌等），向有关作业负责人讲清安全注意事项，并记录在运行日志或有关记录中，双方签认后方准开工。必要时可派安全等级不低于二级的运行检修人员进行电气安全监护。

第 53 条 1 个作业组的工作领导人同时只能接受 1 张工作票。1 张工作票只能发给 1 个作业组。同一张工作票，工作领导人、发票人、值守人员不得相互兼任。

作业人员的职责

第 54 条 工作票签发人签发工作票时要做到：

（1）安排的作业项目是必要和可能的。

（2）采取的安全措施是正确和完备的。

（3）配备的工作领导人和作业组成员的人数和条件符合规定。

第 55 条 工作领导人要做好下列事项：

（1）作业范围、时间、作业组成员等符合工作票要求。

（2）复查值守人员所做的安全措施，要符合规定要求。

（3）时刻在场监督作业组成员的作业安全，若必须短时离开作业地点时，要指定临时代理人，否则应停止作业，并将人员和机具撤至安全地带。

第 56 条 值守人员要做好下列工作：

（1）复查工作票中必须采取的安全措施符合规定要求。

（2）经复查无误后，向供电调度申请停电或撤除重合闸、自投装置。

（3）按照有关规定和工作票的要求做好安全措施。

第 57 条 作业组成员服从工作领导人的安排，要确认各自的职责。对不安全和有疑问的命令要果断及时地提出意见。

第 58 条 值守人员在做好安全措施后，要到作业地点进行下列工作：

（1）会同工作领导人按工作票的要求共同检查作业地点的安全措施。

（2）向工作领导人指明准许作业的范围、接地线和旁路设备的位置、附近有电（停电作业时）或接地（直接带电作业时）的设备，以及其他有关注意事项。

（3）经工作领导人确认符合要求后，双方在两份工作票上签字，工作票一份交工作领导人，另一份值守人员留存，即可开始作业。

第 59 条 每次开工前，工作领导人要在作业地点向作业组全体成员宣讲工作票，布置安全措施。

第 60 条 停电作业时，在消除命令之前，禁止向停电的设备上送电。在紧急情况下必须送电时要按下列规定办理：

（1）值守人员通知工作领导人，说明原因，暂时结束作业，收回工作票。对非牵引负荷，在送电前必须通知有关用户。

（2）拆除临时防护栅、接地线和标示牌，恢复常设防护栅、标示牌。

（3）属供电调度管辖的设备，由供电调度发布送电命令；其他设备由牵引变电所工长批准送电。

（4）值守人员将送电原因、范围、时间和批准人、联系人姓名等，记入运行日志或有关记录中。

第 61 条 停电作业的设备，在结束作业前需要试加工作电压时，要按下列规定办理：

（1）确认作业地点的人员、材料、部件、机具均已撤至安全地带。

（2）由值守人员将该停电范围内所有的工作票收回，拆除妨碍送电的临时防护栅、接地线及标示牌，恢复常设防护栅和标示牌。

（3）按照设备停、送电的所属权限，值守人员将试加工作电压的时间报告供电调度，并将供电调度员的姓名、报告时间记入有关记录。

（4）工作领导人与值守人员共同对有关部分进行全面检查，确认可以送电后，在牵引变电所工长或工作领导人的监护下，由值守人员进行试加工作电压的操作。

（5）试加工作电压完毕，值守人员要将其开始和结束的时间及试加电压的情况记入有关记录。试加工作电压结束后如仍需继续作业，必须由值守人员根据工作票的要求，重新做安全措施、办理准许作业手续。

安全监护

第 62 条　当进行电气设备的带电作业和远离带电部分的作业时，工作领导人主要是负责监护作业组成员的作业安全，不参加具体作业。

当进行电气设备的停电作业时，工作领导人除监护作业组成员的作业安全外，在下列情况可以参加作业：

（1）全所停电时。

（2）部分设备停电、距带电部分较远或有可靠的防护设施，作业组成员不致触及带电部分时。

第 63 条　当作业人员较多或作业范围较广，工作领导人监护不到时，可另设监护人。设置的监护人员由工作领导人指定安全等级符合要求的作业组成员担当。

第 64 条　当作业需要时可以派遣作业小组（包括监护人）到作业地点以外的处所作业。作业人员的安全等级：停电作业不低于二级，带电作业不低于三级。监护人的安全等级：停电作业不低于三级，带电作业不低于四级。

禁止任何人在高压防护栅内单独停留和作业。

第 65 条　牵引变电所工长或值守人员要随时巡视作业地点，了解工作情况，发现不安全情况要及时提出。若属危及人身、行车、设备安全的紧急情况时，有权制止其作业，收回工作票，令其撤出作业地点。若必须继续进行作业时，要重新办理准许作业手续，并记录中断作业的地点、时间和原因。

作业间断和结束工作票

第 66 条　作业中需暂时中断工作离开作业地点时，工作领导人负责将人员撤至安全地带，材料、零部件和机具要放置牢靠，并与带电部分之间保持规定的安全距离，将作业借用的钥匙和工作票交给值守人员。继续工作时，工作领导人要征得值守人员的同意，取回钥匙和工作票，重新检查安全措施，符合工作票要求后方可开工。在作业中断期间，未征得工作领导人的同意，作业组成员不得擅自进入作业地点。

每日开工和收工除按上述规定执行外，在收工时还应清理作业场地，开放封闭的通路。开工时工作领导人还要向作业组成员宣讲工作票，布置安全措施后方可开始作业。

第 67 条　作业全部完成时，由作业组负责清理作业地点，工作领导人会同值守人员检查作业中涉及的所有设备，确认可以投入运行后，工作领导人在工作票中填写结束时间并签字，然后值守人员即可按下列程序结束作业。

（1）拆除所有的接地线，点清其数目，并核对号码。

（2）拆除临时防护栅和标示牌，恢复常设的防护栅和标志。

（3）必要时应测量设备状态。

在完成上述工作后，值守人员在工作票中填写结束时间并签字，作业方告结束。

作业指导书

（1）本节主要介绍设备检修的工作制度。在开始检修工作之前必须根据作业的性质及内容认真填写工作票，由工作领导人全权负责认真完成本项工作。检修工作任务应严格按照工作票规定的时间完成。确有特殊情况，由值班员向供电调度办理延期手续。

（2）牵引变电所检修作业流程及标准：

① 安全预想会。

工作领导人依据工作票内容在作业前一天组织作业组成员召开安全预想会。内容应包括：

➤ 点名。工作领导人首先打开录音笔，然后根据工作票中作业组员进行点名。对未按规定参加会议或迟到的人员进行记录。

➤ 宣讲工作票。工作领导人宣讲本次作业的工作票，明确针对本次作业内容采取的安全防护措施。

➤ 人员分工。根据本次作业的工作量及采取的安全防护措施进行人员分工。所有人员根据各自的分工，准备相应的工具和材料。

➤ 安全风险预想。全体参会人员要结合自己的职责分工情况，对本次作业全过程存在的安全风险进行预想，并共同研究制定有针对性的安全防护措施。

➤ 提问。工作领导人对作业组员逐人提问，检查每个人是否掌握本次作业的内容（作业时间、作业地点、停电范围及工作量），是否明确个人职责分工、安全风险点及控制措施。

➤ 签字确认。所有作业组员均已明确掌握本次作业的内容（作业时间、作业地点、停电范围及工作量）、个人职责分工、安全风险及安全防护措施后，在签到簿上签字。

② 准备。

工作领导人和作业组成员共同准备作业所需的工具、仪表、材料、用品等，做到准备充分、齐全，防止用具不全影响作业。

③ 宣读工作票。

到达现场后，工作组成员按规定着装、列队，工作领导人宣读工作票。工作领导人根据安全等级和技术水平对作业组成员进行分工，并就工作票中装设地线的位置、采取的其他安全措施、临近带电设备等内容向作业人员提问。作业人员应根据分工做好作业准备。

④ 要令。

要令人根据工作票的内容，向供电调度申请停电作业。

⑤ 倒闸。

➤ 供电调度根据工作票的要求进行倒闸操作，操作人要在综自后台上确认开关是否处于工作票要求的状态。

➤ 如需当地操作，操作人要根据调度命令进行倒闸，操作人操作，监护人监护。需手动操作的设备，要按规定采取安全防护措施。

➤ 倒闸完毕后，操作人根据工作票要求，切断开关操作电源，撤除倒边、重合闸等自动功能。操作人操作，监护人监护，并按要求将操作命令在"倒闸命令记录簿"中记录。

⑥ 检修作业过程。

➤ 确认倒闸完成后，由电调下达作业命令，操作人向工作领导人传达，双方在作业命令记录簿中签认，工作领导人宣布开始作业。

➤ 作业人员按照工作票的规定，依次采取悬挂警示牌、安装警示带、验电并装设地线及插安全隔板等其他安全措施。

➤ 由工作领导人和安全监护人共同确认安全措施周密无误后，工作领导人向作业组成员宣布检修开始。

➤ 作业组成员服从领导、听从指挥，严格按照工艺标准和维护等级要求精检细修，保证质量。

➤ 安全监护人在作业过程中，要认真检查安全措施的落实情况，监护作业人员的作业安全。若发现危及人身、行车、设备安全的紧急情况时，要立即制止，责令停止作业。

➤ 检修结束后，工作领导人验收质量符合标准，将人员、机具、材料等撤离到安全地带；作业人员将地线、安全隔板等撤除。

⑦ 撤除防止误送电措施及确认。

操作人根据电调命令和工作票要求，恢复开关操作电源，恢复倒边、重合闸等自动功能。确认后，操作人向电调消除倒闸操作命令，并按要求将操作命令在"倒闸命令记录簿"中记录。

⑧ 消令及送电

➤ 需当地操作时，要根据电调命令一人监护、一人操作。需手动操作的设备，要按规定采取安全防护措施，并按要求将操作命令在"倒闸命令记录簿"中记录。

➤ 工作领导人和安全监护人共同检查确认作业地点设备正常后，通知要令人向调度消除作业命令。

➤ 工作领导人及作业组员要在综自后台上监视电调倒闸情况，确认开关处于正常运行状态。送电后工作领导人要组织人员对设备运行情况进行检查，确认正常。

⑨ 收工。

工作领导人和要令人在工作票上签字并加盖"已执行"章。作业组成员把所有工具材料整理齐全，工作领导人确认无遗漏后，方可收工。

⑩ 总结会

工作领导人总结作业任务完成情况、作业安全情况和本次作业中的经验及存在的问题，提出整改措施，并做好记录。

（3）牵引变电所第一种工作票填写举例如表 2.10 所示。

表 2.10　牵引变电所第一种工作票填写举例

_____××变电_____所（亭）　　　　　　　　　　　　第 8-1-01 号

作业地点及内容	室外 2B、4B 加装电缆在线检测装置				
工作票有效期	自 2010 年 08 月 20 日 08 时 00 分至 2010 年 08 月 20 日 13 时 00 分止				
工作领导人	姓名：X　安全等级：4				
作业组成员姓名及安全等级（安全等级填在括号内）	A（3）	B（3）	C（3）	D（3）	（　）
	（　）	（　）	（　）	（　）	（　）
	（　）	（　）	（　）	（　）	（　）
	（　）	（　）	（　）	（　）	（　）
	共计 4 人				

必须采取的安全措施 （本栏由发票人填写） 1. 断开的断路器和隔离开关： 102DL、202DL、204DL、1021GK、1022GK、 2021GK、2041GK、1002GK	已经完成的安全措施 （本栏由值班员填写） 1. 已经断开的断路器和隔离开关： 102DL、202DL、204DL、1021GK、1022GK、 2021GK、2041GK、1002GK 确认人：Y
2. 安装接地线的位置： 合上 2021D、2041D 在 2B、4B 靠 102DL 侧各挂 1 组 2 根地线 共计 2 组 4 根地线	2. 接地线装设的位置及号码 合上 2021D、2041D 在 2B、4B 靠 102DL 侧各挂 1 组 2 根地线 共计 2 组 4 根地线 确认人：Y
3. 装设防护栅、悬挂标示牌位置： 在 102DL、202DL、204DL、1021GK、1022GK、 2021GK、2041GK、1002GK 操作手柄上悬挂"有 人工作，禁止合闸"标示牌，在 2021D、2041D 操 作手柄上悬挂"有人工作，禁止分闸"标示牌	3. 防护栅、标示牌装设位置： 在 102DL、202DL、204DL、1021GK、1022GK、 2021GK、2041GK、1002GK 操作手柄上悬挂"有 人工作，禁止合闸"标示牌，在 2021D、2041D 操 作手柄上悬挂"有人工作，禁止分闸"标示牌 确认人：Y
4. 注意作业地点附近有电的设备是： 注意除 2B、4B 外其余设备均带电	3. 注意作业地点附近有电的设备是： 注意除 2B、4B 外其余设备均带电 确认人：Y
5. 其他的安全措施： 断开 102DL、202DL、204DL、1021GK、1022GK、 2021GK、2041GK、2021D、2041D 控制、加热、 保护、电机电源，将 2B、4B 对地放电，撤除 2B、 4B、1L、2L 自投装置，作业组成员注意安全，工 作领导人加强监护	5. 其他的安全措施： 断开 102DL、202DL、204DL、1021GK、1022GK、 2021GK、2041GK、2021D、2041D 控制、加热、 保护、电机电源，将 2B、4B 对地放电，撤除 2B、 4B、1L、2L 自投装置，作业组成员注意安全，工 作领导人加强监护 确认人：Y

发票日期：<u>2010</u> 年 <u>08</u> 月 <u>19</u> 日　　　　　　　发票人：_____ Z _____（签字）

根据供电调度员的第 <u>77887</u> 号命令准予在 <u>2010</u> 年 <u>8</u> 月 <u>20</u> 日 <u>8</u> 时 <u>00</u> 分开始工作。

　　　　　　　　　　　　　　　　　　　　　　　值班员：_____ Y _____（签字）

经检查安全措施已做好，实际于 <u>2010</u> 年 <u>8</u> 月 <u>20</u> 日 <u>8</u> 时 <u>40</u> 分开始工作。

　　　　　　　　　　　　　　　　　　　工作领导人：_____ X _____（签字）

变更作业组成员记录：_____

　　　　　　　　　　　　　　　　　　　　　　发票人：_____（签字）

工作领导人：_____（签字）

经电力调度员_____同意工作时间延长到_____年____月____日____时____分。

　　　　　　　　　　　　　　　　　　　　　　值班员：_____（签字）

　　　　　　　　　　　　　　　　　　　工作领导人：_____（签字）

工作已于 <u>2010</u> 年 <u>8</u> 月 <u>20</u> 日 <u>12</u> 时 <u>00</u> 分全部结束。

　　　　　　　　　　　　　　　　　　　工作领导人：_____ X _____（签字）

接地线共 <u>2</u> 组 <u>4</u> 根和临时防护栅、标示牌已拆除，并恢复了常设防护栅和标示牌，

工作票于 <u>2010</u> 年 <u>8</u> 月 <u>20</u> 日 <u>12</u> 时 <u>20</u> 分结束。

　　　　　　　　　　　　　　　　　　　　　　值班员：_____ Y _____（签字）

第五节 高压设备停电作业

停电范围

第 68 条 当进行停电作业时，设备的带电部分距作业人员小于表 2.11 规定者均须停电。

表 2.11 停电范围

电压等级	无防护栅	有防护栅
330 kV	4000 mm	/
220 kV	3000 mm	2000 mm
55～110 kV	1500 mm	1000 mm
27.5 kV 和 35 kV	1000 mm	600 mm
10kV 及以下	700 mm	350 mm

在二次回路上进行作业，引起一次设备中断供电或影响安全运行的有关设备均须停电。

第 69 条 对停电作业的设备，必须从可能来电的各方向切断电源，并有明显的断开点。若无法观察到停电设备的断开点，应有能够反映设备运行状态的电气和机械等指示。断路器和隔离开关断开后，及时断开其控制电源和合闸电源。与停电设备有关的变压器和电压互感器，应将设备各侧断开，防止向停电检修设备反送电。上下行并联的回流线当一侧带电运行时，视为带电设备。

作业命令的办理

第 70 条 作业前由值守人员向供电调度申请停电，申请时要说明作业内容、时间、安全措施、班组和工作领导人的姓名。供电调度员审查无误后发布停电作业命令。供电调度员在发布停电作业命令时，受令人要认真复诵，经确认无误后，方可给命令编号和批准时间。发令人和受令人同时填写作业命令记录（格式见表 2.12），并由值守人员将命令编号和批准时间填入工作票。

在同一个停电范围内有几个作业组同时作业时，对每一个作业组，值守人员必须分别办理停电作业申请。

表 2.12 作业命令记录 ＿＿＿＿＿＿年

日期	命令内容	发令人	受令人	要求完成时间	命令号	消令时间	供电调度员

说明：本表应装订成册。

验电接地

第 71 条 高压设备验电及装设或拆除接地线时，必须一人操作，一人监护。操作人和监护人须穿绝缘靴、戴安全帽，操作人还要戴绝缘手套。

第 72 条 验电前要将验电器在有电的设备上试验，确认良好方准使用。验电时，对被检验设备的所有引入、引出线均须检验。

无法直接验电的设备，通过设备的机械指示位置、电气指示、带电装置、仪表及各种遥测、遥信等指示信号的变化来确认。确认时，应有两个及以上的指示信号，且所有指示信号均已同时发生对应变化，才能确认该设备已无电。

表示设备断开和允许进入间隔的信号或常设的电压表、带电显示器等，若指示有电，则禁止在该设备上工作，且应立即查明原因。

第 73 条 对于可能送电至停电作业设备上的有关部分均要装设接地线或合上接地刀闸。在停电作业的设备上如可能产生感应电压且危及人身安全时应增设接地线。

所装的接地线与带电部分应保持规定的安全距离，并应装在作业人员可见到的地方。

第 74 条 牵引变电所全所停电时，在可能来电的各路进出线均要分别验电和装设接地线或合上接地闸刀。

当部分设备停电时，若作业地点分布在电气上互不相连的几个部分时（如在以断路器或隔离开关分段的两段母线上作业），则各作业地点应分别验电接地。

当变压器、电压互感器、断路器、室内配电装置单独停电作业时，应按下列要求执行：

（1）变压器和电压互感器的高、低压侧以及变压器的中性点均要分别验电接地。

（2）断路器进、出线侧要分别验电接地。

（3）母线两端均要装设接地线。

采用 GIS 开关柜的牵引变电所，在对馈线上网隔离开关、供电线及电缆进行检修作业时，作业现场无法进行常规接挂地线的情况下，应操作 GIS 开关柜三工位开关及断路器对该线路进行接地。其开关位置状态由值守人员进行复核。

（4）在室内配电装置上，接地线应装在该装置导电部分的规定地点，这些地点的油漆应刮去并标出记号。配电装置的接地端子要与接地网相连通，其接地电阻须符合规定。

第 75 条 验明设备确已停电要及时装设接地线。装设接地线的顺序是先接接地端，再将其另一端通过接地杆接在停电设备裸露的导电部分上（此时人体不得接触接地线）；拆除接地线时，其顺序与装设时相反。

接地线须用专用的线夹，连接牢固，接触良好，严禁缠绕。

第 76 条 每组接地线均要编号并放在固定的地点。装设接地线时要做好记录，交接班时要将接地线的数目、号码和装设地点逐一交接清楚。接地线要采用截面面积不小于 $25\ mm^2$ 的带透明护套铜软绞线，同时要满足装设地点短路电流的要求，且不得有断股、散股和接头。

第 77 条 根据作业需要（如测量绝缘电阻等）必须拆除接地线时，经工作领导人同意，停止相关作业，可以将妨碍工作的接地线短时拆除，该作业完毕要立即恢复。拆除和恢复接地线由值守人员进行。

当进行需拆除接地线的作业时，必须设专人监护。其安全等级：作业人员不低于二级，监护人不低于三级。

标示牌和防护栅

第78条 在工作票中填写的已经断开的所有断路器和隔离开关的操作手柄上，均要悬挂"有人工作，禁止合闸"的标示牌。

若接触网和电线路上有人作业，牵引变电所当地操作时，要在有关断路器和隔离开关操作手柄上悬挂"有人工作，禁止合闸"的标示牌。

第79条 在室外设备上作业时，在作业地点附近，带电设备与停电设备之间要有明显的区别标志。

第80条 在室内设备上作业时，与作业地点相邻的设备分间上要悬挂"止步，高压危险！"的标示牌，并在检修的设备上和作业地点悬挂"有人工作"的标示牌。在禁止作业人员通行的过道或必要的处所要装设防护栅或警示带，并悬挂"止步，高压危险！"的标示牌。

第81条 在部分停电作业时，当作业人员可能触及带电部分时，要装设防护栅或警示带，并悬挂"止步，高压危险！"的标示牌。装设防护栅时要考虑到万一发生火灾、爆炸等事故时，作业人员能迅速撤出危险区。

第82条 在结束作业之前，任何人不得拆除或移动防护栅、警示带和标示牌。

消除作业命令

第83条 当办完结束工作票手续后，值守人员即可向供电调度请求消除停电作业命令。供电调度确认该作业已经结束，具备送电条件时，给予消除作业命令。双方记入有关记录中。

同一个停电范围内有几个作业组同时作业时，对每一个作业组，值守人员必须分别向供电调度请求消除停电作业命令。

第84条 只有当在停电的设备上所有的停电作业命令全部消除完毕，方可由供电调度送电，值守人员现场确认设备状态。

作业指导书

一、牵引变电所（亭）标准化要令、消令工作程序

1. 要令程序

（1）准备：值守人员应及时了解当天检修作业计划，做到心中有数。当临近倒闸或检修作业时，值守人员应事先将有关记录和工作票准备好，操作人则准备好倒闸或检修作业所需的安全用具及钥匙等。

（2）要令：值守人员要令、消令均需严肃认真，口齿清楚，用语准确、简练，记录正确，力求讲普通话。要令时，操作人在旁边确认，严禁臆测。

① 申请：需值守人员申请的检修作业或倒闸作业，应由值守人员向供电调度提出申请。值守人员向供电调度申请时需报的内容是：所亭名称、值守人员姓名、申请的检修作业或倒闸作业内容等。

② 受令：经供电调度审查无误后发布命令。受令前，值守人员应先报所亭名称。当供电调度宣布"××所（亭）停电作业（操作）命令发布命令开始"，值守人员应答后，供电调度发布命令内容、要求完成时间及发令人姓名。值守人员复诵并报告供电调度受令人姓名，供电调度员确认无误后，发给命令号及批准时间，值守人员复诵并记入"倒闸操作命令记录"

或"作业命令记录"中。

2．消令程序

（1）消令：值守人员确认命令内容完成以后，与供电调度联系，互报姓名后，即向供电调度消令。消令时，值守人员应报"××所（亭）××号命令执行完毕"及消令人（报告人）姓名。供电调度员确认消令人并核实命令内容完成后，发给完成（消令）时间及发令人姓名，值守人员复诵并记入"倒闸操作命令记录"或"作业命令记录"中。

（2）复查：消令结束后，值守人员要注意观察设备送电情况。

3．要令、消令注意事项

（1）各种对话，应口齿清楚、简练，使用标准术语，并力求使用普通话，不得讲地方方言，语速不应过快。

（2）接听电话。值守人员、操作人接听来电时，应报所在牵引变电所全称，即"你好，××牵引变电所/开闭所/分区所/AT所"。

（3）值守人员向供电调度、生产调度电话申请调度事项和汇报情况时，先主动报出所在牵引变电所全称，即"调度你好，××牵引变电所/开闭所/分区所/AT所，现申请/汇报……"。

（4）呼唤应答。采用复诵方式，不应只用"是"、"好了"之类含义模糊的词回答。

（5）时间。以北京时间为标准，实行昼夜24小时制，时间读成××点××分。

（6）地点。地点应具体到室外、高压室、室内配电盘、高压柜等，必要时应指明具体部位，如：进线侧、出线侧、上行方向、下行方向，靠××××（设备运行编号）侧，操作把手，回路，操作机构等。

（7）姓名。要用全称，不可以用"老张、小李"等称呼。

（8）工具、材料、用品名称。采用规程、定额中使用的正式名称。

（9）设备、保护、信号名称及设备编号。以牵引变电所一、二次图纸中的名称和编号为准。

（10）各类设备的倒闸操作术语：

➢ 断路器、隔离开关：断开、闭合。

➢ 手车：拉出、推进。

➢ 操作电源：断开、合上。

➢ 地线装置：装设、拆除。

➢ 重合闸装置、自动投切装置、继电保护装置：投入、撤除。

（11）常用术语如表2.13所示。

表2.13 常用术语

序号	术语	含义
1	报告数字时：幺、两、三、四、五、六、拐、八、九、洞、幺洞、幺幺、两幺、两两……	相应为一、二、三、四、五、六、七、八、九、零、一零、一一、二一、二二……
2	设备试运行	设备新安装时、大修、事故、或故障处理后投入系统后运行一段时间，用以必要的试验或检查，视具体情况可随时停止运行

序号	术　语	含　义
3	设备停用	运行中设备停止运行
4	设备投入	停用设备恢复运行
5	准备倒闸	从宣布时即算进入倒闸操作期间,并应执行有关要求和规定
6	开始模拟操作	开始在模拟盘上按操作卡片、倒闸操作命令记录的顺序逐项唱票指位,复诵回示,并操作
7	开始操作	开始在实际设备上按操作卡片、倒闸操作命令记录的顺序逐项唱票指位,复诵回示,确认并操作
8	倒闸结束	倒闸命令完成并消令,转入正常值守
9	发令时间	供电调度开始下达命令的时间
10	批准时间	接令人复诵发令时间、命令内容、发令人、发令人、受令人姓名、操作卡片编号后,供电调度发布命令号、时间(准许倒闸开始操作的时间)
11	完成时间	倒闸操作全部完成后,值守员汇报××号命令完成的时间
12	××时(可以读成时间点,下同)××分××秒×××开关跳闸,××动作	此系断路器跳闸时的用语,指××时××分××秒×××断路器(该断路器的运行编号)跳闸,同时××(保护名称)动作
13	××时××分××秒××跳闸,×××开关动作,重合成功(重合不成功,重合闸撤除,重合闸未启动,开关拒动)、××保护动作,故障电流×× A,故测显示值××	馈线断路器跳闸时、××时××分××秒×××断路器跳闸,××保护动作,重合闸未投入、或重合闸未启动,或开关发生拒动)、××保护动作,故障电流×× A,故测显示距离××
14	××时××分××秒×××开关跳闸强送第×次成功	××时××分××秒×××断路器由操作强行合闸,送电第×次成功
15	××时××分××秒×××开关强送第×次不成功,××保护动作,故障电流×× A,故测显示值××	××时××分××秒×××断路器由操作强行合闸,送电第×次成不功,××保护动作,故障电流×× A,故测显示距离××
16	断(拉)开或闭合××断路器(××××隔开)	断(拉)开或闭合×××断路器(×××××隔离开关)
17	将×××小车拉出至试验位(开关柜外);将×××小车推进至运行位	将运行编号为×××的小车或断路器拉出至试验位置(开关柜外),使动、静触头分开;或推进小车到运行位置,使动、静触头合上
18	验明有电或无电	指线路侧或设备停电时检查验证隔离开关一侧或断路器两侧无电。送电时则检查隔离开关或断路器负荷侧有电

二、牵引变电所（亭）标准化验电接地程序

值守员接到供电调度验电接地命令后，按以下程序执行：

（1）准备。操作人准备验电接地所需的接地线、扳手、验电器等用具，并检查接地线、验电器是否符合规定要求。监护人、操作人穿好绝缘靴，戴好安全帽。操作时，操作人还要戴好绝缘手套（有计划的验电接地可在接令前做好准备工作）。

（2）模拟。在模拟盘前，监护人高声宣读"在××靠××方向验明无电后装设接地线"，操作人高声复诵"在××靠××方向验明无电后装设接地线"。监护人确认复诵无误后，宣布"开始模拟"。操作人应答"开始模拟"，并在相应的位置进行模拟操作。模拟操作完毕后，操作人报告"模拟结束"。监护人确认模拟操作无误后，宣布"模拟结束"。在模拟操作过程中，操作人与监护人应逐项进行呼唤应答，手指眼看。

（3）操作。验电接地时，监护人手执"倒闸操作命令记录"（或工作票）进行监护，操作人操作。具体操作步骤如下：

① 确认。

监护人确认需装设接地线的设备，以及装设接地线的位置与可能来电方向有无明显的断开点；馈线侧要确认电流表有无电流，110 kV进线侧要确认电压表有无电压。

② 试验验电器。

验电前要将验电器在有电的设备上试验。监护人选择某带电设备，并指向该带电设备裸露的导体部分，宣布"试验验电器"。操作人指向该带电设备裸露的导体部分并复诵"试验验电器"后，将验电器逐渐移近带电设备裸露的导体部位，直至报警为止，确认验电器是否正常，然后报告"验电器正常"或"验电器不正常"。监护人确认后宣布"验电器正常"或"验电器不正常"（对检查、试验不合格的验电器要立即进行更换）。

③ 验电。

检查、试验验电器正常后，监护人手指向应接地的部位，宣布"验电"。操作人应答"验电"，用验电器在应接地的部位逐个验电，根据验电情况报告"验明无电"或"验明有电"。有疑问时可再验，监护人确认后宣布"验明无电"或"验明有电"。如确实有电，应及时报告供电调度，并进行必要的检查。如果停电不彻底，要尽快与供电调度联系，断开相应的开关后再进行验电。

④ 接地。

验明无电后，在监护人的监护下，操作人应及时连接地线接地端（连接地线接地端的工作也可以在监护人的监护下提前做好）。监护人用手指向接地部位宣布"在××靠××方向装设接地线"，操作人复诵"在××靠××方向装设接地线"。监护人确认复诵无误后，宣布"开始接地"。操作人应答"开始接地"，并将接地杆可靠地接挂在裸露的导体上。操作完毕，操作人报告"接地完毕"，监护人确认操作无误，并与带电部分保持足够的安全距离后宣布"接地完毕"。在操作过程中，操作人与监护人应逐项进行呼唤应答，手指眼看。操作时人体不得接触接地线及设备构件。

⑤ 结束。

接地完毕后，监护人负责消令。操作人与监护人应逐项进行呼唤应答，手指眼看，负责收回验电器、扳手等用具。

监护人接到供电调度拆除接地线命令后，按以下程序进行：

（1）准备。操作人准备拆除接地线所需的扳手等用具，监护人、操作人穿好绝缘靴，戴好安全帽。操作时，操作人还要戴好绝缘手套（有计划的拆除接地线可在接令前做好准备工作）。

（2）模拟。在模拟盘前，监护人高声宣读"拆除××靠××方向接地线"，操作人高声复诵"拆除××靠××方向接地线"。监护人确认复诵无误后，宣布"开始模拟"，操作人应答"开始模拟"，并在相应的位置进行模拟操作。模拟操作完毕后，操作人报告"模拟结束"，监护人确认模拟操作无误后，宣布"模拟结束"。在模拟操作过程中，操作人与监护人应逐项进行呼唤应答，手指眼看。

（3）确认。在操作地点，操作人与监护人共同确认拆除接地线的位置，并进行呼唤应答、指位确认。

（4）操作。拆除接地时，监护人手执"倒闸操作命令记录"（或工作票）进行监护，监护人高声宣读"拆除××靠××方向接地线"，操作人高声复诵"拆除××靠××方向接地线"。监护人确认复诵无误后，宣布"开始操作"，操作人应答"开始操作"，并在相应的位置进行操作。操作完毕后，操作人报告"地线拆除完毕"。监护人确认操作无误，并与带电部分保持足够的安全距离后，宣布"地线拆除完毕"。在操作过程中，操作人与监护人应逐项进行呼唤应答，手指眼看。操作时人体不得接触接地线及设备构件。

（5）结束。拆除接地线后，监护人负责消令，操作人负责收回接地线、扳手等用具。

三、标准化开工、收工程序

1. 开工程序

（1）审票。值守员接到检修工作票后，要及时审查工作票，发现问题要及时提出。正常检修（试验）应提前一天由值守员向供电调度报票（事故抢修或紧急故障处理时可不开工作票或随时报票）。交接班完毕后，值守员要认真审查工作票，操作人要详细了解工作票的作业内容，做到心中有数。

（2）申请。工作票办理前，由值守员向供电调度提出申请。必要时，由值守员向供电调度重新宣读工作票，报当班供电调度员审查确认。

（3）准备。操作人提前准备好采取安全措施所用的工具备品（包括倒闸用的安全用具、工具、钥匙、接地线、倒闸棒、安全标示牌、分隔标志、防护栅和防护绳等）。

（4）倒闸。按标准化倒闸程序进行。

（5）要令。使用第一种工作票的检修（试验）作业，由值守员向供电调度申请作业命令，由供电调度发布作业命令，值守员受令并记录在作业命令记录中。使用第三种工作票的检修（试验）作业，由值守员负责办理，必要时向供电调度汇报，并记入值班记录中。

（6）布置安全措施。操作人在监护人监护下按照先负荷侧后电源侧，先A相、后B相、最后C相（先T相、后F相、最后N相），先高压后低压，先室外后室内的顺序依次办理好相应的安全措施。办理过程中监护人与操作人应坚持手指眼看、呼唤应答、相互确认。

（7）办理准许作业手续。安全措施办理完毕后，监护人会同工作领导人按室外、高压室、控制室的顺序检查各项安全措施，监护人向工作领导人指明允许作业的范围，接地线和旁路设备的位置，附近有电的设备，以及其他注意事项。经工作领导人确认符合要求后，监护人根据供电调度的命令在两份工作票上填写允许作业时间，并签字。工作领导人在两份工作票上填写实际开始作业时间，并签字。工作票一份交工作领导人，一份值守员留存。

（8）宣读工作票。工作领导人召集作业组全体成员在作业地点附近点名并宣读工作票，布置安全措施及有关注意事项，并进行相应的检修（试验）分工与技术交底。检修组成员对检修（试验）存在的问题及不明白的地方要及时提出，坚持安全生产。由记录人员将会议内容记入"开工收工会议记录"中。（对时间较紧的检修作业，开工会可以提前召开，但必须由工作领导人宣布"××号工作票检修（试验）工作开始"后，作业组成员方可接近作业设备并开始作业。）

（9）开工。工作领导人宣布"××号工作票检修（试验）工作开始"，作业组成员即可接近作业设备并开始作业。宣布检修（试验）工作开始前，检修组成员严禁接近作业设备。

2. 收工程序

（1）清理作业地点。作业全部完成时，由作业组成员负责清理作业地点，工作领导人负责检查作业中涉及的所有设备。

（2）填写检修记录。由设备检修负责人负责填写"设备检修记录"（在"修后结语"栏中要填写设备的技术参数，给出"合格"或"不合格"及可否投入运行的结论，对未给出"合格"或"不合格"结论的设备，验收人员按不合格设备对待，不能投入运行），再由互检人确认签字，交工作领导人审核后交给当班值班员，由工作领导人通知值守员"××号工作票检修（试验）结束，请求验收"。

（3）验收。工作领导人会同值守员检查作业中涉及的所有设备，确认是否可以投入运行。对验收不合格的设备，检修人员要继续进行检修直至合格。对有争议的问题要报告有关部门做出决定。

在验收合格后，值守员在两份"设备检修记录"的"验收"栏中签字。"设备检修记录"一份交工作领导人，一份值守员留存。

工作领导人召集作业组全体成员宣布"××号工作票工作结束"，自宣布后，严禁作业组成员接近检修设备或进行作业。工作领导人在工作票上填上作业结束时间并签字。

（4）恢复安全措施。

由监护人监护，操作人操作，按下列程序结束作业：① 拆除所有的接地线，点清数目，并核对号码。② 拆除临时防护栅和标示牌，恢复常设的防护栅和标示牌。③ 恢复检修前设备的各种控制、电机、加热等电源。④ 必要时应测量设备。

（5）结束工作票。值守员确认安全措施已全部恢复后，在两份工作票中填写拆出接地线的组数及结束时间并签字，结束工作票。工作票一份交发票人（或工作领导人）保存，一份值守员留存。

（6）消令。当值守员办理完工作票结束手续后，由值守员向供电调度请求消除作业命令，供电调度员确认作业已经结束，具备送电条件时，给予消除作业命令时间，值守员经复诵确认无误并记入作业命令记录中。

（7）总结。工作领导人召集作业组成员总结本次检修情况，对检修中存在的问题制定相应的整改措施，并由记录人记入开工收工会议记录中。

第六节　高压设备带电作业

第 85 条　带电作业按作业方式分为直接带电作业和间接带电作业：

直接带电作业——用绝缘工具将人体与接地体隔开，使人体与带电设备的电位相同，从而直接在带电设备上作业。

间接带电作业——借助绝缘工具，在带电设备上作业。

牵引变电所不应采用高压设备直接带电作业。确需高压设备间接带电作业时须经供电调度批准，并参照国家有关标准执行。

命令程序

第 86 条　除了值守人员有权自行倒闸的设备外，对属供电调度管辖的设备，在作业前由值守人员向供电调度申请带电作业。申请时要说明作业的地点、内容、时间、安全措施、班组和工作领导人的姓名。供电调度员审查符合条件后，发布带电作业命令。供电调度员在发布带电作业命令时，受令人要认真复诵，经确认无误后，方可给命令编号和批准时间。发令人和受令人同时填写作业命令记录，并由值守人员将其填写在工作票内。值守人员接到供电调度员发布的带电作业命令后，方可实施安全措施、办理准许作业手续。作业结束后，值守人员要向供电调度请求消除带电作业命令，由供电调度给予消除作业命令时间，双方记入作业命令记录中。

安全距离

第 87 条　间接带电作业时，作业人员（包括所持的非绝缘工具）与带电部分之间的距离，均不得小于表 2.14 规定。

表 2.14　安全距离

电压等级/kV	安全距离/mm
330	2 200
220	1 800
110	1 000
55	700
27.5 和 35	600
6～10	400

绝缘工具

第 88 条　带电作业用的绝缘工具材质的电气强度不得小于 3kV/cm，其有效绝缘长度不得小于表 2.15 的规定。

表 2.15　有效绝缘强度

电压等级/kV	有效绝缘强度/mm
330	3 100
220	2 100
110	1 300
55	1 000
27.5 和 35	900
6~10	700

第 89 条　绝缘工具要有合格证并进行下列试验（试验标准见表 2.3）：

（1）对使用中绝缘工具定期进行试验（试验周期见表 2.3）。

（2）绝缘工具的机、电性能发生损伤或对其怀疑时，进行相应的试验。禁止使用未经试验或试验不合格或超过试验期的绝缘工具。

第 90 条　使用工具前应仔细检查其是否损坏、变形、失灵，并使用 2500 V 绝缘摇表或绝缘检测仪进行分段绝缘检测（电极宽 2 cm，极间宽 2 cm），阻值应不低于 700 MΩ。操作绝缘工具时应戴清洁、干燥的手套，并应防止绝缘工具在使用中脏污和受潮。

第 91 条　带电作业工具应设专人保管，登记造册，并建立每件工具的试验记录。

第 92 条　带电作业工具应置于通风良好、备有红外线灯泡或去湿设施的清洁干燥的专用房间存放。

第 93 条　绝缘工具在使用中要经常保持清洁、干燥，切勿损伤。使用管材制作的绝缘工具，其管口要密封。

安全规定

第 94 条　在进行带电作业前必须撤除有关断路器的重合闸（测量绝缘子的电压分布除外）或自投功能。在作业过程中如果有关断路器跳闸或发现设备无电时，值守人员均要立即向供电调度报告，供电调度员必须弄清情况后再决定是否送电。

第 95 条　在使用绝缘硬梯作业时，除遵守使用梯子作业的有关规定外，还要注意扶梯的部位要尽量靠近地面，以保持足够的有效绝缘长度。

第七节　其他作业

远离带电部分的作业

第 96 条　当作业人员与高压设备带电部分之间的距离等于或大于第 68 条规定数值时，允许不停电在高压设备上进行下列作业：

（1）清扫外壳，更换整修附件，更换硅胶，整修基础等。

（2）取油样。

（3）能保证人身安全和设备安全运行的简单作业。

第 97 条　进行远离带电部分的作业时，必须遵守下列规定：

（1）作业人员在任何情况下与带电部分之间必须保持规定的安全距离。

（2）作业人员和监护人员的安全等级分别不低于二级和三级。

（3）在高压设备外壳上作业时，作业前要先检查设备的接地必须完好。

低压设备上的作业

第 98 条　在集中接地装置、N 线、回流线上作业时，一般应停电进行，填写第一种工作票。但对不断开回流线的作业且经确认回流线各部分连接良好时，可以带电进行。

对断开作业的回流线，必须有可靠的旁路线。

在回流线上带电作业时，要填写第三种工作票。严禁 1 人单独作业，作业人员的安全等级不低于三级。

第 99 条　在低压设备上作业时一般应停电进行。若必须带电作业时，作业人员要穿紧袖口的工作服，戴工作帽、手套和防护眼镜，穿绝缘靴或站在绝缘垫上工作；所用的工具必须有良好的绝缘手柄；附近其他设备的带电部分必须用绝缘板隔开。在低压设备上作业时，严禁 1 人单独作业。带电作业时作业人员的安全等级不得低于三级，停电作业时至少有 1 人的安全等级不低于二级。

二次回路上的作业

第 100 条　在确保人身安全和设备安全运行的条件下，允许有关的高压设备和二次回路不停电进行下列工作：

（1）在测量、信号、控制和保护回路上进行较简单的作业。

（2）改变继电保护装置的整定值，但不得进行该装置的调整试验，作业人员的安全等级不得低于三级。

（3）当电气设备有多重继电保护，经供电调度批准短时撤出部分保护装置时，在撤出运行的保护装置上作业。

第 101 条　在二次回路上进行作业时，必须遵守下列规定：

（1）人员不得进入高压防护栅内，同时与带电部分之间的距离要等于或大于第 68 条规定的数值。

当作业地点附近有高压设备时，要在作业地点周围设围栅和悬挂相应的标示牌。

（2）所有互感器的二次回路均要有可靠的保护接地。

（3）直流回路不得接地或短路。

（4）根据作业要求需进行断路器的分合闸试验时，必须经值守人员同意方准操作。试验完毕时，要报告值守人员。

第 102 条　在带电的电压互感器和电流互感器二次回路上作业时除按第 101 条执行外，还必须遵守下列规定：

（1）电压互感器：

①注意防止发生短路或接地。作业时作业人员要戴手套，并使用绝缘工具，必要时作业前撤除有关的继电保护。

②连接的临时负荷，在互感器与负荷设备之间必须有专用的刀闸和熔断器。

（2）电流互感器：

① 严禁将其二次侧开路。

② 短路其二次侧绕组时，必须使用短路片或短路线，并要连接牢固，接触良好，严禁用缠绕的方式进行短接。

（3）作业时必须有专人监护，操作人必须使用绝缘工具并站在绝缘垫上。

第103条 当用外加电源检查电压互感器的二次回路时，在加电源之前须在电压互感器的周围设围栅或警示带，围栅上要悬挂"止步，高压危险！"的标示牌，且人员要退到安全地带。

作业指导书

（1）电压、电流互感器是供电系统常用的电器设备，主要是进行电压、电流的变换，以便测量电压和电流的大小，同时提供给保护装置电压、电流测量值。电压、电流互感器接线时，其二次侧必须有一端可靠接地，这样可以防止互感器绝缘损坏而使一次侧的高压引入低压而带来的事故危害。同时还要注意端子的极性：电压互感器的二次侧不允许短路运行，电流互感器的二次侧不允许开路运行。电流互感器二次侧负载检修时，应先将互感器的二次侧绕组短路。若开路运行，则会带来以下严重的危害：

① 铁心由于磁通量的增加而产生过热现象，同时产生剩磁，这样会降低铁心的准确度。

② 由于电流互感器的二次绕组的匝数远远大于一次侧，所以会感应出危险的高电压，危及设备和人身的安全。

（2）清扫二次回路应注意的事项：

① 人员不得进入高压防护栅内，同时与带电部分之间的距离要符合规定。当作业地点附近有高压设备时，要在作业地点周围设围栅和悬挂相应的标示牌。

② 所有互感器的二次回路均要有可靠的保护接地。

③ 直流回路不得接地或短路。

④ 根据作业要求需进行断路器的分合闸试验时，必须经值守人员同意方准操作。试验完毕时，要报告值守人员。

（3）二次回路工作的要求：

① 至少有两人参加工作，参加人员必须明确工作目的和工作方法。

② 必须用符合实际的图纸进行工作。

③ 若要停用电源设备，如电压互感器或部分电压回路的熔断器等，必须考虑停用后的影响，以防止停用后造成保护的误动或拒动；

④ 切除直流回路熔断器时，应正、负极同时拉开，或先拉开正电源，后拉开负电源；恢复时顺序相反。其目的是防止发生误动作引起误跳断路器。

⑤ 测量二次回路的电压时，必须使用高内阻的电压表。

⑥ 在运行的电源回路上测量电流，须事先核实电流表及其引线是否良好，要防止电流回路开路而发生人身和设备故障。

⑦ 工作中使用的工具大小应合适，并应使金属外露部分尽量减小，以免发生短路。

⑧ 应站在安全及适当的位置进行工作。

⑨ 如果可停电进行工作时，应事先检查电源是否已断开，确认无电后方可进行工作。在

某些没有切断电源的设备处工作时，对有可能触及的部分，应将其包扎绝缘或隔离。

⑩ 工作中若需要拆动螺丝、二次线、压板等，应先校对图纸并做好记录；工作完毕后应及时恢复，并进行前面的复查。

➢ 需拆盖检查继电器的内部情况时，不允许随意调整机械部分；当调整的部位会影响其特性时，应在调整后进行电气特性试验。

➢ 二次回路工作结束后，应详细地记录结果。

（4）接线端子是二次回路接线不可缺少的部分。除了屏内与屏外二次回路的连接，以及同一屏上各安装单位之间的连接必须通过接线端子外，为了走线的方便，屏内设备与屏顶设备的连接也要经过端子排。各种形式的端子还有助于在端子排上进行并头或测量，校验及检修二次回路中的仪表和继电器。许多端子组合在一起构成端子排。其类型有：① 一般端子；② 试验端子；③ 连接型试验端子；④ 连接端子；⑤ 终端端子；⑥ 标准端子。

第八节　试验和测量

高压试验

第 104 条　当进行电气设备的高压试验时，工作领导人的安全等级不得低于三级。在作业地点的周围要设围栅或警示带，围栅或警示带上悬挂"止步，高压危险！"的标示牌（标示牌要面向作业场地外方），并派人看守。

若被试设备较长时（如电缆），在距离操作人较远的另一端还应派专人看守。

因试验需要临时拆除设备引线时，在拆线前应做好标记，试验完毕恢复后要仔细检查，确认连接正确、牢固，方可投入运行。

第 105 条　在一个电气连接部分内，同时只允许一个作业组且在一项设备上进行高压试验。

必要时，在同一个连接部分内检修和试验工作可以同时进行，作业时必须遵守下列规定：

（一）在高压试验与检修作业之间要有明显的断开点，且要根据试验电压的大小和被检修设备的电压等级保持足够的安全距离。

（二）在断开点的检修作业侧装设接地线，高压试验侧悬挂"止步，高压危险！"的标示牌，标示牌要面向检修作业地点。

第 106 条　试验装置的金属外壳要装设接地线，高压引线应尽量缩短，必要时用绝缘物支持牢固。试验装置的电源开关应使用有明显断开点的双极开关。

试验装置的操作回路中，除电源开关外还应串联零位开关，并应有过负荷自动跳闸装置。

第 107 条　在施加试验电压（简称加压，下同）前，操作人、监护人要共同仔细检查试验装置的接线、调压器零位、仪表的起始状态和表计的倍率等，确认无误后且被试设备周围的人员均在安全地带时，经工作领导人许可方准加压。

第 108 条　加压作业要专人操作、专人监护。其安全等级：操作人不低于二级，监护人不低于三级。加压时，操作人要穿绝缘靴或站在绝缘垫（试验周期和标准比照绝缘靴）上，操作人和监护人要呼唤应答。

在整个加压过程中，全体作业人员均要精神集中，随时注意有无异常现象。

第 109 条　未装地线的具有较大电容量的设备，应进行放电后再加压。

当进行直流高压试验时，每告一段落或结束时应将设备对地放电数次并进行短路接地。

放电时操作人要使用放电棒并戴绝缘手套。

被试设备上装设的接地线，只允许在加压过程中短时拆除，试验结束要立即恢复原状。

第 110 条 巡视、检修试验高压电缆时，应严格按下列要求进行：

打开电缆井、沟盖板时，应在井、沟的四周应布置好围栏，做好明显警告标志，并设置阻挡车辆误入的障碍。

进入电缆井前，应排除井内浊气。井内工作人员应戴安全帽，并做好防火、防水及防高空落物等措施，井口应有专人看守。

在同一断面内有众多电缆时，严格区分需试验的电缆与其他带电的电缆。

高压电缆试验时现场应装设封闭式的遮拦、警示带或围栏，向外悬挂"止步，高压危险！"标志牌。电缆两端不在同一地点的，另一端也必须派人看守，并保持通讯畅通。

试验装置、接线应符合安全要求。试验时操作人员注意力应集中，穿绝缘靴或站在绝缘垫上。

电缆试验前后以及更换试验引线时，应对被试电缆（或试验设备）充分放电。

电缆试验结束，应在被试电缆上加装临时接地线，待电缆尾线接通后方可拆除。

第 111 条 GIS 运行检修时的安全技术要求。

在打开的 SF_6 电气设备上工作的人员，应经专门的安全技术知识培训，配置和使用必要的安全防护用具。

操作、巡视、检修试验 SF_6 电气设备时，要有防止 SF_6 泄漏的安全措施，其具体要求、措施等按国家、行业的相关标准、导则执行。

高压室、电缆夹层入口处应装设 SF_6 气体含量显示器，GIS 室必须装强力通风装置，排风口应设置在室内底部。通风电机的控制开关应安装在控制室。进入时应先观察 SF_6 气体含量显示并通风 15 min；无人值守 GIS 所，应定期检查通风设施。

严禁在 SF_6 设备防爆膜附近停留。

进入 SF_6 配电装置低位区或电缆沟进行工作应先检测含氧量（不低于 18%）和 SF_6 气体含量不得超过 1000μL/L（即 1000ppm）。

SF_6 气体发生大量泄漏等紧急情况时，人员应迅速撤出现场，开启所有排风机进行排风。

第 112 条 试验结束时，作业人员要拆除自装的接地线、短路线，恢复三工位开关至隔离位，检查被试设备，清理作业地点。

测量工作

第 113 条 使用兆欧表测量绝缘电阻前后，必须将被测设备对地放电。放电时，作业人员要戴绝缘手套、穿绝缘靴。

第 114 条 在有感应危险电压的线路上测量绝缘电阻时，连同将造成感应危险电压的设备一并停电后进行。

第 115 条 使用兆欧表测量绝缘电阻前，必须将被测设备从各方面断开电源，经验明无电且确认无人作业时方可进行测量。

测量时，作业人员站的位置、仪表安设的位置及设备的接线点均要选择适当，使人员、仪表及测量导线与带电部分保持足够的安全距离。作业地点附近不得有其他人停留。测量用的导线要使用相应电压的绝缘线。

在高压设备上作业时，应派遣作业小组，其中 1 人的安全等级不低于三级。

第 116 条　使用钳形电流表测量电流时，其电压等级应符合要求。测量时可以不开工作票，但在测量前，须经值守人员同意，并由值守人员与作业人员共同到作业地点进行检查。必要时由值守人员做好安全措施方可作业。测量完毕要通知值守人员。在高压设备上测量时，应派遣作业小组，其中 1 人的安全等级不得低于三级。

第 117 条　在高压回路上测量时，禁止用导线从钳形电流表另接表计测量。

第 118 条　使用钳形电流表时，应注意钳形电流表的电压等级。在高压设备上测量时戴绝缘手套，穿好绝缘靴站在绝缘垫上，不得触及其他设备，以防短路或接地。

观测表计时，要特别注意身体任何部位与带电部分保持足够的安全距离。

第 119 条　测量低压熔断器（空气开关）和低压母线电流时，测量前应将低压熔断器（空气开关）和母线用绝缘材料加以包护隔离，以免引起相间短路，同时应注意不得触及其他带电部分。测量人员要戴绝缘手套。

第 120 条　在测量高压电缆各相电流时，电缆头线间距离应在 300 mm 以上，且绝缘良好，测量方便时，方可进行。

当有一相接地时，禁止测量。

第 121 条　钳形电流表要存放在盒内且要保持干燥，每次使用前要将手柄擦拭干净。

第 122 条　除专门测量高压的仪表外，其余仪表均不得直接测量高压。测量用的连接电流回路的导线截面积要与被测回路的电流相适应，连接电压回路的导线截面面积不得小于 $1.5 \, \text{mm}^2$。

作业指导书

本节对各种测量仪表的使用、保养提出了相应的工作规范。常用的仪表有兆欧表、万用表和钳型电流表。在测量时若不注意正确的使用方法或稍有疏忽，则不是将表烧坏，就是使被测元件损坏，甚至危及人身安全。因此，掌握常用电工测量仪表的正确使用方法是非常重要的。

一、兆欧表

其用途是测试线路或电气设备的绝缘状况。使用方法及注意事项如下：

（1）首先选用与被测原件电压等级相适应的兆欧表。对于 500 V 及以下的线路或电气设备，应使用 500 V 或 1000 V 的兆欧表；对于 500 V 以上的线路或电气设备，应使用 1 000 V 或 2500 V 的兆欧表。

（2）用兆欧表测试高压设备的绝缘时，应有两人进行。

（3）测量前必须将被测线路或电气设备的电源全部断开，即不允许带电测绝缘电阻，并且要查明线路或电气设备上无人工作后方可进行。

（4）测量时，摇动兆欧表手柄的速度要均匀，以 120 r/min 为宜，保持稳定转速 1 min 后读取数据。

（5）测试过程中两手不得同时接触两根。

（6）测试完毕应先拆线，后停止摇动兆欧表，以防止电气设备向兆欧表反充电导致兆欧表损坏。

（7）遇雷电时，严禁测试线路绝缘。

二、万用表

万用表是综合性仪表，分为指针式和数字式两种，可测量交流或直流的电压、电流，还可以测量元件的电阻以及晶体管的一般参数和放大器的增益等。指针式万用表使用方法及注意事项如下：

（1）使用万用表前要校准机械零位和电气零位。若要测量电流或电压，则应先调表指针的机械零位；若要测量电阻，则应先调节表指针的电气零位，以防表内电池电压下降而产生测量误差。

（2）测量前一定要选好挡位，即电压档，同时还要选对量程。初选时应从大到小，以免打坏指针。禁止带电切换量程。

（3）测量直流时要注意表笔的极性。测量高压时，应把红、黑表笔插入"2500 V"和"−"插孔内，把万用表放在绝缘支架上，然后用绝缘工具将表笔触及被测导体。

（4）带电测量过程中应注意防止发生短路和触电事故。

（5）不用时，切换开关不要停在欧姆档，以防止表笔短接时将电池放电。

三、钳型电流表

钳型电流表分高、低压两种，用于在不拆断线路的情况下直接测量线路中的电流。

其使用方法如下：

（1）使用高压钳型表时应注意钳型电流表的电压等级，严禁用低压钳型表测量高电压回路的电流。用高压钳型表测量时，应有两人操作，测量时应带绝缘手套，站在绝缘垫上，不得触及其他设备，以防止短路或接地。

（2）观测表记时，要特别注意保持头部与带电部分的安全距离，人体任何部分与带电体的距离不得小于钳型表的整个长度。

（3）在高压回路上测量时，禁止用导线从钳型电流表另接表计测量。测量高压电缆各相电流时，电缆头线间距离应在 300 mm 以上，且绝缘良好，待认为测量方便时，方能进行。

（4）测量低压可熔保险器或水平排列低压母线电流时，应在测量前将各相可熔保险或母线用绝缘材料加以保护隔离，以免引起相间短路。

第九节　附　则

第 123 条　本规则由总公司运输局负责解释。

第 124 条　本规则自 2015 年 3 月 1 日起施行

本章小结

本章讲解了《高速铁路牵引变电所安全工作规则》，其中包括高速铁路牵引变电所的总则、一般规定、运行、检修作业制度、高压设备停电作业、高压设备带电作业、其他作业、试验和测量等的相关规定。

思考题

1. 对从事牵引变电所运行和检修工作的哪些人员要事先进行安全考试？

2. 在有雷雨的情况下，必须巡视室外高压设备时应怎样做？

3. 高空作业应注意什么？

4. 对供电调度员下达的倒闸和作业命令有哪些规定？

5. 在牵引变电所搬动长大工具时应注意什么？

6. 牵引变电所发生高压接地故障时，对安全距离是怎样规定的？

7. 作业人员进入电容器组围栅内或在电容器上工作时，应注意什么？

8. 当电气设备发生火灾时，应如何处置？

9. 有权单独巡视的人员是哪些？

10. 编写操作卡片及倒闸表要遵守什么原则？

11. 隔离开关的倒闸操作应注意什么？

12. 电气设备的检修作业分为哪五种？

13. 工作票分几种？各用于什么作业？

14. 牵引变电所第一、二、三种工作票的有效时间是多少？

15. 工作票签发人的职责是什么？

16. 工作领导人的职责是什么？

17. 作业组成员的职责是什么？

18. 哪些情况下可不开工作票？

19. 值守人员在做好安全措施后，要到作业地点进行哪些工作？

20. 每次开工前，对工作领导人有哪些要求？

21. 当进行停电作业时，设备的带电部分距作业人员有哪些规定？

22. 在高压设备验电及装设或拆除接地线时，有哪些具体要求？

23. 对验电接地操作步骤是如何规定的？

24. 在进行检修作业时，在工作票中填写的已经断开的所有断路器和隔离开关的操作手柄上，应悬挂什么标示牌？

25. 进行远离带电部分的作业时，应遵守哪些规定？

26. 在二次回路上进行作业时，应遵守哪些规定？

27. 使用兆欧表测量绝缘电阻前，应注意哪些问题？

28. 绝缘杆、靴、手套、安全带的试验周期各是多长？

第三章 高速铁路牵引变电所运行检修规则

本章主要讲授高速铁路牵引变电所运行检修规则，使学生熟悉牵引变电所技术文件、值守职责、倒闸原则及巡视要求，熟悉供变电现场工作制度，掌握本专业必需的牵引变电所检修作业安全及检修作业程序的基本知识和基本技能，树立"安全第一、预防为主"的安全意识，并初步具备安全作业的能力。

第一节 总则

第1条 牵引变电所（包括开闭所、分区所、AT所、接触网开关控制站，除特别指出者外，以下皆同）是高速铁路的重要组成部分，与行车密切相关。为做好高速铁路牵引变电所的运行和检修（含试验和化验，下同）工作，特制定本规则。

第2条 本规则是依据在线、实时监测，周期、状态检修相结合原则编制。牵引变电所的运行、检修应贯彻"预防为主、严检慎修"的方针。遵循"全面养护、寿命管理"的原则，实现"实时监测、科学诊断、精细维修、寿命管理"目标。

第3条 为保证牵引变电所安全可靠供电，各级部门要认真建立健全各级岗位职责制，抓好各项基础工作，科学管理，改革修制，依靠科技进步，积极采用新技术、新工艺、新材料，不断改善牵引变电所的技术状态，提高供电工作质量。

高速铁路牵引变电所设备运行维护管理单位，要组织有关人员认真学习、贯彻本规则，并结合具体情况制定实施细则、办法，报上级业务主管部门核备。

第二节 职责分工

第4条 电气设备运行和检修工作实行分级负责的原则，充分发挥各级部门的作用。

中国铁路总公司（以下简称总公司）：统一制定全路高速铁路牵引变电所运行和检修工作有关的规章及质量标准；调查研究，检查指导，总结和推广先进经验；按规定对铁路局进行监督和指导。

铁路局：贯彻执行总公司有关规章、标准和命令，组织制定实施细则、办法和工艺；领导全局的牵引变电所运营和管理工作，制定设备维护管理和职责范围；审核牵引变电所大修、更新改造、科研等计划。

第5条 牵引变电所的增设、迁移、拆除由总公司审批，封闭和启封由铁路局审批，并报总公司备案。

第6条 因牵引变电所的设备改造、变化而引起相邻铁路局牵引供电设备运行方式变更时，须经总公司审批。牵引变电所属于下列情况的技术改造，须经铁路局审批，并报总公司核备。

（1）改变电源和主接线时。

（2）变更主变压器、断路器的容量和型号时。

（3）变更保护型式、控制和测量方式时。

第 7 条 为保证高速铁路的可靠供电，牵引变电所不得引接非牵引负荷。

第三节 运 行

一、交接验收

第 8 条 牵引变电所竣工后，应按规定对工程进行检查和交接试验及全部馈线的短路试验，经验收合格方可投入运行。

第 9 条 牵引变电所工程交接验收前 10 天，建设单位应向运行单位提交完整齐备的竣工图纸（包括电子版）、记录、说明书、合格证、试验报告等竣工资料。

第 10 条 牵引变电所投入运行前，接管部门要制定好运行方式，配齐并训练运行、检修人员，组织学习和熟悉有关设备、规章、制度并经考试合格；备齐检修用的工装、机具、仪器、材料、零部件及安全用具等。

第 11 条 在牵引变电所投入运行时要建立各项制度和正常管理秩序；按规定备齐技术文件；建立并按时填写各项原始记录、台账、技术履历、表报等。

（1）牵引变电所应有下列技术文件：

① 一次接线图、室内外设备平面布置图、室外配电装置断面图、保护装置原理图、二次接线的展开图、安装图和电缆手册等。

② 设备说明书及维护手册。

③ 电气设备、安全用具和绝缘工具的试验结果，保护装置的整定值。

（2）有人值守的牵引变电所应建立下列原始记录（格式见附件 1 ~ 7）：

① 运行日志：由值守人员填写当班期间牵引变电所的运行情况。

② 蓄电池开路电压测量记录：由值守人员测试填写，每季度不少于一次。

③ 设备缺陷记录：由巡视人员、发现缺陷的人员和处理缺陷负责人填写日常运行中发现的缺陷及其处理情况。

④ 保护装置动作及断路器自动跳闸记录：由值守人员填写各种保护装置（不包括避雷器）动作及断路器自动跳闸情况。

⑤ 保护装置整定记录：记录保护装置的整定情况。

⑥ 避雷器动作记录：由值守人员填写避雷器动作情况及运行时的泄漏电流。

⑦ 主变压器过负荷记录：由值守人员按设备编号分别填写主变压器过负荷情况。

上述各项记录可装订成册或建立电子版台账。

⑧ 倒闸操作命令记录。

⑨ 作业命令记录。

⑩ 设备检修记录。

其中，⑧ ~ ⑩项记录应有纸质记录。

（3）无人值守的牵引变电所应建立下列原始记录：

① 无人所设备巡视记录：由巡视人员填写，见附件 8。

② 避雷器动作记录：由巡视人员填写。

③保护装置整定记录：由检修人员填写。

④蓄电池开路电压测量记录：由检修人员填写，每季度不少于一次。

⑤设备检修记录。

⑥设备缺陷记录：由巡视、检修人员填写。

⑦倒闸操作命令记录。

⑧作业命令记录。

（4）牵引变电所控制室内要有一次主接线图。模拟盘或模拟图要能显示断路器和隔离开关的分、合状态。

（5）无人值守牵引变电所的技术文件和原始记录应放置在所内，由负责巡视的班组填写。

第12条 为保证牵引变电所故障时尽快地恢复正常供电，最大限度地减少对运输的影响，牵引变电所应配备满足事故处理时所需要的设备、零部件、材料和工具，并保持良好状态。

二、值　守

第13条 有人值守的牵引变电所要按规定的班制昼夜值守。值守人员在值守期间要做好下列工作：

（1）掌握设备现状，监视设备运行。

（2）按规定进行倒闸作业，做好作业地点的安全措施，办理准许及结束作业的手续，并参加有关的验收工作。

（3）及时、正确地填写运行日志和有关记录。

（4）应急故障处理：及时、准确地向供电调度汇报现场故障信息，在供电调度的指挥下进行应急处理，尽快恢复送电。

（5）安全保卫：禁止无关人员进入控制室和设备区。

第14条 值守人员要认真按时做好交接班工作。

（1）交班人员向接班人员详细介绍设备运行情况及有关事项，接班人员要认真阅读运行日志及有关记录，熟悉上一班的情况。离开值守岗位时间较长的接班人员，还要注意了解离所期间发生的新情况。

（2）交接班人员共同巡视设备，检查核对运行日志及有关记录应与实际情况符合，信号装置、安全设施要完好。

（3）交接班人员共同检查作业有关的安全设施，核对接地线数量及编号。

（4）交接班人员共同检查工具、仪表、备品和安全用具。

办完交接班手续时，由交接班人员分别在运行日志上签字，并由接班人员向供电调度报告交接班情况。

第15条 应急故障处理或进行倒闸作业时不得进行交接班。未办完交接班手续时，交班人员不得擅离职守，应继续担当值守工作。

三、倒　闸

第16条 牵引变电所倒闸作业，一般由供电调度通过远动操作完成。

在牵引变电所进行当地倒闸操作时，操作前应先进行模拟操作，确认无误后方可进行倒闸。在执行倒闸任务时，监护人要手执操作卡片或倒闸表与操作人共同核对设备位置，进行呼唤应答，手指眼看，准确、迅速操作。

第 17 条 当以备用断路器代替主用断路器时，应检查、核对备用断路器的投入运行条件后方能进行倒闸。

四、巡 视

第 18 条 值守人员应按规定对变电设备进行巡视检查。

第 19 条 值守人员每天至少巡视 1 次（不包括交接班巡视），每周至少进行 1 次夜间熄灯巡视，每次断路器跳闸后要对有关设备进行巡视。

无人值守的分区所、AT 所、接触网开关站现场巡视每月应不少于 2 次。现场夜间巡视每季度不少于 1 次。

视频远程巡视可作为巡视的辅助手段，但不得计入巡视次数。

日常巡视应按牵引变电所巡视路线图进行。每次断路器跳闸后要对有关设备进行巡视。

在遇有下列情况时，要适当增加巡视次数：

（1）设备过负荷，或负荷有显著增加时。

（2）设备经过大修、改造或长期停用后重新投入系统运行，新安装的设备加入系统运行。

（3）遇有雾、雪、大风、雷雨等恶劣天气，事故跳闸和设备运行中有异常和非正常运行时。

值守人员对新装或大修后的变压器投入运行后 24 小时内，要每隔 2 小时巡视 1 次。

牵引变电所工长值日勤期间，要参加交接班巡视。

第 20 条 各种巡视中，一般项目和要求如下：

（1）绝缘体瓷体应清洁、无破损和裂纹、无放电痕迹及现象，瓷釉剥落面积不得超过 300 mm²；复合绝缘子无变形、龟裂等现象。

（2）电气连接部分（引线、二次接线）应连接牢固，接触良好，无过热、断股和散股、过紧或过松。

（3）设备音响正常，无异味。

（4）充油设备的油标、油阀、油位、油温、油色应正常，充油、充气设备应无渗漏、喷油现象。充气设备气压和气体状态应正常。

（5）设备安装牢固，无倾斜，外壳应无严重锈蚀，接地良好，基础、支架应无严重破损和剥落。设备室和围栅应完好并锁住。户外机构箱、端子箱锁具无锈蚀。

（6）加热、通风、空调、安全环境监控、消防、照明等设备应正常。

（7）主控制室、高压室、所用变室、电缆夹层、低压盘等防止小动物措施完备，房屋无渗漏破损。

（8）设备标识和各种安全警示牌等完好，清晰，固定牢靠。

第 21 条 巡视变压器时，除一般项目和要求外，还要注意以下几点：

（1）压力释放阀密封良好，无渗油。

（2）呼吸器内干燥剂颜色正常。

（3）瓦斯继电器及内应无气体。

（4）冷却装置、风扇电机应齐全，运行应正常无渗漏。

（5）分接开关位置指示正确。

第 22 条　巡视 GIS 开关柜及组合电器时，除一般项目和要求外，还要注意以下几点：

（1）开关柜屏上指示灯、带电显示器指示应正常，操作方式选择开关、机械操作把手投切位置应正确，控制电源及电压回路电源分合闸指示正确。

（2）分合闸指示器应与实际运行方式相符，分合闸计数器指示应正确。

（3）气压表（或气体密度表）应指示正确，无残压检测记录仪显示应正常。

（4）储能状态显示正常。

（5）屏面表计工作应正常，无异音、异味现象。

（6）柜内应无放电声、异味和不均匀的机械噪声。

（7）柜体应无过热、变形、下沉，各封闭板螺丝应齐全无松脱、锈蚀，接地应牢固。

（8）巡视 GIS 柜加热电源和加热器应运行正常。

第 23 条　巡视气体断路器时，除一般项目和要求外，还要注意以下几点：

（1）气压表（或气体密度表）、弹簧储能应指示正确。

（2）分合闸指示器应与实际状态相符。

（3）分合闸计数器指示应正确。

第 24 条　巡视真空断路器时，除一般项目和要求外，还要注意以下几点：

（1）动静触指应接触良好，无发热现象。

（2）玻璃真空灭弧室内无辉光，铜部件应保持光泽。

（3）闭锁杆位置正确，止轮器良好。

（4）分合闸位置指示器应与实际情况相符。

（5）储能状态显示正常。

第 25 条　巡视隔离开关时，除一般项目和要求外，还要注意以下几点：

（1）闸刀位置应正确，分闸角度和距离应符合规定。

（2）触头应接触良好，无严重烧伤。

（3）电动操作机构分合闸指示器应与实际状态相符。机构箱密封良好，部件完好无锈蚀。

（4）闭锁电磁锁无异常，手动操作机构应加锁。

（5）消弧装置状态良好。

第 26 条　巡视负荷开关时，除一般项目、隔离开关项目要求外，还应注意以下几点：

（1）分合闸指示器应与实际状态相符。

（2）外观清洁、无破损。

第 27 条　巡视接地保护放电装置时，除一般项目和要求外，还要注意以下几点：

（1）放电电容器应无渗漏油、膨胀、变形。

（2）放电间隙应光滑，无烧损现象。

（3）动作次数计数器应指示正确。

第 28 条　巡视电容补偿装置时，除一般项目和要求外，还要注意以下几点：

（1）电容器外壳应无膨胀、变形，接缝应无开裂、无渗漏油。

（2）熔断器、放电回路及附属装置应完好。

（3）电抗器无异声异味，空心电抗器线圈本体及附近铁磁件无过热现象；油浸式电抗器油位正常符合要求，无渗油现象。

（4）室内温度应符合规定，通风良好。

第29条 巡视高压母线时，除一般项目和要求外，还要注意以下几点：

（1）多股线应无松股、断股。

（2）硬母线应无断裂、无脱漆。

（3）连接母线的设备线夹应完好，无松脱、断裂。

第30条 巡视电缆、电缆沟及电缆夹层时，除一般项目和要求外，还要注意以下几点：

（1）电缆沟盖板应齐全、无严重破损，沟内无积水、无杂物。

（2）电缆外皮应无断裂、无锈蚀、无明显鼓包现象，其裸露部分无损伤。电缆头及接线盒密封良好，无接头发热、放电现象。

（3）电缆测温传感装置应状态良好。

（4）电缆夹层照明、通风设施良好。

（5）电缆沟、电缆夹层孔洞封堵良好，无明显积水，无杂物，水浸探头状态良好。

第31条 巡视端子箱、集中接地箱时，除一般项目和要求外，还要注意以下几点：

（1）箱体应清洁、牢固，不倾斜，密封良好，箱体内外无严重锈蚀。

（2）箱内端子排应完好、清洁、连接整齐、牢固、接触良好。闸刀接触良好、无烧伤，熔断器不松动。空气开关状态良好。

第32条 巡视避雷器时，除一般项目和要求外，还要注意以下几点：

（1）各节连接应正直，整体无严重倾斜，均压环安装应水平。

（2）放电记录器应完好。

（3）带有监测装置的放电记录器泄漏电流显示应正常。

第33条 巡视避雷针时，除一般项目和要求外，还要注意：避雷针应无倾斜、无弯曲，针头无熔化；避雷针上照明灯具状态良好，电缆保护管应良好无破损。

第34条 交直流电源装置巡视项目和要求如下：

（1）装置及风扇工作正常，无异音、异味和过热。

（2）两路交直流电源及各交直流馈线空开供电方式正确，充电模块工作正常；自动调压装置、交流接触器工作状态正常。

（3）直流输出电压值和电流值，正、负母线对地的绝缘（电压）值等显示应正常；装置信号、指示显示及声响报警等显示应正常；分、合位置指示正确。

（4）UPS电源工作正常。

（5）接触器及继电器等元器件无冒烟现象，无异味；回路接线端子无松脱，无氧化或锈蚀。

（6）监控装置与充电装置通信状况良好。

第35条 蓄电池组巡视项目和要求如下：

（1）蓄电池完好，无外伤、变形和渗液现象，表面清洁。

（2）电池极柱间连接片及连接线安装牢固，接触良好，无腐蚀现象。

（3）蓄电池均浮充电压和电流、放电电流正常。

第 36 条 控制室巡视项目和要求如下：

（1）各种盘（台）上的设备清洁，锈蚀面积不超过规定，安装牢固。

（2）模拟盘和监控盘与实际运行方式相符。

（3）转换开关、继电保护和自动装置压板以及切换开关的位置、标示牌应正确，并与记录相符。

（4）开关、熔断器、端子安装牢固，接触良好，无过热和烧伤痕迹。

（5）综自测控屏设备工作及后台主界面信息显示正常。

（6）二次回路熔断器（或空气开关）位置应正确，端子排的连片、跨接线应正常。

（7）事故照明切换正常。

（8）电缆光纤光栅在线测温系统、接触网开关监控装置、试验信号装置等各种显示装置指示正常。

五、设备运行

第 37 条 长期停用和检修后的变压器，在投入运行前除按正常巡视项目检查外，还要检查下列各项：

（1）分接开关位置应正确。

（2）各散热器、油枕、压力释放装置等处阀门应打开，散热器、油箱上部残存的空气应排除。

（3）按规定试验合格。

（4）保护装置应正常。

（5）检修时所做的安全设施应拆除，变压器顶部应无遗留工具和杂物等。

第 38 条 在正常情况下允许的牵引变压器过负荷值，根据 TB/T 3159《电气化铁路牵引变压器技术条件》确定。

在事故情况下允许的变压器过负荷值可参照表 3.1 执行。

表 3.1　在事故情况下允许的变压器过负荷值

过负荷（%）	30	60	75	100	140	200
持续时间（min，牵引变压器）	120	45	20	10	5	2

当变压器过负荷运行时，对有关设备要加强检查。

（1）监视综自后台机或前台面板电流测量回路显示数值，记录过负荷的数值和持续时间。

（2）注意保护装置的运行情况。

（3）监视变压器音响、油温和油位的运行状况。

（4）检查运行的变压器、断路器、隔离开关、母线及引线等有无过热现象。

第 39 条 当变更变压器分接开关的位置后，必须检查回路的完整性和各相电阻的均一性，并将变更前后分接开关的位置及有关情况记入有关记录中。

第 40 条 变压器在换油、滤油后，一般情况下，变压器油静置时间应不少于下列规定，待绝缘油中的气泡消除后方可运行。

110 kV——24 h；220 kV——48 h；500（330）kV——72 h（按照变压器电压等级）

第 41 条　运行中的油浸自冷、风冷式变压器，其上层油温不应超过 85℃；风冷式变压器当其上层油温超过 55℃时应启动风扇。

当变压器油温超过规定值时，值守人员要检查原因，采取措施降低油温。一般应进行下列工作：

（1）检查变压器负荷和温度，并与正常情况下的油温核对。

（2）核对油温表。

（3）检查变压器冷却装置及通风情况。

第 42 条　当变压器有下列情况之一者须立即停止运行：

（1）变压器音响很大且不均匀或有爆裂声。

（2）油枕、压力释放器喷油。

（3）冷却及油温测量系统正常但油温较平时在相同条件下运行时高出 10℃以上或不断上升时。

（4）套管严重破损和放电。

（5）由于漏油致使油位不断下降或低于下限。

（6）油色不正常（隔膜式油枕除外）或油内有碳质等杂物。

（7）变压器着火。

（8）重瓦斯保护动作。

（9）因变压器内部故障引起差动保护动作。

第 43 条　断路器每次自动跳闸均要进行记录，当自动跳闸次数达到规定数值时应进行检修。发现断路器拒动时应立即停止运行。

断路器每次自动跳闸后，依据供电调度命令进行处置，尽快恢复送电。

第 44 条　直流操作母线电压不应超过额定值的±5％。

直流母线调压开关在手动位时的操作应按照产品使用说明书进行。

第 45 条　运行中的蓄电池，应经常处于浮充电状态，并定期进行核对性充放电。

蓄电池的充放电电流不得超过其允许的最大电流。

第 46 条　运行的继电保护装置必须设置密码，定值修改密码由检修人员管理。

在紧急情况下，由当班的供电调度员远程更改或下令由运行检修人员更改定值，事后供电调度员和运行检修人员应记录上述过程。

第 47 条　凡设有继电保护装置的电气设备，不得无继电保护运行。必要时经过供电调度的批准，允许在部分继电保护暂时撤出的情况下运行。

主变压器的重瓦斯和差动保护不得同时撤除。

第 48 条　互感器在投入运行前要检查一、二次接地端子及外壳接地应良好，对电流互感器还应保证二次无开路，对电压互感器应保证二次无短路，并检查其高低压熔断器、空气开关是否完好。

互感器投入运行后要检查有关表计，指示应正确。监控后台显示相关数据正确。

第 49 条　切换电压互感器或断开其二次侧熔断器或空气开关时，应采取措施防止有关保护装置误动作。

第 50 条　当互感器有下列情况之一者须立即停止运行：

（1）高压侧熔断器连续烧断两次。

（2）音响很大且不均匀或有爆裂声。

（3）有异味或冒烟。

（4）喷油或着火。

（5）由于漏油使油位不断下降或低于下限。

（6）严重的火花放电现象。

第 51 条 保护和自动装置的接线及整定必须符合规定，改变时必须由设备运行维护管理单位或设计部门提供定值整定计算书，经设备维护管理单位主管领导批准并报铁路局核备后方准实施；属电业部门管辖者应有电业部门主管单位的书面通知单。

第 52 条 继电保护、自动装置及操作、信号、测量回路所用的导线必须符合下列规定：

（1）用绝缘单芯铜线。当采用接线鼻子时，也可使用绝缘多股铜线。

（2）电流互感器二次电流回路的导线截面，应按电流互感器的额定二次负荷计算。5 A 的计量回路不宜小于 $4\ mm^2$，1 A 的计量回路不宜小于 $2.5\ mm^2$，其他测量回路不宜小于 $2.5\ mm^2$。

（3）电压互感器二次电压回路的导线截面选择应符合二次回路允许的电压降，一般计量回路不宜小于 $4\ mm^2$，其他测量回路不宜小于 $2.5\ mm^2$。

（4）所有屏、台、柜内的电气仪表电流回路导线截面面积不应小于 $2.5\ mm^2$，电压回路不应小于 $1.5\ mm^2$。

（5）导线的绝缘应满足 500 V 工作电压的要求。

（6）导线中间不得有接头。遇有油侵蚀的处所，要用耐油绝缘导线。

第 53 条 接地的设备均应逐台用单独的接地线接到接地母线上，禁止设备串联接地。接地线与接地体的连接宜用焊接。接地线与电力设备的连接可用螺栓连接或焊接。用螺栓连接时应设防松螺帽或防松垫片。地面上的接地线、接地端子均要涂黑漆，接地端子的螺栓应镀锌。

第四节 修 制

一、修 程

第 54 条 电气设备的检修分小修、状态维修和大修 3 种。

（1）小修：维持性修理。对设备进行检查、清扫、调整，保持设备正常的技术状态。

（2）状态维修：根据检测、试验结果对存在问题的设备安排的有计划性维修。

（3）大修：达到使用寿命后的整体更换。

第 55 条 检修方式：

小修：清扫维护，更换易损件。

状态维修：局部更换。

大修：整体更换。

较复杂的检修、试验可委托专业机构进行。

二、周 期

第 56 条 主要设备的小修、大修周期如表 3.2 所示。

表 3.2　主要设备的小修、大修周期

序号	设备	小修	大修（推荐值）
1	变压器（含自耦变压器）	1 年	15~20 年
2	干式变压器	1 年	15~20 年
3	单装互感器	1 年	15~20 年
4	隔离开关（单独装设、含操作机构）	1 年	10~15 年
5	交直流电源装置	1 年	8~10 年
6	户外高压母线	1 年	10~15 年
7	高压电缆	1 年	15~20 年
8	避雷针	每年雷雨季节前	15~20 年
9	避雷器	每年雷雨季节前	10~15 年
10	接地装置	每年雷雨季节前	10~15 年
11	单装气体断路器	1 年	15~20 年
12	单装真空断路器	1 年	15~20 年
13	GIS 开关柜及组合电器	1 年	15~20 年
14	综合自动化设备	1 年	6~8 年
15	负荷开关柜	1 年	10~15 年
16	电缆光纤光栅在线测温装置	1 年	6~8 年
17	接触网开关监控盘	1 年	6~8 年
18	安全环境监测设备	1 年	6~8 年
19	远动装置	1 年	6-8 年
20	集合式电容器（电容器组）	1 年	5~10 年
21	空心电抗器	1 年	10~15 年
22	端子箱（集中接地箱）	1 年	8~10 年

小修实际周期允许较以上规定伸缩 15%。

第 57 条　牵引变电所运行检修应配备必要的备品备件、仪器仪表及工器具，并与设备发展相适应。配备原则见附件 11、附件 12。

第 58 条　设备达到使用寿命，经产权单位组织有关专家评审认定可以延期使用的，可继续投入使用。

三、检修计划

第 59 条　设备鉴定是全面质量管理工作的重要组成部分，是掌握设备质量，做好年度检修、大修设备计划的重要依据。设备维护管理单位应于每年秋季组织一次设备鉴定，评定设备的优良率、合格率、不合格率。

优良——主要项目达到优良标准，次要项目全部达到合格以上标准者；

合格——主要项目全部达到合格标准，次要项目多数达到合格以上标准者；

不合格——主要项目中有一项未达到合格标准或次要项目多数不合格者。

设备鉴定的方式：巡视、检修试验的结果分析，重点设备的抽测。

对已封存的设备、已列入年度大修计划的设备可不作鉴定和统计，本年度新建或大修后的设备质量状态可按竣工验收评定结果统计。

第 60 条　检修计划依据设备鉴定、检修试验结果编制。设备维护管理单位于前一年 12 月底前完成并下达到车间，同时报铁路局备案。

第 61 条　设备大修应填写设备大修申请书（格式见附件 9），经铁路局审准后报总公司核备。

设备大修要根据批准的计划由承修单位或设计部门提出设计施工文件（包括检修内容、质量标准、费用和工时等），报请铁路局批准后方准开工。

第 62 条　需接触网停电的牵引变电所设备作业一般应在"天窗"点内进行。

夜间作业应具备足够的固定、移动照明设备。

不需要接触网停电的牵引变电所备用设备以及退出后不影响机车车辆（含动车组）运行的分区所、AT 所可昼间进行作业。

在检修试验过程中，当运行设备发生故障无法投入备用设备时，检修作业须能在短时间内恢复至正常运行状态，用该设备代替故障设备投入运行，确认该牵引变申所两边供电臂上分区所的远动通道处于正常运行状态，以防紧急情况下随时可以实施越区供电。

四、检查验收

第 63 条　设备每次检修后，承修的班组均应填写设备检修记录（格式见附件 10）。设备大修及进行较大的技术改造后，还应填写设备检修（改造）竣工验收报告，格式按新建工程竣工验收报告格式编写并附试验记录，报请有关单位验收，经验收合格方准投入运行。

第 64 条　设备小修、状态维修、大修验收办法由铁路局自行制定。

第五节　检修范围和标准

一般规定

第 65 条　所有电气设备的外壳均应清洁无油垢，工作接地及保护接地良好。

第 66 条　所有充油（气）设备的油位（气压）、油（气）色均要符合规定，油管路畅通，油位计（气压表、密度表）清洁透明，无渗、漏油（气）。

第 67 条　金属构架、杆塔和支撑装置的锈蚀面积，不得超过总面积的 5%。钢筋混凝土基础、杆塔、构架应完好，安装牢固，并不得有破损、下沉。

第 68 条　紧固件要固定牢靠，不得松动，并有防松、防锈措施。

第 69 条　绝缘件应无脏污、裂纹、破损和放电痕迹，瓷釉剥落面积不得超过 300 mm²。复合绝缘子无变形、龟裂等现象。

第 70 条　各种引线不得松股、断股，连接要牢固，接触良好，张力、弛度适当，相间和对地距离均要符合规定。

第 71 条　电气设备带电部分距接地部分及相间的距离要符合规定。

第 72 条　状态维修后的设备质量应满足设备正常运行要求。大修更换后的设备，整体性能应达到新建项目的标准。

第 73 条　变压器小修范围和标准：

（1）检查清扫外壳，必要时局部涂漆。

（2）检查紧固法兰，受力均匀适当；检查油位，必要时补油。

（3）检修呼吸器，更换失效的干燥剂及油封内的油。

（4）瓷套清洁，无油垢、裂纹和破损。电容末屏螺栓紧固。检查套管将军帽和注油孔密封胶垫应作用良好，必要时更换胶垫。

（5）检修冷却装置，风扇电机完好，工作正常。

（6）检修瓦斯保护，各接点正常、动作正确，连接电缆无锈蚀，绝缘良好。

（7）检修温度计，各部零件和连线完好，指示正确。

（8）检修基础、支撑部件、套管和引线。

（9）检修碰壳保护的电流互感器，各部零件应完好，安装牢靠。

（10）检修分接开关，位置指示正常。

（11）检查中间端子箱密封良好，端子紧固、无松动。各种线缆安装整齐，无破损。

（12）检查箱体接地、铁心接地良好。

作业指导书

220 kV 单相变压器检修（小修）作业的内容及要求如下：

一、高、低压套管

1. 检查项目

（1）瓷瓶外观检查：

表面应无污垢，瓷瓶应无破损、裂纹、放电痕迹。

（2）套管油枕的检查：

套管油位应不低于下部圆形油位表面积的 1/3，不应超过上部油表的 1/2。

套管油枕外壳应无锈蚀。油色应为透明清澈的浅黄或天蓝色。

（3）套管接线板的检查：

套管接线板应无烧伤现象。螺栓应无锈蚀。用呆扳手检查线夹应连接牢固，接触紧密，无过松或过紧现象。

（4）安装法兰的检查：

法兰盘应无锈蚀、裂纹，固定螺栓应无锈蚀、松动。

2. 处理措施

（1）用抹布蘸少许瓷瓶清洗剂，清洁瓷瓶表面脏污。

（2）瓷釉剥落面积不超过 300 mm^2 时，剥落部分用瓷釉漆修补，超过 300 mm^2 时须更换套管。

（3）套管金属部分的锈蚀，应用 120$^\#$ 砂纸打磨，涂刷相应颜色油漆。

（4）对接线板的烧伤，用 120$^\#$ 砂纸打磨接触面后，均匀涂一薄层电力复合脂，重新连接牢固；固定螺栓锈蚀应予更换。

3. 技术标准

（1）套管表面无污垢，套管无破损、破裂、锈蚀、放电痕迹，瓷釉剥落面积不超过 300 mm²。

（2）套管油位不低于下部圆形油位表面积的 1/3，不超过上部油位表面积的 1/2，绝缘油应为透明清澈的浅黄或天蓝色。

（3）绕组连同套管一起的绝缘电阻吸收比、绕组连同套管一起的泄漏电流、绕组连同套管一起的 $\tan\delta$、非纯磁套管的 $\tan\delta$ 和容值以及油的简化分析应符合铁道部《牵引变电所运行检修规程》(铁运〔1999〕101 号）规定。

4. 注意事项

变压器顶部作业人员禁止佩戴手表、怀表、金属饰品等，应穿无纽扣工作服；使用梯子时，应做好防滑措施。

二、散热器

1. 检查项目

（1）散热器表面应无灰尘、污垢，散热器应无渗漏油、锈蚀现象。

（2）检查各密封垫圈状态是否良好，有无老化、开裂等现象。

（3）检查螺栓有无松动、锈蚀。

2. 处理措施

（1）清洁散热器表面的灰尘、污垢；紧固松动的螺栓，对锈蚀部分除锈涂漆。

（2）密封圈处渗油的处理：轻微紧固法兰连接螺栓，否则更换密封胶垫。

（3）本体渗油的处理：用 120# 砂纸打磨渗漏油处的表面，露出金属光泽，用堵漏密封胶封堵。

3. 技术标准

（1）散热器表面清洁、无锈蚀，无渗漏油。

（2）补焊后的散热器用 0.7 kg/cm² 表压力的变压器油进行检查，持续 30 min，应无渗漏油现象；或用 0.05 MPa 表压力的压缩空气进行检查，持续 30 min，应无漏气现象。

（3）密封胶垫的压缩量控制在其厚度的 1/3 左右为宜。

4. 注意事项

（1）作业应在晴好天气进行。

（2）使用梯子时，梯脚应垫平，并有专人扶梯；移动梯子时注意与带电体要保持足够的安全距离。

三、瓦斯继电器

1. 检查项目

（1）各部零件应完整无损，无渗漏油现象；接线盒应无积水；上盖应完整密封；内部无气体。对于引线套管的轻微渗油，可轻轻紧固套管螺栓。

（2）按动探针，通过万用表测量接点通断应正常。

（3）清除引线接头的锈斑，更换锈蚀的垫片，紧固松动的螺栓。

（4）用兆欧表摇测电缆绝缘，必要时更换电缆。

检查维护不能解决问题时，应更换瓦斯继电器。按下列步骤进行更换：

（1）关闭继电器两端的蝶阀。

（2）拆除法兰连接螺栓，放出继电器内的变压器油。

（3）轻轻取下继电器。

（4）将试验合格的继电器用合格的变压器油冲洗干净。

（5）将继电器及密封胶垫放入安装位（注意顶盖箭头应指向油枕），穿入连接螺栓，均匀紧固螺栓至密封胶垫压缩量为 1/3 左右。

（6）连接二次接线并进行轻、重瓦斯动作试验。

（7）打开继电器气塞，同时打开继电器两端的蝶阀。当气塞出油后，关闭气塞。

2．技术标准

（1）瓦斯继电器在安装前必须进行专业试验，确认合格。

（2）瓦斯继电器应充满油，无气体。

（3）瓦斯继电器与连管的连接应密封良好，接点动作正确，引线无锈蚀，绝缘良好。

（4）引线电缆的绝缘电阻值不小于 10 MΩ。

3．注意事项

（1）更换的瓦斯继电器内部如有临时绑扎必须拆开。

（2）瓦斯继电器应轻拿轻放，禁止剧烈震动和冲击。

（3）瓦斯继电器顶盖上的箭头标志应指向油枕，切忌装错。

（4）进行保护接线时，应防止接错和短路，严禁带电操作，同时要防止使导电杆转动和小套管漏油。

四、温度计

1．检查项目

（1）检查温度计外观应无破损、引线连线可靠。

（2）校核温度误差：将温包放入装有变压器油的水壶内，放在电磁炉上加热，与放在水壶内的标准温度表进行比较，应符合规定。否则，应更换温度表。

（3）校核温度动作值：用上述方法，比较被校表与标准表的误差，应符合产品规定。否则，应重新整定。

（4）用兆欧表摇测电缆绝缘，必要时更换电缆。

2．技术标准

（1）温度计的校验标准为：

压力式温度计：全刻度 ±1.5 ℃（1.5 级）；全刻度 ±2.5 ℃（2.5 级）。电阻温度计：全刻度 ±1 ℃。

（2）毛细管的弯曲半径不得小于 75 mm。

（3）引线电缆绝缘电阻值不小于 10 MΩ。

3．注意事项

（1）二次接线要正确无误，不得发生短路、接地。

（2）校核温度时，应在温度值稳定后读数，以防影响校核精度。

（3）安装温度计本体时，应防止打坏表盘玻璃。

五、油枕

1．外观检查及处理

（1）检查、清扫外壳，对金属锈蚀部分除锈涂漆。

（2）检查油枕（储油柜）有无渗漏油现象。对于焊缝、沙眼造成的渗漏，用电焊补焊。

（3）清洁油位计表盘，对损坏的表盘进行更换。

2. 技术标准

（1）外观清洁，无锈蚀，无渗漏油现象。

（2）油位符合产品规定，油位计指示正确。

（3）密封垫受力应均匀，压缩量不应超过1/3。

3. 注意事项

（1）作业应在晴好天气进行。

（2）解体检查处理过程中，应做好防潮和防污措施。

（3）注油排气应彻底，防止出现假油位。

（4）使用梯子时，梯脚应垫平，并有专人扶梯；移动梯子时注意与带电体要保持足够的安全距离。

六、油箱

1. 外观检查

（1）检查油箱及顶盖有无灰尘、油污和锈蚀。

（2）检查油阀、油堵、密封垫、焊缝及箱体表面等处有无渗漏油现象。

（3）检查密封垫有无老化、变形。

（4）检查接地是否可靠。

2. 处理措施

（1）清洁箱体表面灰尘和油污。

（2）处理渗油。

若渗油点不清，可用抹布将油泥擦净后，涂抹滑石粉进行观察。

①点焊法：找到渗油点后，先用铁冲子冲压堵孔，然后点焊。

②胶堵法：找不到渗油点时，可在渗油范围涂抹堵漏胶。涂胶时，应先清洁表面，用120#砂纸打磨，再用干净的棉布彻底清洁，然后涂抹堵漏胶。

③对于密封胶垫处的渗油，可适当紧固螺栓。当渗漏严重时，应放油后更换胶垫。

（3）对锈蚀部位除锈涂漆。

（4）紧固接地连接螺栓，对锈蚀的接头进行镀锡处理。

3. 技术标准

（1）外观清洁，无锈蚀，无渗漏油现象。

（2）接地可靠。

4. 注意事项

（1）补漆颜色要尽量与原漆色接近，涂漆要均匀。

（2）密封胶垫要受力均匀，胶垫压缩量为其厚度的1/3左右。

（3）作业人员与带电体要保持足够的安全距离。

第74条　干式变压器小修范围和标准：

（1）清扫变压器及变压器室，无尘土、杂物，保证空气流通，防止绝缘击穿。

（2）检查紧固件、连接件是否松动，导电零件有无生锈、腐蚀的痕迹。检查铁心、绕组、引线、套管分接板及外箱等有无损伤及局部变形，特别是各处铜焊处有无开裂现象。

（3）观察绝缘表面有无爬电痕迹和碳化现象，必要时采取相应的措施进行处理。

（4）检查低压抽头引线之间绝缘状态，高压引线绝缘子及支持夹具是否受潮，是否有放电痕迹。

第75条 单装互感器小修范围和标准：

（1）清扫检查外部（包括套管和引线），必要时局部涂漆。

（2）检修金属膨胀器，应作用良好。

（3）检修基础、支撑部件。

（4）检修熔断器。壳筒、熔丝应完整无损，接触良好。空气开关状态应正常。

（5）检查油位指示器应正常，必要时补油。

作业指导书

单装互感器检查（小修）作业的内容及要求如下：

一、检查项目

（1）瓷体有无破损、裂纹、放电痕迹和瓷釉剥落现象。

（2）金属膨胀器安装是否牢固，各部膨胀节有无明显变形、开裂现象，油位是否正常。

（3）下部放油阀、瓷套管与底座、金属膨胀器本体等部位有无渗油现象。

（4）一次引线的连接部分有无过热、烧伤痕迹和锈蚀，固定螺栓是否松动。

（5）出线盒密封是否良好，盒内二次接线端子有无氧化、烧伤，连接是否牢靠，二次小套管有无损坏。

（6）电压互感器 N 端接地是否良好。

（7）油箱、储油柜、金属膨胀器及底座支架有无锈蚀，接地连接是否牢固。

二、处理措施

（1）清洁瓷体上的污垢和灰尘，必要时使用清洁剂。

（2）瓷体瓷釉剥落面积不超过 $300\ mm^2$ 时，用瓷釉漆修补，否则应更换。

（3）更换老化、开裂的耐油胶垫。

（4）更换不合格的金属膨胀器、油位表。

（5）油位低于制造厂规定时，应进行补油。注油时，应间断打开金属膨胀器上的排气阀，当油位指示符合厂家规定时，停止注油。但也有部分互感器从上部补油。

（6）紧固一次引线松动的螺栓；必要时打开接线，用 120# 砂纸将接触面打磨干净，均匀涂抹一层电力复合脂，重新连接。

（9）清扫出线盒内的灰尘，更换损坏的二次套管，紧固二次端子，使之连接牢固、接触良好，并用玻璃胶封堵密封不严的出线孔。

（10）若电压互感器 N 端接地锈蚀或螺栓松动，应将接头用 120# 砂纸打磨，并紧固螺栓。

（11）互感器本体接地锈蚀时，应拆开接头重新镀锡，涂抹电力复合脂后紧固。

（12）对锈蚀的油箱、储油柜、底座支架，进行除锈涂漆。

三、技术标准

（1）设备安装应牢固，无倾斜，各部螺栓紧固；锈蚀面积不超过 5%，接地良好。

（2）瓷体应清洁，无破损和裂纹，无放电痕迹，瓷釉剥落面积不超过 300 mm²。

（3）电气连接部分应连接牢固，接触良好，无过热、烧伤痕迹；二次极性应正确。

（4）互感器应无渗漏油现象，油位应符合厂家规定。

（5）电流互感器末屏及电压互感器 N 端接地应良好。

四、注意事项

（1）瓷套与油箱、储油柜的连接螺栓，如需紧固，应力量适度，松紧一致，以使其受力均匀。

（2）作业中不得造成电压互感器二次线圈短路、电流互感器二次回路开路。

（3）检修后的电流互感器备用线圈必须短封接地。

（4）高空作业人员要扎好安全带，工具不得抛掷传递。

第 76 条　220 kV SF₆ 高压断路器小修范围及标准：

（1）检查记录操作计数器的读数应显示正常。

（2）检查、清扫断路器外壳、套管和引线，用干布将瓷套擦干净。

（3）检查持续加热系统及通风情况。通风口应干净，没有灰尘、障碍物。必要时，可用溶剂进行清洗。

（4）检查 SF₆ 气体的压力。指针式 SF₆ 气体密度计的指针位置处于正常范围内。

（5）检查、紧固各部件螺栓是否紧固良好。

（6）检查低压端子排上的接线应紧固，继电器的运行正常。

（7）检查联锁、防跳及非全相合闸等辅助控制装置的动作性应正常。

（8）进行当地、远方分合闸操作，确认断路器及控制回路等正常动作。

作业指导书

SF₆ 断路器检修（小修）作业的内容及标准如下：

一、检查项目

1. 外观巡视

（1）检查瓷体是否清洁，有无破损、裂纹及爬电痕迹；整体安装是否牢固；金属构架有无锈蚀，如有锈蚀则除锈刷漆；引线连接是否牢固；接地是否良好。

（2）各相本体操作机构箱内检查：密封是否良好；加热除湿情况是否正常；弹簧储能机构是否正常，分合闸指示、计数器指示是否正确；端子排接线是否紧固。

（3）检查断路器端子箱：各继电器动作情况；各端子排连接接线是否紧固；密封是否良好；加热除湿装置工作是否正常。

（4）检查 SF₆ 气体密度是否符合要求。

2. 断路器参数检查（检查结果必须满足试验标准）

（1）必要时查接触电阻是否符合要求。

（2）必要时检查断路器动作行程、时间、同期性等。

（3）必要时检查电气主绝缘等。

二、检查标准

（1）瓷体应清洁，无破损和裂纹，无放电痕迹，瓷釉剥落面积不超过 300 mm^2。

（2）电气连接部分应连接牢固，接触良好，无过热、烧伤痕迹，二次接线端子接触良好，连接可靠。

（3）设备安装应牢固，无锈蚀，接地良好。

（4）检查 SF$_6$ 气体压力指针指在绿色区域；对压力偏低的（红色区域）的要找出原因，确认是否存在泄漏点（或是压力表计故障）。根据实际情况补充 SF$_6$ 气体（补气严格按照厂家说明书要求进行充气）。

（5）电机储能时间、分合闸时间、多相不同期值、行程等试验参数应符合出厂说明书的规定。

（6）对操作机构进行润滑。

（7）分合闸操作 3 次，检查机构动作情况是否正常。

三、注意事项

（1）在进行机构检查时，应断开操作机构电源，并将储能弹簧能量释放完全。

（2）对于补气用的 SF$_6$ 气瓶，在运输及使用过程中应严格遵守厂家说明书规定要求。

（3）作业时应使用绳索、工具袋等传递工具、零部件和材料，不得抛掷。

（4）作业使用的梯子应放置稳固，并有专人扶持。

第 77 条　GIS 开关柜及组合电器小修范围及标准：

（一）外观检查，应清洁无锈蚀。

（二）检查密度表的指示应在正常范围内，必要时使用精确的压力表检查充气压力。

（三）检查辅助回路的接线端子应无松动。

（四）检查开关柜表计及指示灯显示应正确。

（五）必要时打开电缆室检查高压电缆及护层保护器，状态应良好。

作业指导书

GIS 开关柜及组合电器检修（小修）作业的内容及要求如下：

一、检查项目

（1）一般检查项目：

① 检查并记录 SF$_6$ 气体的压力是否在绿色区域，当气体压力较平时相同条件下下降较大时，应用气体检漏仪检漏，找出漏气点，进行相应处理。必要时请制造厂专业技术人员协助解决。

② 用抹布、毛刷、吸尘器清洁瓷体及外壳。

③ 检查、紧固接地引线连接螺栓，更换烧伤、断股的引线及损坏的接地引线。

④ 检查各电压互感器的一次末端接地连接是否牢靠，二次端子是否松动。

⑤ 检查各低压屏内端子排，重点检查电流互感器二次端子是否松动。

⑥ 检查各内拔插式电缆头连接紧固情况。

（2）弹簧储能操作机构检查项目：

① 释放断路器能量，且机械储能指示在未储能位。

② 检查机构箱密封情况，更换损坏的密封条。

③ 检查二次回路接线，紧固松动的螺丝，更换损坏及模糊不清的线号标志。

④ 更换磨损严重的电机碳刷。

⑤ 用万用表检查各种开关接点动作是否可靠。更换损坏的开关。

⑥ 按产品说明书要求对传动关节加注润滑油。

⑦ 检查加热器、温控器是否损坏，损坏的应更换。

二、技术标准

（1）SF_6 气体压力值应符合产品规定。

（2）各二次电气连接应牢固，接触良好，无过热、烧伤痕迹。

（3）操作机构各零部件无破损和变形，动作灵活可靠，无卡滞现象。

（4）分合闸指示牌与实际位置相符，辅助开关动作可靠，接点接触良好。

（5）内锥式插拔电缆头连接应紧固。

三、注意事项

（1）操作机构检查作业前必须断开断路器的储能电机电源，通过合、分闸操作完全释放机构储存的能量。

（2）充气速度应缓慢，防止阀门冻结。

第 78 条 真空断路器小修范围及标准：

（1）检查、清扫开关外壳，要求无灰尘、无污垢，无变形、破损。

（2）检查主导电回路。

软连接应无裂痕、破损，连接紧固，接触良好。隔离触指应完整无损，无烧伤痕迹，压力足够。

（3）检查静触指支持瓷瓶和真空灭弧室绝缘拉杆，应无裂纹、破损、脏污及表面闪络等现象。

（4）检查操作机构。

各部分零件齐全，无破损、变形，动作灵活可靠；分合闸指示牌指示正确；辅助开关完好无损，动作灵活，准确可靠，接触良好。对各运动部件加注润滑油。

（5）手动分合闸操作及电动分合闸操作各 3 次，开关各部分应灵活可靠，无卡滞现象。

第 79 条 隔离开关小修范围和标准：

（1）清扫、检查绝缘子，检查引线和接地装置。

要求各部分无灰尘、无污垢，支持绝缘子无裂纹、破损及爬电痕迹，引线无断股，连接牢固，接地良好。

（2）触头间接触密贴性检查按照产品说明书要求进行。

（3）分闸时分闸角度和接地闸刀与带电部分的距离符合规定。

（4）清扫检查操作机构。

各零部件完好、连接牢固，转动灵活，连锁、限位器作用良好可靠，各转动部分注油。

对于电动隔离开关，应对电动操作机构的分合闸电机进行检查，限位开关位置正确，动作灵活可靠；紧固端子排及其他电气回路的接线。

（5）检查构架及支撑装置并进行局部除锈涂漆。

（6）手动、电动、远程分合闸操作各 3 次，开关各部分应灵活可靠，无卡滞现象。

作业指导书

户外隔离开关检修（小修）作业的内容及要求如下：

一、外观检查

（1）检查瓷体是否清洁，有无破损、裂纹及爬电痕迹；整体安装是否牢固；传动机构有无变形；触头接触面是否光滑，有无烧伤；引线连接是否牢固；接地是否良好。

（2）在合闸状态下，用 0.05 mm×10 mm 的塞尺检查，其插入深度在接触面宽度为 50 mm 及以下时，不应超过 4 mm，在接触面宽度为 60 mm 以上时，不应超过 6 mm；检查合闸止钉间隙是否符合产品规定。

（3）检查多相不同期是否符合产品规定。

（4）检查分闸时分闸角度和接地刀闸与带电部分的距离及分闸止钉间隙是否符合产品规定。

（5）检查操作机构：

① 零部件是否完好、连接牢固；分合闸位置锁钉是否到位；转动是否灵活；主刀与地刀的闭锁功能是否良好。

② 检查电动操作机构的电机碳刷磨损程度，限位开关动作是否可靠，分合闸接触器触头有无烧伤；端子牌及其他电气回路的接线有无松动；电动操作是否灵活、可靠。

③ 检查加热器状态是否良好。

（6）构架及支撑装置是否完好。

二、处理措施

（1）清洁瓷体上的污垢和灰尘，必要时使用清洁剂。瓷体瓷釉剥落面积不超过 300 mm^2 时，用瓷釉漆修补，否则进行更换。

（2）清洁触头，用什锦锉修整烧斑，用 120# 砂纸打磨非镀银触头接触表面的锈蚀；对接触不好的触头进行调整；必要时更换触头。对触头接触表面涂抹一薄层中性凡士林。

（3）调整不同期值：当多相联动的隔离开关触头接触时的不同期值超标时，可通过调节相间拉杆的长度来解决。

（4）调整分合闸角度：适当调节主刀闸传动杆的长度。

（5）接地刀闸与带电部分的距离超标时，可通过调节接地刀传动杆长度和接地刀触头方向来解决。

（6）调整分合闸止钉间隙至符合产品规定。

（7）对作用不良的闭锁装置进行调整。

（8）更换损坏的绝缘子、磨损严重的电机碳刷、限位开关、辅助开关、接触器、加热器等零部件；更换锈蚀的螺栓；紧固引线、端子排及其他电气回路的接线螺栓。

（9）整修接地装置。

（10）按产品说明书要求对接线端转动部分进行维护。

（11）给传动关节注油（产品有特殊要求除外）。

（12）对锈蚀部分除锈涂漆。

（13）手动和电动分、合闸各 3 次，动作应灵活、可靠，信号显示应正确。

三、技术标准

（1）瓷体应清洁，无破损和裂纹，无放电痕迹，瓷釉剥落面积不超过 300 mm²。

（2）电气连接部分应连接牢固，接触良好，无过热、烧伤痕迹，二次接线端子接触良好，连接可靠。

（3）触头接触面光滑，无烧伤，镀银层无脱落，接触良好；各零部件完好，连接牢固，转动灵活，连锁、限位器作用良好可靠。

（4）在任何情况下，必须保证触头接触面积不小于应有面积的 2/3。

（5）设备安装应牢固，无锈蚀，接地良好。

（6）分合闸角度、分合闸止钉间隙及多相不同期值及应符合出厂说明书的规定。

四、注意事项

（1）除电动分合试验外，作业均须断开操作电源。

（2）人及所持工具、材料与带电体要保持足够的安全距离。

（3）分合闸试验时应先手动后电动。

（4）作业时应使用绳索、工具袋等传递工具、零部件和材料，不得抛掷。

（5）作业使用的梯子应放置稳固，并有专人扶持。

第 80 条　负荷开关柜小修项目及标准：

（1）检查、清扫绝缘件、引线和接地装置。要求各部无灰尘、污垢，支持绝缘子无破损、裂纹及爬电痕迹，引线无断股、松股，连接牢固，接地良好。

（2）检查柜内各紧固件。应连接良好，无松动及脱落现象，必要时进行紧固。

（3）检查调整操作机构。标准同电动隔离开关。

（4）检查构架及支撑装置，并进行局部除锈涂漆。

（5）对柜内避雷器、熔断器等设备按要求进行检查和维护。

（6）手动、电动操作开关各 3 次。开关应动作灵活，闭锁可靠。

第 81 条　空心电抗器小修范围和标准：

（1）清扫检查电抗器和连接部分。各部分清洁完好，连接部分螺栓紧固，接触良好。

（2）检查电抗器的安装。安装牢固，不倾斜变形。支持绝缘子无破损，接地端接触良好。

（3）检查电抗器线圈。导线无损伤，线圈无变形，匝间绝缘垫块完好，间隙均匀。绝缘无破损、受潮，必要时进行处理。

第 82 条　集合电容器小修范围和标准：

（1）清扫检查集合电容器的外部和连接部分。各部分清洁完好，必要时对电容器局部涂漆；连接部分螺栓紧固。

（2）检查集合电容器。外壳无膨胀、变形，焊缝无开裂、无渗漏油，必要时进行处理。

第 83 条　交直流电源装置小修范围和标准：

（1）测量并记录每个蓄电池的端电压、浮充电压，应符合说明书的规定。

（2）清除直流充电装置的尘垢，特别是散热片和散热风扇上的尘垢。

（3）检查蓄电池外观，应完好、清洁、无变形、无鼓肚现象，导线连接可靠。

（4）直流盘、柜安装牢固，无腐蚀、脏污并涂漆良好。

（5）检查装置的电流、电压、绝缘监察数据和信号显示，应正常。

（6）通过盘上绝缘监察显示数据，确定直流系统对地的绝缘状态应良好。

（7）试验两路交流电源互投应正常。

第84条 高压母线小修范围和标准：

（1）清扫检查绝缘子、杆塔和构架。

绝缘子不得有裂纹、破损和放电痕迹。杆塔和构架应完好，安装牢固，无倾斜和基础下沉现象。铁件无锈蚀，接地良好，相位标志牌清晰鲜明。

（2）检查导线（包括引线）。

软母线张力适当，不得有松股、断股和机械损伤。

硬母线应固定牢靠，且可伸缩，漆膜完好，相色鲜明，不得有裂纹，连接紧密。

（3）检查金具。

金具应无锈蚀，固定、连接牢靠，接触良好。

作业指导书

软母线检修（小修）作业的内容及标准如下：

一、外观检查

（1）绝缘子瓷体有无脏污、破损、裂纹和放电痕迹。

（2）多串绝缘子并联时，每串所受的张力是否均匀。

（3）悬式绝缘子串上的弹簧销应有足够弹性，闭合销必须分开，并不得有折断，是否用线材代替。

（4）母线有无松股、断股、过松、过紧。

（5）母线端头绑扎是否牢固，端面有无毛刺，与线股轴线是否垂直。

（6）各种螺栓、耐张线夹或T型线夹的螺栓是否紧固，弹垫是否完好。

（7）固定金具有无锈蚀，连接是否牢靠。

二、处理措施

（1）清洁瓷瓶，瓷釉剥落面积小于 300 mm^2 时涂抹瓷釉漆，大于 300 mm^2 时更换瓷瓶。

（2）松股母线的处理：散股一般出现在母线与设备线夹或T型线夹的连接处附近。对于这种情况，应松开设备线夹或T型线夹上的母线固定螺栓，摘下导线，由远而进沿导线缠绕方向捋顺散股，重新固定。仍达不到要求时，应对散股部位进行绑扎。

（3）断股母线的补强：将断母线股处及断头用砂纸打磨，去除毛刺，用同型号母线的一股沿母线缠绕方向进行绑扎。

（4）过松、过紧母线的调整：过松时，剪去多余部分，重新固定；过紧可通过增加连接板、U型环等方法解决；必要时更换母线。

（5）对线夹和母线固定金具的螺栓进行紧固，必要时拆开设备线夹，用砂纸打磨接触面除去氧化层，涂抹电力复合脂，再恢复连接。

（6）对轻微锈蚀的金具除锈刷漆，锈蚀严重或已损坏的予以更换。

（7）对构架的金属部位除锈刷漆，紧固螺栓。

三、技术标准

（1）软母线不得有松股；断股在 3 根以下时可补强，超过 3 根时应更换母线。

（2）母线弛度允许误差为+5%、−2.5%，同一档距内多相母线弛度应一致；相同布置的分支线，高度和弛度应相同。

（3）切断母线时，端头应加绑扎；端面应整齐、无毛刺，并与线股轴线垂直。压接母线前需要切割铝线时，严禁伤及钢芯。

（4）当软母线采用钢制螺栓型耐张线夹或悬垂型耐张线夹连接时，必须在母线表面缠绕铝包带，其绕向应与外层铝股的旋向一致，两端露出线夹口不应超过 10 mm，且其端口应回到线夹内压住。

（5）母线及线夹接触面均应清除氧化膜，并用汽油或丙酮清洗，清洗长度不应少于连接长度的 1.2 倍，导电接触面应涂以电力复合脂。

（6）悬式绝缘子串的安装应符合下列要求：

① 绝缘子串组合时，联结金具的螺栓、销钉及锁紧销等必须符合现行国家标准，其穿向应一致，耐张绝缘子串的碗口应向上，绝缘子串的球头挂环、碗头挂板及锁紧销等应互相匹配。

② 弹簧销应有足够弹性，闭口销必须分开，并不得有折断或裂纹，严禁用线材代替。

四、注意事项

（1）检修作业人员与带电部分要保持足够的安全距离。

（2）高空作业人员要系好安全带，戴好安全帽。在作业范围内的地面作业人员也必须戴好安全帽。

（3）高空作业的工具、零部件、材料传递，应使用提绳和工具袋，不得抛掷传递。

第 85 条　电力电缆小修范围和标准：

（1）检查电缆头、套管、引线、接线盒、护层保护器及接地。应固定牢靠，绝缘良好；引线连接牢固，引线相间和距接地物的距离符合规定。

（2）检查电缆。排列整齐、固定牢靠且不受张力，弯曲半径符合规定，接地良好；电缆外露部分应有保护管，管口应密封，保护管应完整无损，且固定牢靠。

（3）清扫电缆沟及电缆夹层。沟内、夹层内应无积水、杂物；支架完好，固定牢靠，无锈蚀；盖板齐全，无严重破损。电缆沟、夹层内通向室内的入口处应有完好的防止小动物的措施。电缆夹层内排风设施良好。

第 86 条　避雷器小修范围和标准：

（1）清扫、检查瓷套、引线和均压环，应固定牢靠，无锈蚀。

（2）检查底座、构架、基础等。

（3）动作指示器密封，作用良好。

（4）检查接地线，对锈蚀部位进行除锈涂漆。

作业指导书

避雷器检修（小修）作业的内容及标准如下：

一、外观检查

（1）引线及接地装置是否连接牢靠、接触良好，有无锈蚀。

（2）瓷套是否有裂纹、瓷釉脱落现象。

（3）均压环是否水平、稳固，有无放电烧伤痕迹。

（4）动作计数器是否密封。

（5）底座、构架、基础是否牢固，有无倾斜、变形。

二、处理措施

（1）用抹布、清洗剂清洁脏污的瓷套。

（2）用砂纸清除电气连接处氧化层，并涂抹电力复合脂重新连接。用呆扳手紧固电气连接处螺栓，更换锈蚀螺栓。

（3）对接地线本体除锈涂漆。

（4）用砂纸对均压环锈蚀部分进行打磨。

（5）更换损坏的高压引线座。

（6）瓷套瓷釉脱落面积不超过 $300 \, mm^2$ 时，用瓷釉漆进行修补，超过时应更换。

（7）对锈蚀的铁质部件除锈涂漆。

（8）对安装不牢固、倾斜、变形的支撑装置进行调整。

（9）更换不合格的计数器。

三、技术标准

（1）绝缘子应清洁，无破损和裂纹，无放电痕迹及现象，瓷釉剥落面积不得超过 $300 \, mm^2$。

（2）设备安装牢固，无倾斜，无严重锈蚀，接地良好；基础、支架完好。

（3）电气连接应牢固，接触良好。

（4）计数器密封良好，动作可靠。

四、注意事项

（1）操作时要小心，避免损坏瓷瓶或掉落工具材料伤人。

（2）人与带电体、接地线间要保持足够的安全距离。

（3）应使用梯子作业，并设专人扶梯，梯子上只能一人作业。

（4）安全带禁止扎在避雷器上，以防伤人或损坏设备。

（5）要使用绳索传递工具、零部件和材料等，不得抛掷。

第87条 避雷针小修范围和标准：

（1）检查杆塔，无倾斜和弯曲，固定牢靠；除锈补漆，必要时全面涂漆。

（2）检查避雷针，无熔化和断裂。

（3）检查底部装置。

作业指导书

避雷针检修（小修）作业的内容及标准如下：

一、外观检查

（1）检查杆塔有无锈蚀、倾斜和弯曲，固定是否牢靠。

（2）检查针尖有无熔化和断裂。

（3）检查各部连接螺栓是否紧固，有无锈蚀，焊接部位有无脱焊。

（4）检查基础有无破损。

（5）接地线有无锈蚀，连接是否可靠。

二、处理措施

（1）对锈蚀部分进行除锈涂漆。

（2）对倾斜、弯曲部分进行调整。

（3）用呆扳手紧固各部螺栓，更换锈蚀螺栓。

（4）对熔化、断裂的针尖进行更换。

（5）修补破损的基础。

（6）对连接不可靠的接地线重新焊接。

三、技术标准

安装牢固，无倾斜，锈蚀面积不超过总面积的5%，接地良好，基础应无严重破损。

四、注意事项

（1）雷、雨天气禁止作业。

（2）高空作业系好安全带，防止高空坠落。

（3）地面操作人员戴好安全帽，防止高空坠物。

（4）要使用绳索传递工具、零部件和材料等，不得抛掷。

（5）禁止在同侧上下作业。

第88条 接地装置小修范围和标准：

（1）检查地面上和电缆沟内的接地线、接地端子等，完整无锈蚀、损伤、断裂及其他异状；与设备连接牢固，接触良好。

（2）检查 PW 线、回流线、综合地线、钢轨回流、N 线在集中接地箱中与地网汇流母排间的连接接头，连接牢固，接触截面符合规定。

（3）检查穿芯流互的二次接线无松动。

（4）检查设备接地连接牢固。

第89条 接地放电装置小修范围和标准：

清扫、检查绝缘子和绝缘件，应无污垢，无破裂。

第90条 低压盘（含端子箱）包括综自盘、电缆光纤光栅在线测温装置、安全环境监测设备、接触网开关监控盘、计量盘等，其小修范围和标准如下：

（1）清扫低压盘（箱、台，下同）及其相应的装置，内部及外壳清洁无尘。

（2）检查盘的表面状态。安装牢固、端正，排列整齐，接地良好；标志齐全、正确、清楚；盘面无锈蚀；盘（台）体密封良好。

（3）检查盘内各项装置，安装牢固，绝缘和接触良好；端子排和配线排列整齐；标示牌、标志、信号齐全、正确、清楚。

（4）清理机箱风扇及面板的滤网，保持机箱内通风通畅。

（5）UPS 电源工作正常。

（6）核对保护测控盘及综自后台各项信息显示的正确性，后台机各项功能应正常。

（7）调整或更换不合格的继电器、插件、打印机等元器件。

作业指导书

低压盘（含端子箱）检修（小修）作业的内容及标准如下：

一、外观检查

（1）盘体安装牢固、端正，盘面应无锈蚀，导线排列整齐，接地良好。

（2）检查端子排、线号标识、电缆牌及各种设备标志是否齐全、正确、清楚。

（3）对盘上各种灯具、开关、继电器、熔断器、仪表、配线、端子排连接片等装置进行外观检查。

（4）检查各设备安装是否牢固，绝缘和接触是否良好，熔丝容量是否适当。

（5）检查端子排有无烧伤、腐蚀痕迹，端子排和配线排列是否整齐，标示牌、标志、信号是否齐全、正确、清晰。检查端子排上螺栓是否松动。

（6）检查继电器连接螺栓是否松动，继电器外壳是否完整、清洁，继电器内部有无异音，接点有无抖动、位置是否正常。

（7）检查仪表指示有无异常。

（8）检查端子箱的密封是否良好。

二、处理措施

（1）对盘体及各零部件进行清洁。

（2）对盘体锈蚀部分使用钢丝刷或 120# 砂纸打磨后，先涂一层防锈漆，待干燥后，再涂一层与盘体颜色相近的油漆；对接地扁钢的处理亦同，但外层油漆为黑色。

（3）补齐缺少或模糊的导线、电缆、设备等标识。

（4）调整倾斜的盘体，紧固固定螺栓。

（5）更换损坏的灯具、开关、继电器、熔断器（管）、仪表、配线、端子排、连接片、指示灯（泡）等装置。

（6）调整排列不整齐的导线，紧固端子排上松动的螺丝；更换腐蚀或锈蚀的端子排。

（7）更换不合格的端子箱密封条，对密封不良的箱底进行封堵，对室外端子箱门轴注入缝纫机油。

三、技术标准

（1）室内盘面应无锈蚀，室外箱体锈蚀面积不超过总面积的 5%。

（2）盘内外应清洁，端子箱密封良好。

（3）盘上设备安装牢固，灯具、开关、熔断器、触头和灯泡的容量适当，绝缘和接触良好。

（4）标示牌、标志、信号齐全、正确、清楚。

（5）端子排排列整齐、螺丝紧固、接触良好。

（6）继电保护、自动装置及操作、信号测量回路所用的导线更换时必须符合下列规定：

① 必须使用绝缘单芯铜线，导线中间不得有接头。

② 电流回路的导线截面面积不得小于 2.5 mm²；其他回路的导线截面面积不得小于 1.5 mm²；导线的绝缘应满足 500 V 工作电压的要求。

四、注意事项

（1）作业工具必须有良好的绝缘手柄，金属部分要用绝缘胶布缠好，不得造成短路、接地。

（2）作业人员须穿绝缘鞋或站在绝缘垫上。

（3）作业时不得影响其他设备正常运行。

（4）作业人员作业时严禁造成交流电压回路短路、交流电流回路开路，直流回路不得接地或短路，防止误碰设备导致保护动作。

（5）更换端子排、仪表、继电器、开关等应注意在拆卸过程中要做好标记，防止连接时接错线。

（6）油漆稀料等易燃品应放在室外，随用随拿，用后立即拿回室外。调漆须在室外进行。

第 91 条 远动系统小修范围及标准：

（1）调度主站。

① 清扫调度主站各部件，紧固端子排连接螺栓，检查连接线缆。要求各部件无积尘，螺栓无松动，线缆无断裂，表皮无破损。

② 检查调度主站的附属外围设备，工作正常。

③ 对供电远动系统调度主站的 UPS 不间断电源的专用蓄电池进行核对性充放电维护，电池组容量应满足规定要求。

（2）被控站。

① 清扫被控站各部件，紧固端子排连接螺栓，检查连接线缆。要求各部件无积尘，螺栓无松动，线缆无断裂，表皮无破损。

② 检查信号收发正常，显示正确。

③ 核对与调度主站的系统时钟一致。

④ 对被控站进行双通道切换试验。

第 92 条 牵引变电所内安装的计费用电度表、指示仪表、试验用仪表的检验周期按国家强制检定的工作计量器具检定周期执行。

第 93 条 设备大修的标准及要求：

牵引变电所各项设备的大修：达到使用寿命后的整体更换，应达到新建项目的标准。

第 94 条 鼓励开展带电测试或在线监测。当带电测试或在线监测发现问题时应进行停电试验进一步核实。如经实用证明利用带电测试或在线监测技术能达到停电试验的效果，可以延长停电试验周期或不做停电试验。

第 95 条 进行变电设备红外热像仪测温时，应按国家、电力行业的标准要求进行。设备的红外热成像测温周期如表 3.3 所示。

表 3.3　设备的红外热成像测温周期

序号	项目	周期	标准	说明
1	变压器	（1）交接及大修后带负荷一个月内（但应超过 24h）； （2）200 kV 及以上牵引变电所为 3 个月； （3）其他 6 为个月； （4）必要时	按 DL/T 664—2008《带电设备红外诊断应用规范》要求执行	测量套管及接头、油箱、油枕、冷却器进出口及本体等部位
2	电流互感器	（1）交接及大修后带负荷一个月内（但应超过 24h）； （2）200 kV 及以上为 3 个月； （3）其他为 6 个月； （4）必要时；		测量引线接头、瓷套表面、二次端子箱等部位
3	电压互感器	（1）交接及大修后带负荷一个月内（但应超过 24h）； （2）200 kV 及以上为 3 个月； （3）其他为 6 个月； （4）必要时		测量引线接头、瓷套表面、二次端子箱等部位
4	开关设备	（1）交接及大修后带负荷一个月内（但应超过 24h）； （2）200 kV 及以上为 3 个月； （3）其他为 6 个月； （4）必要时		测量各连接部位、断路器、刀闸触头等部位
5	电力电缆	（1）交接及大修后带负荷一个月内（但应超过 24h）； （2）馈线电缆为 3 个月； （3）其他为 6 个月； （4）必要时		测量电缆终端和非直埋式电缆中间接头、交叉互联箱、外护套屏蔽接地点等部位
6	并联电容器	（1）交接及大修后带负荷一个月内（但应超过 24h）； （2）1 年内； （3）必要时		测量接头及电容器外壳等部位
7	避雷器	（1）交接及大修后带负荷一个月内（但应超过 24h）； （2）200 kV 及以上 3 个月； （3）其他 6 个月； （4）必要时		测量引线接头及瓷套表面等部位

第六节　试　验

第 96 条　电气设备的绝缘试验，要尽量将连接在一起的不同试验标准的设备分解开，单独进行试验。对分开有困难或已装配的成套设备必须连在一起试验时，其试验标准应采用其中的最低标准。

第 97 条　当设备的出厂额定电压与实际使用的额定工作电压不同时，应根据下列原则确定试验电压的标准：

（1）当采用额定电压较高的设备用以加强绝缘者，应按照设备的额定电压标准进行试验。

（2）采用额定电压较高的设备用以满足产品通用性的要求时，可以按照设备实际使用的额定工作电压或出厂额定电压的标准进行试验。

（3）采用较高电压等级的设备用以满足高海拔地区要求时，应在安装地点按照实际使用的额定工作电压的标准进行试验。

第 98 条　所有电气设备预防性试验周期，除特别规定者外均为 1 年 1 次。设备检修时的试验如能包括预防性试验的内容和要求，则在该周期内可以不再做预防性试验。

第 99 条　在进行与温度及湿度有关的各种试验时（如测量直流电阻、绝缘电阻、介质损失角、泄漏电流等），应同时测量被试物周围的温度及湿度。绝缘试验应在良好天气且被试物及仪器周围温度不宜低于 +5℃，空气相对湿度不宜高于 80% 的条件下进行。

试验标准中所列的绝缘电阻系指 60 s 的绝缘电阻值（R_{60}），吸收比为 60 s 与 15 s 绝缘电阻的比值（R_{60}/R_{15}）。

交流耐压试验加至试验标准电压后的持续时间，凡无特殊说明者，均为 1 min。

第 100 条　110 kV 及以上设备经交接试验后超过 6 个月未投入运行，或运行中设备停运超过 6 个月的，在投运前应进行绝缘项目试验，如测量绝缘电阻、$\tan\delta$、绝缘油的水分和击穿电压、绝缘气体湿度等。27.5 kV 及以下设备按 1 年执行。

对进口或合资设备的预防性试验应按合同或维护手册执行，未规定者按本规则执行。

第 101 条　GIS 开关柜及组合电器试验在交接时、大修后、必要时进行，其中电流互感器、电压互感器和避雷器分别根据电流互感器、电压互感器、避雷器单项设备试验标准，断路器的试验比照 SF_6 断路器试验标准执行。

第 102 条　电气设备的试验标准除本规则规定外，均按中华人民共和国电力行业标准 DL/T 596《电力设备预防性试验规程》最新版执行。额定电压为 27.5 kV 的电气设备，除特别指出者外可暂比照 35 kV 电气设备的试验标准进行。工程交接验收试验除进行本规则全部项目外，其他要求按有关规定执行。

作业指导书

（1）电气设备缺陷的形成原因主要有两方面：一方面是在设备制造或检修过程中，由于工艺不良或其他原因而留下的潜伏性缺陷；另一方面是设备在长期运行中，由于工作电压、过电压、大气中潮湿、温度、机械力、化学等的作用，导致设备的绝缘老化、变质，绝缘性能下降和机械部分松动而形成的设备缺陷。

（2）绝缘缺陷通常可分为两大类：一是集中性缺陷（如设备的瓷瓶开裂，电缆局部有气隙等）；二是分布性缺陷，即电气设备的整体绝缘下降（变压器、油断路器进水受潮）等。绝缘缺陷的存在和发展，往往会使设备在工作电压或一般操作过电压作用下，引起绝缘击穿事故，使电气设备损坏，从而造成停电事故。为了保证系统运行安全，防止设备损坏事故的发生，使运行的设备和大修后及新投产的设备具有一定的绝缘水平和良好的性能，对电气设备进行一系列的电气试验是非常必要的。

（3）电气设备试验按其作用和要求，可分为绝缘试验和特性试验。

① 绝缘试验。

高压电气设备在运行中的安全可靠性基本上取决于绝缘的可靠性。而判断和监督绝缘最可靠的手段是绝缘试验。绝缘试验又可分为非破坏性试验和破坏性试验，其目的是通过各项试验来检查电气设备的质量是否符合要求，是否有影响安全运行的缺陷。

非破坏性试验是指在较低电压下或用其他不会损坏绝缘的办法来测量绝缘的某些特性（如绝缘电阻、介质损耗、局部放电、电压分布、超声波探测等）及其变化情况，但由于所加试验电压较低，有些绝缘缺陷还不能充分暴露出来。

绝缘试验的项目如下：

➢ 绝缘电阻实验。

● 绝缘电阻。对所有的电气设备都要进行测量。

● 吸收比和极化指数。对额定电压 35 kV、容量 4000 kV·A 及以上，以及额定电压 66 kV 及以上的所有变压器，都要测量吸收比。额定电压 220 kV 及以上的变压器还应加测极化指数。

➢ 介损 $\tan\delta$ 实验。对额定电压 35 kV 及以上的多油断路器、并联电容器进行测量。

➢ 泄漏电流试验。对变压器、少油断路器进行试验。

➢ 耐压试验。也叫破坏性试验，它是模仿设备在运行中实际出现危险过电压的状况来对绝缘施加与之等价的高电压进行的实验。因此，这类试验对设备的考核是严格的，发现缺陷是有效的，特别是对那些危险性较大的集中性缺陷。通过试验能保证被试设备具有一定的绝缘水平或裕度，但在试验过程中却存在导致设备损坏的问题。

② 特性试验。

特性试验主要是对电气设备的导电性能、电压或机械方面某些特性进行测量。其试验项目如下：

➢ 直流电阻试验。对变压器所有引出端所有分接位置进行测量。

➢ 变比试验。对电压、电流互感器及变压器进行测量。

➢ 接触电阻。对断路器和隔离开关所有的连接处及动、静触头接触的位置进行测量。

➢ 分合闸时间及同期差。对断路器操动机构的分合闸线圈进行测量。

➢ 分合闸速度。针对断路器测量。

➢ 低电压动作值。在所有断路器分合闸线圈上进行测量。

上述两类试验的目的就是通过试验来发现运行中或新投产的设备在绝缘和特性方面存在的某些问题，经综合分析来发现设备的绝缘缺陷或薄弱环节以及其他损伤，为设备检修或更换提供可靠的依据。

③ 试验结果的综合判断分析

不同试验项目所反映的缺陷及灵敏度是各不相同的，所以根据各类试验结果不能独立地、单独地对电气设备状况作出试验结论（特别是绝缘试验），而必须将各种试验结果全面地联系起来，进行系统的、全面的分析、比较，并结合各种试验方法的有效性及电气设备的运行情况和历史情况，才能对其绝缘状况和缺陷性质得出正确的结论。

综合分析判断的基本方法是将试验结果与下列情况进行比较：

➢ 与有关规程规定值进行比较。

➢ 与设备历次试验结果进行比较。

➢ 与同类设备试验结果进行比较。

第103条 变压器的试验项目、周期和要求如表3.4所示。

表3.4 变压器的试验项目、周期和要求

序号	项目	周 期	要 求	说 明
1	绕组直流电阻	（1）大修后； （2）1~3年； （3）无载变更接头位置后； （4）必要时	（1）1.6 MV·A 以上变压器，各绕组电阻相互间的差别不应大于三相平均值的2%，无中性点引出的绕组，线间差别不应大于三相平均值的1%； （2）1.6 MV·A 及以下的变压器，相间差别一般不大于三相平均值的4%，线间差别一般不大于三相平均值的2%； （3）与以前相同部位测的值比较，其变化不应大于2%	（1）如电阻相间差在出厂时超过规定，制造厂已说明了这种偏差的原因，按要求中（3）项执行； （2）不同温度下的电阻值按下式换算： $R_2=R_1（T+t_2）/（T+t_1）$ 式中，R_1、R_2 分别为在温度 t_1、t_2 时的电阻值；T 为计算常数，铜导线取235； （3）封闭式电缆出线或 GIS 出线的变压器，电缆、GIS 侧绕组可不进行定期试验
2	绕组绝缘电阻、吸收比或（和）级化指数	（1）投运前； （2）大修后； （3）1~3年； （4）必要时	（1）绝缘电阻换算至同一温度下，与前一次测试结果相比应无明显变化； （2）吸收比（10~30℃范围）不低于 1.3 或级化指数不低于1.5	（1）采用 2 500 V 或 5 000 V 兆欧表； （2）测量前被试绕组应充分放电； （3）测量温度以顶层油温为准，尽量使每次测量温度相近； （4）尽量在油温低于 50℃时测量，不同温度下的绝缘电阻值一般可按下式换算 $R_2=R_1×1.5^{（t_1-t_2）/10}$ 式中，R_1、R_2 分别为温度 t_1、t_2 时的绝缘电阻值； （5）吸收比和级化指数不进行温度换算

序号	项目	周期	要求	说明
3	绕组的tanδ	（1）交接时； （2）大修后； （3）1~3年一次； （4）必要时	（1）20℃时tanδ不大于下列数值：66~220kV，0.8%；35~66kV，1%；35kV及以下，1.5%； （2）tanδ值与历年的数值比较不应有显著变化（一般不大于30%）； （3）试验电压如下： 绕组电压为10kV及以上：10kV 绕组电压为10kV以下：额定电压U_n	（1）非被试绕组应接地或屏蔽； （2）同一变压器各绕组tanδ的要求值相同； （3）测量温度以顶层油温为准，尽量使每次测量的温度相近； （4）尽量在油温低于50℃时测量； （5）封闭式电缆出线的变压器只测量非电缆出线侧绕组的tanδ
4	电容型套管的tanδ和电容值	（1）大修后； （2）1~3年一次； （3）必要时		（1）用正接法测量； （2）测量时记录环境温度及变压器顶层油温
5	交流耐压试验	（1）大修后（66kV及以下）； （2）更换绕组后； （3）必要时；	油浸变压器试验电压值按中华人民共和国电力行业标准DL/T596	（1）可采用倍频感应或操作波感应法； （2）66kV及以下全绝缘变压器，现场条件不具备时，可只进行外施工频耐压试验
6	铁心（有外引接地线的）绝缘电阻	（1）大修后； （2）1~3年一次； （3）必要时	（1）与以前测试结果相比无显著差别； （2）运行中铁心接地电流一般不大于0.1A	（1）采用2500kV兆欧表（对运行年久的变压器可用1000kV兆欧表）； （2）夹件引出接地的可单独对夹件进行测量
7	穿心螺栓、铁轭夹件、绑扎钢带、铁心、线圈压环及屏蔽等的绝缘电阻	（1）大修后； （2）必要时	220kV及以上者绝缘电阻一般不低于500MΩ，其他自行规定	（1）采用2500kV兆欧表（对运行年久的变压器可用1000kV兆欧表）； （3）连接片不能拆开者可不进行
8	绕组泄漏电流	（1）1~3年一次； （2）必要时	（1）试验电压一般如下： | 绕组额定电压/kV	6~15	20~35	66~330
---	---	---	---
直流试验电压/kV	10	20	40
泄漏电流/μA	33	50	50 | （2）与前一次测试结果相比应无明显变化	读取1min时的泄漏电流值

序号	项目	周期	要求	说明
9	绕组所有分接的电压比	（1）分接开关引线拆装后； （2）大修后； （3）必要时	（1）各相应接头的电压比与铭牌值相比，不应有显著差别，且符合规律； （2）电压35 kV以下，电压比小于3的变压器电压比允许偏差为±1%；其他所有变压器：额定分接电压比允许偏差为±0.5%；其他分接的电压比应在变压器阻抗电压值（%）的1/10以内，但不得超过±1%	
10	校核单相变压器极性	更换绕组后	必须与变压器铭牌和顶盖上的端子标志相一致	
11	测温装置及二次回路试验	（1）1~3年一次； （2）大修后； （3）必要时	（1）密封良好，指示正确，测温电阻值应和出厂值相符； （2）绝缘电阻一般不低于1 MΩ	测量绝缘电阻采用2 500 V兆欧表。
12	冷却装置及其二次回路检查试验	（1）1~3年一次（二次回路）； （2）大修后； （3）必要时	（1）投运后，流向、温升和声响正常，无渗漏； （2）绝缘电阻一般不低于1 MΩ	测量绝缘电阻采用2 500 V兆欧表。
13	套管中的电流互感器绝缘试验	（1）必要时； （2）大修后	绝缘电阻一般不低于1 MΩ。	采用2 500 V兆欧表。
14	全电压下空载合闸	大修后	（1）全部更换绕组，空载合闸5次，每次间隔5 min； （2）部分更换绕组，空载合闸3次，每次间隔5 min	（1）在使用分接上进行； （2）由变压器高压或中压侧加压； （3）110 kV及以上的变压器中性点接地
15	气体继电器及其二次回路试验	（1）1~3年一次二次回路； （2）大修后； （3）必要时		
16	压力释放器校验	必要时	动作值与铭牌值相差应在±10%范围内或按制造厂规定。	
17	局部放电测量	（1）大修后（220 kV及以上）； （2）更换绕组后（220 kV及以上、120 MV·A及以上）； （3）必要时	（1）在线端电压为$1.5U_m/\sqrt{3}$时，放电量一般不大于500 pC；在线端电压为$1.3U_m/\sqrt{3}$时，放电量一般不大于300 pC； （2）干式变压器按GB6450规定执行	（1）试验方法符合GB 1094.3的规定； （2）周期中"大修后"系指消缺性大修后

第104条 干式变压器的试验项目、周期和要求如表3.5所示。

表 3.5 干式变压器的试验项目、周期和要求

序号	项目	周期	要求	说明
1	绕组直流电阻	（1）交接时； （2）大修后； （3）6年一次； （4）必要时	（1）相间差别一般不大于三相平均值得4%，线间差别不应大于三相平均值的2%； （2）与以前相同部位测得值比较，其变化不应大于2%	不同温度下的电阻值按下式换算：$R_2=R_1(T+t_2)/(T+t_1)$ 式中，R_1、R_2分别为在温度t_1、t_2时的电阻值；T为电阻温度常数，铜导线取235
2	绕组、铁心绝缘电阻	（1）交接时； （2）大修后； （3）6年一次； （4）必要时	绝缘电阻换算至同一温度下，与前一次测试结果相比应无明显变化，一般不低于上次值得70%	采用2 500 V或5 000 V兆欧表
3	交流耐压试验	（1）大修后； （2）6年一次	全部更换绕组时，按出厂试验电压值；部分更换绕组和定期试验时，按出厂试验电压值的0.85倍	10 kV 变压器按 35 kV×0.8=28 kV进行
4	测温装置及二次回路试验	（1）交接时； （2）大修后； （3）6年一次； （4）必要时	（1）按制造厂的技术要求； （2）指示正确，测温电阻应和出厂值相符； （3）绝缘电阻一般不低于1 MΩ	（1）采用2 500 V兆欧表（对运行年久的变压器可用1 000 V兆欧表）； （2）连接片不能拆开者不进行

第105条　油浸式电流互感器的试验项目、周期和要求如表3.6所示。

表 3.6 油浸式电流互感器的试验项目、周期和要求

序号	项目	周期	要求					说明
1	绕组的绝缘电阻	（1）投运前； （2）大修后； （3）1～3年一次； （4）必要时	绕组绝缘电阻与初始值及历次数据比较，不应有显著变化。					采用2500 V兆欧表。
2	tanδ和电容值	（1）投运前； （2）大修后； （3）1～3年一次； （4）必要时	（1）主绝缘tanδ(%)应不大于下面的数值，且与历年数据比较，不应有显著变化；					（1）主绝缘 tanδ试验电压为10 kV，末屏对地 tanδ试验电压为1kV。 （2）油纸电容型 tanδ一般不进行温度换算；当tanδ值与出厂值或上一次试验值比较有明显增长时，应综合分析tanδ与温度、电压的关系；当 tanδ

表内数据：

电压等级		20~35	66~110	220	330~500
大修后	油纸电容型	1.0	1.0	0.7	0.6
	充油型	3.0	2.0	—	—
	胶纸电容型	2.5	2.0	—	—
运行中	油纸电容型	1.0	1.0	0.8	0.7
	充油型	3.5	2.5	—	—
	胶纸电容型	3.0	2.5	—	—

序号	项目	周期	要 求	说 明
			（2）电容型电流互感器主绝缘电容量与初始值或出厂值差别超出±5%范围时应查明原因； （3）当电容型电流互感器末屏对地绝缘电阻小于1 000 MΩ时，应测量末屏对地 $\tan\delta$，其值不大于2%	随温度明显变化或试验电压由10 kV升到 $U_m/\sqrt{3}$ 时，$\tan\delta$增量超过±0.3%，不应继续运行。 （3）固体绝缘互感器可不进行 $\tan\delta$ 测量
3	交流耐压试验	（1）大修后； （2）必要时	（1）一次绕组按出厂值的80%进行，出厂值不明的按下列电压进行试验；<table><tr><td>电压等级/kV</td><td>3</td><td>6</td><td>10</td><td>15</td><td>20</td><td>35</td><td>66</td></tr><tr><td>试验电压/kV</td><td>15</td><td>21</td><td>30</td><td>38</td><td>47</td><td>72</td><td>120</td></tr></table>（2）二次绕组之间及末屏对地为2 kV； （3）全部更换绕组绝缘后，应按出厂值进行	
4	极性检查	（1）大修后； （2）必要时	与铭牌标志相符	
5	各分接头的变比检查	（1）大修后； （2）必要时	与铭牌标志相符	更换绕组后应测量比值差和相位差
6	密封检查	（1）大修后； （2）必要时	应无渗漏油现象	试验方法按制造厂规定
7	一次绕组直流电阻测量	（1）大修后； （2）必要时	（1）与出厂试验值比较，应无明显差别； （2）同型号、同规格、同批次电流互感器一、二次绕组的直流电阻和平均值的差异不宜大于10%	
8	局部放电测量	（1）大修后； （2）必要时	（1）110 kV及以上油浸式互感器在电压为1.2$U_m/\sqrt{3}$时，放电量不大于20 pC； （2）必要时：在电压为1.2U_m时，放电量不大于50 pC	（1）试验接线按GB 5583—1995进行； （2）110 kV及以上的油浸电流互感器交接时若有出厂试验值可不进行或只进行个别抽试； （3）预加电压为出厂工频耐压值的80%。测量电压在两值中任选其一进行； （4）必要时，如对绝缘性能有怀疑时

第106条 干式电流互感器的试验项目、周期和要求如表3.7所示。

表3.7 干式电流互感器的试验项目、周期和要求

序号	项目	周期	要求	说明
1	绕组及末屏的绝缘电阻	（1）投运前； （2）35 kV及以上：3年一次；10 kV：6年一次； （3）大修后； （4）必要时	（1）一次绕组对末屏及对地、各二次绕组间及其对地的绝缘电阻与出厂值及历次数据比较，不应有显著变化，一般不低于出厂值及初始值得70%； （2）电容型电流互感器末屏对地绝缘电阻一般不低于1 000 MΩ	（1）采用2 500 V兆欧表； （2）必要时，如怀疑有故障时
2	tanδ及电容量	35 kV及以上： （1）投运前； （2）3年一次； （3）大修后； （4）必要时	（1）主绝缘电容量与初始值或出厂值差别超过±5%时应查明原因； （2）参考厂家技术条件进行，无厂家技术条件时，主绝缘tanδ不应大于0.5%，且与历年数据比较，不应有显著变化； （3）当电容型电流互感器末屏对地绝缘电阻小于1 000 MΩ时，应测量末屏对地tanδ，其值不大于2%	（1）只对35 kV及以上电容型互感器进行； （2）当tanδ值与出厂值或上一次试验值比较有明显增长时，应综合分析tanδ与温度、电压的关系；当tanδ随温度明显变化或试验电压由10 kV升到$U_{\mathrm{m}}/\sqrt{3}$时，tanδ增量超过±0.3%，不应继续运行；末屏对地tanδ试验电压为2 kV； （3）对具备测试条件的电容型互感器，可以用带电测试tanδ及电容量代替
3	带电测试tanδ及电容量	（1）投产后1个月； （2）1年一次； （3）大修后； （4）必要时	（1）可采用同相比较法，判断标准为： ——同相设备介损测量值差值（tanδₓ-tanδN）与初始测量值比较，变化范围绝对值不超过±5%。 ——同相同型号设备介损测量值（tanδₓ-tanδN）不应超过±0.3%。 （2）采用其他测试方法时，可根据实际制定操作细则	只对已安装了带电测试信号取样单元的电容型电流互感器进行，当超出要求时应： （1）查明原因； （2）缩短试验周期； （3）必要时停电复试
4	交流耐压试验	（1）35kV及以上：必要时； （2）10kV：6年一次	（1）一次绕组按出厂值的80%进行，10 kV电流互感器耐压试验按35 kV进行； （2）二次绕组之间及末屏对地为2kV，可用2500V兆欧表代替	
5	局部放电测量	（1）110kV及以上：必要时；	在电压为$1.2U_{\mathrm{m}}/\sqrt{3}$时，视在放电量不大于50pC	必要时，如：对绝缘性能有怀疑时
6	各分接头的变比检查	必要时	（1）与铭牌标志相符； （2）比值差和相位差与制造厂试验值比较应无明显变化，并符合等级规定	（1）对于计量计费用绕组应测量比值差和相位差； （2）必要时，如改变变比分接头运行时
7	校核励磁特性曲线	必要时	与同类型互感器特性曲线或制造厂提供的特性曲线相比较，应无明显差别	继电保护有要求时进行

第107条 电磁式电压互感器的试验项目、周期和要求如表3.8所示。

表3.8 电磁式电压互感器的试验项目、周期和要求

序号	项目	周期	要求	说明
1	绝缘电阻	（1）1~3年； （2）大修后； （3）必要时	绕组绝缘电阻与出厂试验值及上次试验数据比较，应无显著变化，且绝缘电阻应不低于上次试验值的70%，最小值应符合以下要求（换算为20℃时）： （1）大修后： 表1 （2）预防性试验： 表2	一次绕组用2 500 V 兆欧表，二次组用 1 000 V 或 2 500 V 兆欧表
2	tanδ（20kV及以上油浸式）	（1）绕组绝缘； （a）1~3年； （b）大修后； （c）必要时； （2）66~220 kV串级式电压互感器支架： （a）投运前； （b）大修后； （c）必要时	（1）绕组绝缘 tanδ（%）不应大于下表数值； 表3 （2）支架绝缘 tanδ 一般不大于6%	（1）串级式电压互感器的 tanδ 试验方法建议采用末端屏蔽法，其他试验方法与要求自行规定； （2）分级绝缘的电压互感测 tanδ 时施加电压为 3 kV
3	交流耐压试验	（1）3年（20kV及以下）； （2）大修后； （3）必要时	（1）一次绕组按出厂值的80%进行，出厂值不明的，按下列电压进行试验： 表4 （2）二次绕组之间及末屏对地为 2 kV； （3）全部更换绕组绝缘后按出厂值进行	（1）串级式或分级绝缘式的互感器用倍频感应耐压试验； （2）进行倍频感应耐压试验时应考虑互感器的容升电压； （3）倍频耐压试验前后，应检查有否绝缘损伤

序号1 大修后：

额定电压/kV	6~10	35	110~220
绝缘电阻/MΩ	100	2000	3000
二次绝缘电阻/MΩ	不宜低于1000		

序号1 预防性试验：

额定电压/kV	6~10	35	110~220
绝缘电阻/MΩ	300	1000	2000
二次绝缘电阻/MΩ	10		

序号2：

温度/℃		5	10	20	30	40
35kV及以下	大修中	1.5	2.5	3.0	5.0	7.0
	运行中	2.0	2.5	3.5	5.5	8.0
35kV及以上	大修中	1.0	1.5	2.0	3.5	4.0
	运行中	1.5	1.0	2.5	4.0	5.5

序号3：

电压等级/kV	3	6	10	15	20	35	66
试验电压/kV	15	21	30	38	47	72	120

序号	项目	周期	要求	说明
4	空载电流测量	（1）大修后； （2）必要时	（1）在额定电压下，空载电流与出厂数值比较无明显差别； （2）在下列试验电压下，空载电流不应大于最大允许电流： 中性点非有效接地系统 $1.9U_n/3$； 中性点接地系统 $1.5U_n/3$	
5	密封检查	（1）大修后； （2）必要时	应无渗漏油现象	试验方法按制造厂规定
6	铁心夹紧螺栓（可可触到的）绝缘电阻	自行规定	自行规定	采用 2 500 V 兆欧表
7	联结组别和极性	（1）更换绕组后； （2）接线变动后	与铭牌和端子标志相符	
8	电压比	（1）更换绕组后； （2）接线变动后	与铭牌标志相符	更换绕组后应测量比值差和引位差。
9	局部放电测量	（1）投运前； （2）1～3 年（20～35kV 固体绝缘互感器）； （3）大修后； （4）必要时	见下表	（1）试验按 GB 5583 执行。 （2）局部放电测量宜与交流耐压同时进行。 （3）交接时电压等级为 35～110 kV 电流互感器的局部放电测量可按10%进行抽测；若局部放电量达不到规定要求应增加抽测比例；交接时若有出厂试验值可不进行或只进行个别抽试。 （4）预加电压为出厂工频耐压值的80%，测量电压在两值中任选其一进行。 （5）必要时，如对绝缘性能有怀疑时

下表（序号 9 局部放电测量要求）：

种类		测量电压/kV	允许的视在放电量水平/pC	
			环氧树脂及其他干式	油浸式和气体式
电压互感器	≥66 kV	$1.2 U_m/\sqrt{3}$	50	20
		$1.2U_m$（必要时）	100	50
	35 kV 全绝缘结构	$1.2 U_m/\sqrt{3}$	100	50
		$1.2U_m$（必要时）	50	20
	35 kV 半绝缘结构（一次绕组一端直接接地）	$1.2 U_m/\sqrt{3}$	50	20
		$1.2U_m$（必要时）	100	50

第 108 条 电容式电压互感器的试验项目、周期和要求如表 3.9 所示。

表 3.9 电容式电压互感器的试验项目、周期和要求

序号	项 目	周 期	要 求	说 明
1	电压比	（1）大修后； （2）必要时	与铭牌标志相符	
2	中间变压器的绝缘电阻	（1）大修后； （2）必要时	自行规定	采用 2500V 兆欧表
3	中间变压器的 $\tan\delta$	（1）大修后； （2）必要时	与初始值相比不应有显著变比	

第 109 条 干式电压互感器的试验项目、周期和要求如表 3.10 所示。

表 3.10 干式电压互感器的试验项目、周期和要求

序号	项目	周期	要求	说明
1	绝缘电阻	（1）6 年一次； （2）大修后； （3）必要时	一般不低于出厂值及初始值得 70%	采用 2500 V 兆欧表
2	交流耐压试验	（1）6 年一次（10 kV）； （2）必要时（35 及以上）	（1）一次绕组按出厂值的 80%进行； （2）二次绕组之间及末屏对地的工频耐压试验电压为 2 kV，可用 2500V 兆欧表替代	
3	局部放电测量	必要时	在电压为 $1.2U_{\mathrm{m}}/\sqrt{3}$ 时视在放电量不大于 50 pC	
4	空载电流测量	大修后	（1）在额定电压下，空载电流与出厂数值比较无明显差别； （2）在下列试验电压下，空载电流不应大于最大允许电流： 中性点非有效接地系统：$1.9U_{\mathrm{m}}/\sqrt{3}$ 中性点接地系统：$1.5U_{\mathrm{m}}/\sqrt{3}$	
5	联结组别和极性	（1）更换绕组后； （2）接线变动后	与铭牌和端子标志相符	
6	电压比	更换绕组后	与铭牌和端子标志相符	
7	绕组直流电阻	（1）大修后； （2）必要时	与初始值或出厂值比较，应无明显差别	

第 110 条 SF_6 断路器的试验项目、周期和要求表 3.11 所示。

表 3.11 SF₆断路器的试验项目、周期和要求

序号	项 目	周 期	要 求	说 明
1	SF₆气体泄漏试验	（1）大修后；（2）1年（有密度表），3个月（无密度表）；（3）必要时	年漏气率不大于1%或按制造厂要求	（1）按 GB 11023 方法进行；（2）对电压等级较高的断路器，因体积大可用聚不包扎法检漏，每个密封部位包扎后历时5小时，测得的 SF₆ 气体含量（体积分数）不大于 30×10^{-6} 或采用灵敏度不低于 1×10^{-6}（体积比）的用检漏仪对断路器各密封部位、管道接头等处进行检测，检漏仪不应报警
2	辅助回路和控制回路绝缘电阻	（1）1～3年；（2）必要时	绝缘电阻不低于2MΩ	采用500 V 或 1000 V 兆欧表
3	耐压试验	（1）大修后；（2）必要时	交流耐压或操作冲击耐压的试验电压为出厂试验电压值的80%	（1）试验在 SF₆ 气体额定压力下进行。（2）对 GIS 试验时不包括其中的电磁式电压互感器及避雷器，但在投运前应对它们进行试验电压值为 U_m 的 5 min 耐压试验；（3）罐式断路器的耐压试验方式：合闸对地；分闸状态两端接地，建议在交流耐压试验的同时测量局部放电。（4）对瓷柱式定开距型断路器只作端口间耐压
4	辅助回路和控制回路交流耐压试验	大修后	试验电压为 2 kV	耐压试验后的绝缘电阻值不应降低
5	断口间并联电容器的绝缘电阻、电容量和tanδ	（1）1～3年；（2）大修后；（3）必要时	（1）瓷柱式断路器各断口同时测量，测得的电容值和tanδ与原始值比较，应无明显变化；（2）罐式断路器按制造厂规定	大修时，对瓷柱式断路器应测量电容器和断口并联后整体的电容值和tanδ，作为该设备的原始数据

序号	项 目	周 期	要 求	说 明
6	合闸电阻值和合闸电阻的投入时间	(1)1~3年(罐式断路器除外); (2)大修后	(1)除制造厂另有规定外,阻值变化允许范围不得大于±5%; (2)合闸电阻的有效接入时间按制造厂规定校核	
7	断路器的时间参量	(1)大修后; (2)机构大修后	除制造厂另有规定外,断路器的分、合闸同期性应满足下列要求: 相间合闸不同期不大于5ms; 相间分闸不同期不大于3ms; 同相各断口间合闸不同期不大于3ms; 同相各断口间分闸不同期不大于2ms	
8	断路器的速度特性	大修后	测量方法和测量结果应符合制造厂规定	制造厂无要求时不测
9	分、合闸电磁铁的动作电压	(1)1~3年; (2)大修后; (3)机构大修后	(1)操动机构合闸:操作电压为额定电压的85%~110%; 操作机构分闸:操作电压大于额定值65%。 (2)进口设备按制造厂规定	
10	导电回路电阻	(1)1~3年; (2)大修后	敞开式断路器的测量值之不大于制造厂规定值的120%	用直流压降法测量,电流不小于100A
11	分、合闸线圈直流电阻	(1)大修后; (2)机构大修后	测试结果应符合产品技术条件的规定	
12	SF$_6$气体密度监视器(包括整定值)检验	(1)1~3年; (2)大修后; (3)必要时	测试结果应符合产品技术条件的规定	
13	压力表效验(或调整),机构操作压力整定值校验,机械安全阀校验	(1)1~3年; (2)大修后	测试结果应符合产品技术条件的规定	
14	操作机构在分闸、合闸、重合闸下的操作压力(气压、液压)下降值	(1)大修后; (2)机构大修后	测试结果应符合产品技术条件的规定	
15	运行中的局部放电	必要时	应无明显局部放电信号	只对运行中的GIS进行测量

第 111 条　真空断路器的试验项目、周期和要求如表 3.12 所示。

表 3.12　真空断路器的试验项目、周期和要求

序号	项目	周期	要求	说明
1	绝缘电阻	（1）1～3 年； （2）大修后	（1）整体绝缘电阻参照制造厂规定或自行规定； （2）断口和用有机物制成的提升杆的绝缘电阻不应低于下表中的数值（MΩ）： 见下表	

实验类别	额定电压/kV		
	<24	24～40.5	55～72.5
大修后	1000	3000	6000
运行中	300	1000	3000

序号	项目	周期	要求	说明
2	交流耐压实验（断路器主回路对地、相间及断口）	（1）1～3 年（12 kV 以下）； （2）大修后； （3）必要时（40.5 kV、72.5 kV）	断路器在分、合闸状态下分别进行，试验电压值按 DL/T593 规定值执行	（1）更换或干燥后的绝缘提升杆必须进行耐压试验，耐压设备不能满足时可分段进行； （2）相间、相对地及断口的耐压值相同
3	辅助回路和控制回路交流耐压实验	（1）1～3 年； （2）大修后	实验电压为 2 kV	
4	导电回路电阻	（1）1～3 年； （2）大修后	（1）大修后测试结果应符合产品技术条件的规定； （2）运行中自行规定，建议不大于 1.2 倍出厂值	用直流压降法测量，电流不小于 100 A
5	断路器的机械特性	大修后	测试结果应符合产品技术条件的规定。	在额定操作电压下进行
6	操作机构合闸接触器和分、合闸电磁铁的最低动作电压	大修后	（1）操动机构合闸：操作电压为额定电压的 85%～110%。 操作机构分闸：操作电压大于额定值 65%。 （2）进口设备按制造厂规定	
7	合闸接触器和分、合闸电磁铁线圈的绝缘电阻和直流电阻	（1）1～3 年； （2）大修后	（1）绝缘电阻不应小于 2 MΩ； （2）直流电阻应符合测试结果应符合产品技术条件的规定	采用 1 000 V 兆欧表

第 112 条 隔离开关的试验项目、周期要求如表 3.13 所示。

表 3.13 隔离开关的试验项目、周期要求

序号	项 目	周 期	要 求	说 明
1	有机材料支持绝缘端子及提升杆的绝缘电阻	（1）1~3 年 （2）大修后	（1）用兆欧表测量胶合元件分层电阻 （2）有机材料传动提升杆的绝缘电阻值不得低于下表数值（MΩ）： 实验类别 / 额定电压/kV：<24，24~40.5 大修后：1200，3000 运行中：300，1000	采用 2 500 V 兆欧表
2	二次回路的绝缘电阻	（1）1~3 年； （2）大修后； （3）必要时	绝缘电阻不应小于 2 MΩ	采用 1 000 V 兆欧表
3	交流耐压试验	大修后	（1）实验电压值应符合 DL/T 593 规定； （2）用单个或多个元件支柱绝缘子组成的隔离开关进行整体耐压有困难时，可对各胶合元件分别做耐压试验	在交流耐压试验前、后应测量绝缘电阻；耐压后的阻值不得降低
4	二次回路交流耐压试验	大修后	试验电压为 2 kV	
5	电动操作机构线圈的最低动作电压	大修后	最低动作电压一般在操作电源额定电压 30%~80% 范围内	
6	导电回路电阻测量	大修后	不大于制造厂规定值的 1.5 倍	用直流压降法测量，电流值不小于 100 A
7	操作机构的动作情况	大修后	（1）电动操作机构在额定的操作电压手动操作机构操作时灵活，无卡涩； （2）闭锁装置应可靠	

第 113 条 阀控式铅酸蓄电池直流屏（柜）的试验项目、周期和要求如表 3.14 所示。

表 3.14 阀控式铅酸蓄电池直流屏（柜）的试验项目、周期和要求

序号	项目	周期	要求	说明
1	蓄电池组容量测试	（1）1 年；（2）必要时	按 DL/T 459 执行	
2	蓄电池放电终止电压测试	（1）1 年；（2）必要时	符合设备说明书的要求	
3	各种功能检查	1 年	各项功能均应正常	检查项目包括： （1）监控系统； （2）充电装置系统； （3）绝缘监察系统； （4）电池巡检系统； （5）预告系统

100

第 114 条 牵引变电所的支柱绝缘子和悬式绝缘子的试验项目、周期和要求如表 3.15 所示。

表 3.15 牵引变电所的支柱绝缘子和悬式绝缘子的试验项目、周期和要求

序号	项目	周期	要求	说明
1	零值绝缘子检测（66 kV 及以上）	必要时	在运行电压下检测	（1）可根据绝缘子的劣化率调整检测周期；（2）对多元件针式绝缘子应检测每一元件
2	绝缘电阻	必要时	（1）针式支柱绝缘子的每一元件和每片悬式绝缘子的绝缘电阻不应低于 300 MΩ；（2）棒式支柱绝缘子不进行此项试验	（1）采用 2500V 及以上兆欧表；（2）棒式支柱绝缘子不进行此项试验
3	交流耐压试验	必要时	（1）35 kV 针式支柱绝缘子交流耐压试验电压值如下：两个胶合元件者，每元件 35 kV；三个胶合元件者，每元件 34 kV。（2）机械破坏符合为 60~300 kN 的盘形悬式绝缘子交流耐压试验电压值均取 60 kV	（1）35kV 支柱绝缘子可根据具体情况按左栏要求（1）或（2）进行；（2）棒式绝缘子不进行此项试验
4	绝缘子表面污秽物的等值盐密	必要时		应分别在户外能代表当地污秽程度的至少一串悬式绝缘子和一根棒式支柱上取样，测量在当地积污最重的时期进行

第 115 条 纸绝缘电力电缆线路的试验项目、周期和要求如表 3.16 所示。

表 3.16 纸绝缘电力电缆线路的试验项目、周期和要求

序号	项目	周期	要求	说明
1	绝缘电阻	在直流耐压试验之前进行	自行规定	额定电压 0.6/1 kV 电缆用 1000 V 兆欧表；0.6/1 kV 以上电缆用 2500 V 兆欧表（6/6 kV 及以上电缆也可用 5000 V 兆欧表）
2	直流耐压	（1）1~3 年；（2）新做终端或接头后进行	（1）耐压 5 min 时的泄漏电流值不应大于耐压 1 min 时泄漏电流值；（2）三相之间的泄漏电流不平衡系数不应大于 2	6/6 kV 及以下电缆的泄漏电流小于 10 μA，8.7/10 kV 电缆的泄漏电流小于 20 μA 时，对不平衡系数不作规定

第 116 条 橡塑绝缘电力电缆的试验项目、周期和要求如表 3.17 所示。

表 3.17　橡塑绝缘电力电缆的试验项目、周期和要求

序号	项目	周期	要求	说明
1	电缆绝缘电阻	（1）投运前； （2）新做终端头或接头后； （3）必要时	测量电缆导体对地或对金属屏蔽层间的绝缘电阻应满足下列规定： （1）耐压试验前后，应无明显变化； （2）电缆外护套、内衬层的绝缘电阻不应低于 0.5 MΩ/km	（1）电缆交联聚乙烯绝缘层的测量采用额定电压 5 000 V 兆欧表； （2）电缆外护套、内衬层的测量采用额定电压 500 V 兆欧表
2	金属屏蔽层电阻和导体电阻比	（1）投运前； （2）重做终端或接头后； （3）内衬层破损进水后电缆发生短路接地故障后； （4）必要时	（1）对照交接时及历年试验数据，如比值变化超过 15%应引起注意，并适当缩短试验周期； （2）发现铜屏蔽层开断，要立即寻找开断点，加以修复按制造厂规定执行	试验方法： （1）用单臂、双臂电桥测量。 （2）记录测量时的温度。 （3）当铜屏蔽层电阻与芯线导体电阻比值与上次试验数据相比增加时，表明铜屏蔽层的直流电阻增大，铜屏蔽层有可能被腐蚀；当该比值减小时，表明附件中的导体连接点的接触电阻有增大的可能。 （4）必要时，如怀疑外护套绝缘有故障时
3	电缆主绝缘交流耐压试验	（1）投运前； （2）新做终端或接头后； （3）必要时	（1）交接时：优先采用 20~300 Hz 交流耐压试验。橡塑电缆 20~300 Hz 交流耐压试验电压和时间见下表： 表格见下 （2）预防性试验 表格见下	（1）110 kV 及以上一端为空气绝缘终端，另一端为 GIS 的电缆或两端均为空气绝缘终端的电缆应进行定期试验； （2）两端均为密闭式终端的电缆可不进行定期试验； （3）不具备上述试验条件或有特殊规定时，可采用施加正常系统相对地电压24小时方法代替交流耐压

（1）交接时耐压试验：

额定电压 U_0/U /kV	试验电压	耐压时间
18/30 及以下	2.5U_0（或 2U_0）	5（60）
21/35~64/110	2U_0	60
127/220	1.7U_0（或 1.4U_0）	60

（2）预防性试验：

电压等级/kV	试验电压	耐压时间
18/30 及以下	1.6U_0	5
21/35~64/110	1.36U_0	5
127/220	1.36U_0	5

注：橡塑绝缘电力电缆是指塑料绝缘电缆和橡皮绝缘电缆的总称。塑料绝缘电缆包括聚氯乙烯绝缘、聚乙烯绝缘和交联聚乙烯绝缘电力电缆；橡皮绝缘电缆包括乙丙橡皮绝缘电力电缆。铁路一般用交联聚乙烯绝缘电力电缆

第 117 条　套管的试验项目、周期和要求如表 3.18 所示。

表 3.18 套管的试验项目、周期和要求

序号	项目	周期	要求	说明
1	主绝缘及电容型套管末屏对地绝缘电阻	（1）大修后； （2）3 年一次； （3）必要时	（1）主绝缘的绝缘电阻值不应低于 10 000 MΩ； （2）末屏对地的绝缘电阻不应低于 1000 MΩ	采用 2 500 V 兆欧表
2	主绝缘及电容型套管对地末屏 $\tan\delta$ 与电容量	（1）大修后（包括主设备大修后）； （2）3 年一次； （3）必要时	（1）20℃时的 $\tan\delta$（%）值应不大于下表中数值： 见下表 （2）当电容型套管末屏对地绝缘电阻小于 1000MΩ 时，应测量末屏对地 $\tan\delta$，其值不大于 2%； （3）电容型套管的电容值与出厂值或上一次试验值的差别超出±5%时，应查明原因	（1）油纸电容型套管的 $\tan\delta$ 一般不进行温度换算，当 $\tan\delta$ 与出厂值或上一次测试值比较有明显增长或接近左表数值时，应综合分析 $\tan\delta$ 与温度、电压的关系；当 $\tan\delta$ 随温度增加明显增大或试验电压由 10 kV 升到 $U_\mathrm{m}/\sqrt{3}$ 时，$\tan\delta$ 增量超过±0.3%，不应继续运行； （2）20 kV 以下纯瓷套管及与变压器油连通的油压式套管不测 $\tan\delta$； （3）测量变压器套管 $\tan\delta$ 时，与被试套管相连的所有绕组端子连在一起加压，其余绕组端子均接地，末屏接电桥，正接线测量
3	交流耐压试验	（1）交接时； （2）大修后； （3）必要时	试验电压值为出厂值的 85%	35 kV 及以下纯瓷穿墙套管可随母线绝缘子一起耐压
4	66kV 及以上电容型套管的局部放电测量	（1）交接时； （2）大修后； （3）必要时	见下表 （1）变压器及电抗器套管的试验电压为 $1.5U_\mathrm{m}/\sqrt{3}$； （2）其他套管的试验电压为 $1.05U_\mathrm{m}/\sqrt{3}$； （3）局部放电量	垂直安装的套管水平存放 1 年以上，投运前宜进行本项目试验

序号 2 要求栏内表格：

电压等级 /kV	20～35	66～110	220～500
充油型	3.0	1.5	—
油纸电容型	1.0	1.0	0.8
充胶型	3.0	2.0	
胶纸电容型	2.0	1.5	1.0
胶纸型	2.5	2.0	
充油型	3.5	1.5	
油纸电容型	1.0	1.0	0.8
充胶型	3.5	2.0	
胶纸电容型	3.0	1.5	1.0
胶纸型	3.5	2.0	

序号 4 要求栏内表格：

在试验电压下局部放电值/pC（不大于）

	油纸电容型	胶纸电容型
新装或大修后	10	250（100）
运行中	20	600

注：1. 充油套管指以油作为主绝缘的套管；
2. 油纸电容型套管指以油纸电容芯为主绝缘的套管；
3. 充胶套管指以胶为主绝缘的套管；
4. 胶纸电容型套管指以胶纸电容芯为主绝缘的套管；
5. 胶纸型套管指以胶纸为主绝缘与外绝缘的套管（如一般室内无瓷套胶纸套管）

第 118 条 集合电容器的试验项目、周期和要求如表 3.19 所示。

表 3.19 集合电容器的试验项目、周期和要求

序号	项目	周期		要求
1	极对壳绝缘电阻	（1）投运后 1 年内； （2）6 年一次； （3）必要时	不低于 2 000 MΩ	（1）串联电容器用 1 000 V 兆欧表，其他用 2 500 V 兆欧表； （2）单套管电容器不测
2	电容值	（1）投运后 1 年内； （2）6 年一次； （3）必要时	（1）电压值偏差不超出额定值的-5%~+10%范围； （2）电容值不应小于出厂值的 95%	用电桥法或电流电压法测量
3	并联电阻值测量	（1）投运后 1 年内； （2）6 年一次； （3）必要时	电阻值与出厂值的偏差应在±10%范围内	用自放电法测量

第 119 条 金属氧化物避雷器的试验项目、周期和要求如表 3.20 所示。

表 3.20 金属氧化物避雷器的试验项目、周期和要求

序号	项目	周期	要求	说明
1	绝缘电阻	（1）牵引变电所避雷器：雷雨季前一次； （2）必要时	（1）35 kV 以上，不低于 2 500 MΩ； （2）35 kV 以下，不低于 1 000 MΩ	（1）采用 2 500 V 及以上兆欧表； （2）必要时：怀疑有缺陷时
2	直流 1 mA 电压（U_{1mA}）及 0.75U_{1mA} 下的泄漏电流	（1）雷雨季前一次； （2）必要时	（1）不得低于 GB 11032 规定值； （2）U_{1mA} 实测值与初始值或制造厂规定值比较，变化不应大于±5%； （3）0.75U_{1mA} 下的泄漏电流不应大于 50 μA	（1）要记录实验时的环境温度和相对湿度； （2）测量电流的导线应使用屏蔽线； （3）初始值系指交接试验或投产实验时的测量值
3	运行电压下的交流泄漏电流	（1）新投运的 110 kV 及以上者投运 3 个月后测量 1 次；以后每半年 1 次；运行一年后，每年雷雨季节前 1 次； （2）必要时	测量运行电压下的全电流、阻性电流或功率损耗，测量值与初始值比较，有明显变化时应加强监测。当阻性电流增加 50%时应该分析原因，加强监测，适当缩短检测周期；当阻性电流增加 1 倍时，应停电检查	（1）应记录测量时的环境温度、相对湿度和运行电压。测量宜在瓷套表面干燥时进行，应注意相间干扰的影响。 （2）避雷器（放电计数器）带有全电流在线检测装置的不能代替本项目试验，应定期记录读数，发现异常应及时进行阻性电流测试

序号	项　目	周　期	要　求	说　明
4	工频参考电流下的工频参考电压	必要时	应符合 GB11032 或制造厂规定	（1）测量环境温度（20±15）℃；（2）测量应在每节单独进行，整相避雷器有一节不合格，应更换该节避雷器（或整相更换），使该相避雷器为合格
5	底座绝缘电阻	（1）牵引变电所避雷器每年雷雨季前；（2）1~3年一次；（3）必要时	自行规定	采用 2 500 V 及以上兆欧表
6	检查放电计数器动作情况	（1）牵引变电所避雷器每年雷雨季前；（2）1~3年一次；（3）必要时	测试 3~5 次，均应正常动作，测试后计数器指示应调到"0"	

注：每年定期进行运行电压下全电流及阻性电流带电测量的，对序号 1、2、5、6 的项目可不做定期试验

第 120 条　一般母线的试验项目、周期和要求如表 3.21 所示。

表 3.21　一般母线的试验项目、周期和要求

序号	项　目	周　期	要　求	说　明
1	绝缘电阻	（1）大修后；（2）必要时	（1）不应低于 1 MΩ/kV；（2）35kV 及以下，不低于 1 000 MΩ	
2	交流耐压试验	（1）大修后；（2）必要时		

第 121 条　二次回路的试验项目、周期和要求表 3.22 所示。

表 3.22　二次回路的试验项目、周期和要求

序号	项　目	周　期	要　求	说　明
1	绝缘电阻	（1）大修后；（2）更换二次线	（1）直流小母线和控制盘的电压小母线，在断开所有其他支联支路时不应小于 10 MΩ；（2）二次回路的每一支路和断路器、隔离开关、操作机构的电源回路不小于 1 MΩ；在比较潮湿的地方，允许降到 0.5 MΩ	采用 500 V 或 1 000 V 兆欧表

序号	项　目	周　期	要　求	说　明
2	交流耐压试验	（1）大修后；（2）更换二次线	试验电压为 1000 V	（1）不重要回路可用 2500 V 兆欧表试验代替；（2)48 V 及以下回路不做交流耐压试验；（3）带有电子元件的回路实验时应将其取出或两端短接

第 122 条　配电装置和电力布线的试验项目、周期和要求如表 3.23 所示。

表 3.23　配电装置和电力布线的试验项目、周期和要求

序号	项　目	周　期	要　求	说　明
1	绝缘电阻	设备大修后	（1）配电装置的每一段绝缘电阻不应小于 0.5 MΩ；（2）电力布线绝缘电阻一般不小于 0.5 MΩ	（1）采用 1000 V 兆欧表；（2）测量电力布线绝缘电阻时应将熔断器、用电设备、电器及仪表等断开
2	配电装置的交流耐压试验	设备大修后	试验电压为 1000 V	（1）配电装置耐压为各相对地，48 V 及以下配电装置不做交流耐压试验；（2）可用 2500 V 兆欧表试验代替；（3）带有电子元件的回路，实验时应将其取出或两端短接
3	检查相位	更动设备或接线时	各相两端及其连接回路的相位应一致	

第 123 条　接地装置的试验项目、周期和要求如表 3.24 所示。

表 3.24　接地装置的试验项目、周期和要求

序号	项　目	周　期	要　求	说　明
1	有效接地系统的电力设备的接地电阻	（1）不超过 6 年；（2）可以根据该接地网挖开检查的结果酌配延长或缩短周期	应符合以下要求：（1）$R \leqslant 2000 / I$（$I < 4000A$）；（2）当 $I \geqslant 4000$ A 时，可采用 $R \leqslant 0.5\Omega$。式中，I——经接地网流入地中的短路电流，A；R——考虑到季节变化的最大接地电阻，Ω	（1）测量接地电阻时，如在必需的最小布极范围内土壤电阻率基本均匀，可采用各种补偿，否则应采用远离法；（2）在高土壤电阻率地区，接地电阻如按规定值要求，在技术、经济上极不合理时，允许有较大的数值，但必须采取措施以保证发生接地短路时。在该接地网上：

序号	项目	周期	要求	说明
				（a）接触电压和跨步电压均不超过允许的数值； （b）不发生高电位引外和低电位引内； （3）每3年以及必要时验算一次 I 值，并校验设备接地引下线的热稳定
2	非有效接地系统的电力设备的接地电阻	（1）不超过6年； （2）可以根据该接地网挖开检查的结果斟酌延长或缩短周期	（1）当接地网与1kV及以下设备共用接地时，接地电阻 $R \leqslant 120/I$； （2）当接地网仅用于1kV以上设备时，接地电阻 $R \leqslant 250/I$； （3）在上述任一情况下，接地电阻一般不得大于 $10\,\Omega$。 式中，I——经接地网流入地中的短路电流，A； R——考虑到季节变化最大接地电阻，Ω	
3	独立避雷针（线）的接地电阻	不超过6年	不宜大于 $10\,\Omega$	在高土壤电阻率地区难以将接地电阻降到 $10\,\Omega$ 时，允许有较大的数值，但应符合防止避雷针（线）对罐体及管阀等反击的要求
4	检查有效接地系统的电力设备接引下线与接地网的连接情况	不超过3年	不得有开断、松脱或严重腐蚀等现象	如采用测量接地引下线与接地网（或相邻设备）之间的电阻来检查其连接情况，可将所测的数据与历次数据比较和相互要求，通过分析决定是否进行挖开检查
5	抽样开挖检查接地网的腐蚀情况	（1）本项目只限于已经运行10年以上（包括改造后重新运行达到这个年限）的接地网； （2）以后的检查年限可根据前次开挖检查的结果自行决定	不得有开断，松脱或严重腐蚀现象	可根据电气设备的重要性和施工的安全性，选进行开挖检查，如有疑问还应扩大开挖的范围

第124条 电容式电压互感器的电容分压器的试验项目、周期和要求如表3.25所示。

表 3.25　电容式电压互感器的电容分压器的试验项目、周期和要求

序号	项　目	周　期	要　　求	说　　明
1	极间绝缘电阻	（1）投运后1年内； （2）1～3年	一般不低于 5000 MΩ	用 2500V 兆欧表
2	电容值	（1）投运后1年内； （2）1～3年	（1）每节电容值偏差不超出额定值的-5%～+10%范围； （2）电容值大于出厂值的102%时应缩短试验周期； （3）一相中任两节实测电容值相差不超过 5%	当采用电磁单元作为电源测量电容式电压互感器的电容分压器 C_1 和 C_2 的电容量及 $\tan\delta$ 时，应按制造厂规定进行
3	$\tan\delta$	（1）投运后1年内； （2）1～3年	10kV 下的 $\tan\delta$ 值不大于下列数值： 油纸绝缘　　　　0.005 膜纸复合绝缘　　0.002	（1）当 $\tan\delta$ 值不符合要求时，可在额定电压下复测，复测值如符合 10kV 下的要求，可继续投运； （2）电容式电压互感器低压电容的试验电压值自定
4	低压端对地绝缘电阻	1～3 年	一般不低于 100MΩ	采用 1000V 兆欧表
5	局部放电试验	必要时	预加电压 $0.8\times1.3U_m$，持续时间不小于 10s，然后在测量电压 $1.1U_m/\sqrt{3}$ 下保持 1 min，局部放电量一般不大于 10pC	如受试验设备限制预加电压可以适当降低
6	工频交流耐压试验	必要时	试验电压为出厂试验电压的 80%	

第七节　绝缘油和 SF_6 气体的管理

第 125 条　绝缘油的储存量应不少于事故备用油量加必须储备的耗油量。

第 126 条　新变压器油的验收，应按 GB 2536 或 SH 0040 的规定。

第 127 条　运行中的变压器油的试验项目和要求见第 132 条。

互感器、套管油的试验结合油中的溶解气体色谱分析试验进行。

第 128 条　当主要设备用油的 pH 值接近 4.4 或颜色骤然变深，其他指标接近允许值或不合格时，应缩短试验周期，增加试验项目，必要时采取处理措施。

第 129 条　关于补油或不同牌号油混合使用的规定：补加油品的各项特性指标不应低于设备内的油。如果补加到已接近运行油质量要求下限的设备油中，有时会导致油中迅速析出油泥，故应预先进行混油样品的油泥析出和 $\tan\delta$ 试验。试验结果无沉淀产生且 $\tan\delta$ 不大于原设备内的 $\tan\delta$ 值时，才可混合。不同牌号新油或相同质量的运行中油，原则上不宜混合使用。如必须混合时就应按混合油实测的凝点决定是否可用。对于国外进口油、来源不明以及所含

添加剂的类型并不完全相同的油，如需要与不同牌号油混合时，应预先进行参加混合的油及混合后油样的老化试验。油样的混合比应与实际使用的混合比一致。如实际使用比不详，则采用1：1比例混合。

第130条 设备大修后绝缘油应达到新油标准。设备中修后除水溶性酸和碱、闪点及 tanδ 值外其余项目应达到新油标准。

第131条 新购 SF_6 气体，充入设备前应按现行国家标准《工业六氟化硫》（GB 12022）验收，对气瓶的抽检率为10%，其他每瓶只测定含水量。

第132条 SF_6 气体在充入电气设备24h后方可进行试验。

第133条 变压器油的试验项目、周期和要求如表3.26所示。

表3.26　变压器油的试验项目、周期和要求

序号	项目	周期	要求		说明
			投入运行前的油	运行油	
1	外观	（1）注入设备前后的新油；（2）运行中取油样时进行；（3）一年一次	透明、无杂质或悬浮物。		将油样注入试管中冷却至5℃，在光线充足的地方观察
2	水溶性酸 pH 值	（1）注入设备前后的新油；（2）运行中66～500 kV 设备一年一次，其余自定	≤5.4	≥4.2	按 GB 7598《运行中变压器油、汽轮机油水溶性酸测定法（比色法）》进行试验
3	酸值 mgKOH/g	（1）注入设备前后的新油；（2）运行中66～500 kV 设备一年一次，其余自定	≤0.03	≤0.1	按 GB264《石油产品酸值测定法》或 GB7599《运行中变压器油、汽轮机油酸值测定法（BTB 法）》进行试验
4	闪点（闭口）℃	（1）注入设备前后的新油；（2）必要时	≥140（10 号、25 号油）；≥135（45 号油）	不应比左栏要求低 5℃；不应比上次测定值低 5℃	按 GB261《石油产品闪点测定法》进行试验
5	水分 /mg/L	（1）准备注入设备的新油；（2）运行中330 kV、500 kV 设备一年一次；（3）运行中66～220kV 设备必要时	110kV 及以下，≤20；220kV，≤15；330～500kV，≤10	110 kV 及以下，≤35；220k，≤25；330～500kV，≤15	运行中设备测量时应注意温度的影响，尽量在顶层油温高于50℃时采样，按 GB7600《运行中变压器油、水分测定法（气相色谱法）》或 GB7601《运行中变压器油水分含量测定法（库仑法）》进行试验

序号	项目	周期	要求		说明
			投入运行前的油	运行油	
6	击穿电压 kV	（1）注入设备前后的新油； （2）运行中（35kV 及以上设备、厂用变）一年一次； （3）必要时	15kV 以下，≥30； 15～35kV，≥35； 66～220kV，≥40； 330kV，≥50； 500kV，≥60	15kV 以下，≥25； 15～35 kV，≥30； 66～220 kV，≥35； 330kV，≥40； 500kV，≥50	按 GB/T507《绝缘油介电强度测定法》和 DL/T429.9《电力系统油质试验方法绝缘油介电强度测定法》方法进行试验
7	界面张力（25℃）	（1）注入设备前的新油； （2）运行中 330 kV、500 kV 设备一年一次； （3）必要时	≥35	≥19	按 GB/T6541《石油产品油对水界面张力测定法（圆环法）》进行试验
8	tanδ（90℃）%	（1）准备注入设备的新油； （2）运行中 330 kV、500 kV 设备一年一次； （3）运行中 66～220 kV 设备必要时	（1）注入前：≤0.5。 （2）注入后： 220 kV 及以下，≤1； 500kV，≤0.7	≤4	按 GB/T5654《液体绝缘材料工频相对介电常数介质损耗因数和体积电阻率的试验方法》进行试验
9	体积电阻率（90℃）W.M	（1）准备注入设备的新油； （2）运行中 330、500 kV 设备一年一次； （3）运行中 66～220 kV 设备必要时	≥6×10^{10}	500kV，≥1×10^{10}； 220kV 及以下，≥3×10^9	按 DL/T421《绝缘油体积电阻率测定法》或 GB/T5654《液体绝缘材料工频相对介电常数介质损耗因数和体积电阻率的试验方法》进行试验
10	油中含气量（体积分数）%	（1）准备注入设备的新油； （2）运行中 330、500 kV 设备一年一次	≤1	一般不大于 3	按 DL/T421 或 DL/T450 进行试验
11	油泥与沉淀物（质量分数）%	必要时		一般不大于 0.02	按 GB/T511 试验，若只测定油泥含量，试验最后采用乙醇-苯（1：4）将油泥洗于恒重容器中称重

第 134 条 绝缘油中溶解气体色谱分析的周期和要求如表 3.27 所示。

表 3.27 绝缘油中溶解气体色谱分析的周期和要求

序号	名称	周 期	要 求	说 明
1	变压器	（1）220 kV 及以上的所有变压器在新装、大修、更换绕组投运后的第 4、10、30 天各做一次； （2）110 kV 变压器新装、大修、更换绕组后 30 天和 180 天内各做 1 次 （3）运行中：110 kV~220 kV 变压器 6 个月 1 次，330kV 3 个月 1 次； （4）35 kV 变压器 8 MVA 以上 1 年 1 次；8 MVA 以下的油浸式变压器自行规定 （5）必要时	（1）新装变压器的油中任一项溶解气体的含量不得超过下列数值： 总烃：20 μL/L； H_2：10 μL/L； 乙炔：0 （2）大修后变压器的油中任一项溶解气体的含量不得超过下列数值： 总烃：50 μL/L； H_2：50 μL/L； 乙炔：痕量 （3）运行设备的油中 H_2 与烃类气体含量（体积分数）超过下列任何一项值时应引起注意： 总烃：150 μL/L； H_2：150 μL/L； C_2H_2：5.0 μL/L	（1）总烃包括 CH_4、C_2H_6、C_2H_4 和 C_2H_2 四种气体； （2）溶解气体组分含量的单位为 μL/l。溶解气体组分含量有增长趋势时，可结合产气速率判断，必要时缩短周期进行追踪分析； （3）总烃含量低的设备不宜采用相对产气速率进行判断； （4）新投运的变压器应有投运前的测试数据； （5）从实际带电之日起，即纳入监测范围； （6）封闭式电缆出线的变压器电缆侧绕组当不进行绕组直流电阻定期试验时，应缩短油中溶解气体色谱分析检测周期，220kV 变压器不超过 3 个月，110kV 变压器不应超过 6 个月； （7）烃类气体总和的产气速率在 0.25mL/h（开放式）和 0.5mL/h（密封式），相对产气率大于 10%/月，则应认为设备有异常
2	电流互感器	（1）投运前 （2）1~3 年 （3）大修后 （4）必要时	（1）投运前及大修后电压等级在 66kV 以上的油浸式电流互感器，油中溶解的气体组分含量（μL/l）不宜超过下列任一值： 总烃：10 μL/L； H_2：50 μL/L； C_2H_2：0 μL/L。 交接时与制造厂试验值比较应无明显变化，且不应含有 C_2H_2。 （2）运行中油溶解气体组分含量超过下列任一值时应引起注意： 总烃：100 μL/L； H_2：150 μL/L； C_2H_2：2 μL/L（110kV 及以下）； 1 μL/L（220~500kV）	全密封电流互感器按制造厂要求进行

111

序号	名称	周　期	要　　求	说　　明
3	电磁式电压互感器	（1）投运前； （2）运行中 1～3 年（66kV 及以上）； （3）必要时	（1）交接时与制造厂试验值比较应无明显变化，电压等级在 66kV 以上的油浸式电压互感器，油中溶解的气体组分含量（μL/1）不宜超过下列任一值： 　总烃：10 μL/L； 　H_2：50 μL/L； 　C_2H_2：0 μL/L。 （2）油中溶解气体组分含量（体积分数）超过下列任一值时应引起注意： 　总烃：100 μL/L； 　H_2：150 μL/L； 　C_2H_2：2 μL/L	（1）新投运互感器的油中不应含有 C_2H_2； （2）全密封互感器按制造厂要求（如果有）进行
4	套管	（1）投运前； （2）大修后； （3）必要时	油中溶解气体组分含量（体积分数）超过下列任一值时应引起注意： 　H_2：500 μL/L； 　C_2H_4：100 μL/L； 　C_2H_2：2 μL/L（110 kV 及以下）， 　1 μL/L（220～500 kV）	

第 135 条　运行中 SF_6 气体的试验项目、周期和要求如表 3.28 所示。

表 3.28　运行中 SF_6 气体的试验项目、周期和要求

序号	名　　称	周　　期	要　　求	说　　明
1	湿度（20℃体积分数）/（μL/L）	（1）交接时； （2）大修后； （3）投产 1 年后 1 次，以后 3 年 1 次（35kV 及以上）	（1）断路器灭弧室气室：大修后不大于 150，运行中不大于 300； （2）其他气室：大修后不大于 250，运行中不大于 500	按 SD306《六氟化硫气体中水分含量测定法（电解法）》和 DL506-92《现场 SF_6 气体水分测定方法》进行
2	密度（标准状态下）/（kg/m³）	必要时	6.16	按 SD308《六氟化硫气体中密度测定法》进行

序号	名 称	周 期	要 求	说 明
3	毒性	必要时	无毒	按 SD308《六氟化硫气体毒性生物试验方法》进行
4	酸度/(μg/g)	（1）大修后； （2）必要时	≤0.3	按 SD307《六氟化硫气体中酸度测定法》进行
5	四氟化碳（质量分数 m/m）/%	（1）大修后； （2）必要时	（1）大修后，≤0.05； （2）运行中，≤0.1	按 SD311《六氟化硫新气中空气-四氟化硫的气相色谱测定法》进行
6	空气（质量分数 m/m）/%	（1）大修后； （2）必要时	（1）交接时及大修后≤0.05； （2）运行中≤0.2	
7	可水解氟化物/(μg/g)	（1）大修后； （2）必要时	≤1.0	按 SD309《六氟化硫气体中可水解氟化物含量测定法》进行
8	矿物油/(μg/g)	（1）大修后； （2）必要时	≤10	按 SD310《六氟化硫气体中矿物油含量测定法（红外光谱法）》进行

第八节　附　则

第 136 条　本规则由总公司运输局负责解释。

第 137 条　本规则自 2015 年 3 月 1 日起施行。

附件 1　运行日志

日期：　　　　　星期：　　　　　安全天数：　　　　　天气：

值班员		助理值班员		工作时间	自	0 时	00 分
					至	时	分
记事							
值班员		助理值班员		工作时间	自	时	分
					至	20 时	00 分

记事	U电池蓄（V）	I-1	I-2	I-3	I-4	I-5	I-6	I-7	I-8	I-9	II-1	II-2	II-3	II-4	II-5	II-6	II-7	II-8	II-9	I浮（A）	I
																					II

值班员			助理值班员		工作时间	自	20 时	00 分
						至	24 时	00 分

记事	主变运行时间（h）	1#B	主变峰时电量（kWh）	1#B		主变谷时电量（kWh）	1#B	
				2#B			2#B	
		2#B	主变尖时电量（kWh）	1#B		主变平时电量（kWh）	1#B	
				2#B			2#B	

电量

330/220/110kV 侧

	无　功							有　功				合　计		瞬时有功功率（MW）	瞬时无功功率（MW）
	1#正向		1#反向		2#正向		2#反向	1#		2#			小时功率（kW）	MAX=	MAX=
	读数	差数	读数	差数	读数	差数	差数	读数	差数	读数	差数	差数			
0															
1															
2															
3															
4															
5															
6															
7															
8															
9															
10															
11															
12															
13															
14															
15															

16											
17											
18											
19											
20											
21											
22											
23											
24											
差数合计											

日有功电量	日无功电量	最大小时功率	平均小时功率	负荷率	功率	利用率	损失率

电　量

项目	自用变电度计量			27.5kV 电度计量								
	1#	2#	照明	1KX	2KX	3KX	4KX	5KX	6KX	B1#	B2#	
0 点												27.5kV 电度计量合计
24 点												
差数												
电量												

负　荷

时间\项目	主变					馈线									电容电流	
	A	B	C	总回流	地回流	1#	2#	3#	4#	5#	6#				A相	B相
电流最大（A）																
出现时间																
最高电压（kV）																
最低电压（kV）																

开关记录																		
项目\累计\开关号	101	102	201	202	203	204	211	212	213	214	215	216				205	206	21B	22B

巡 视 记 录	
6（8）点 记事	断路器机构压力： 避雷器绝缘监测： 其他：
12 点记事	断路器机构压力： 避雷器绝缘监测： 其他：
18 点记事	断路器机构压力： 避雷器绝缘监测： 其他：
24 点记事	断路器机构压力： 避雷器绝缘监测： 其他：

巡 视 记 录										
时间\数值\项目	外温 （℃）	高压室温 （℃）	A相电容	B相电容	1#B油温 （℃）	1#B油位	2#B油温 （℃）	2#B油位	控制室 （℃）	高压电缆最大 （℃））	电缆名称
6（8）											
12											
18											
24											

记 事

附件 2　设备缺陷记录

_____ 所（亭）

发现缺陷的日期	发现缺陷的人员	有缺陷的设备名称及运行编号	缺陷内容	确认人（签字）	处理措施	处理缺陷负责人	验收人	消除缺陷日期

附件 3　避雷器动作记录

_____ 所（亭）

避雷器型号					设备编号				
制造厂					运行编号				
读数	差数	动作次数	泄漏电流	记录时间	读数	差数	动作次数	泄漏电流	记录时间

附件 4　主变压器过负荷记录

_____ 所

主变压器型号				额定电流		
设备编号				制造厂		
运行编号				开始投入运行时间		
出现时间	变压器二次电流（A）			持续时间		备注
	A	B	C			

附件5 保护装置动作和断路器自动跳闸记录

_____所（亭）

跳闸时间	断路器运行编号	保护动作				跳闸原因	复送时间
		保护名称	重合和强送情况	信号显示情况	故障点标定装置指示		

注：故障点标定装置指示栏内填写：跳闸时电流、电压，阻抗角、电抗和实际公里数。

附件6 蓄电池开路电压测量记录

_____所（亭）

测量日期_____　　测量人_____　　室温：_____℃

序号	放电前电压（V）	放电后电压（V）	序号	放电前电压（V）	放电后电压/（V）
Ⅰ-1			Ⅱ-1		
Ⅰ-2			Ⅱ-2		
Ⅰ-3			Ⅱ-3		
Ⅰ-4			Ⅱ-4		
Ⅰ-5			Ⅱ-5		
Ⅰ-6			Ⅱ-6		
Ⅰ-7			Ⅱ-7		
Ⅰ-8			Ⅱ-8		
Ⅰ-9			Ⅱ-9		
...			...		
Ⅰ组总电压			Ⅱ组总电压		

Ⅰ组充电电流：　　浮充：　　A　　　　均充：　　　　A

Ⅱ组充电电流：　　浮充：　　A　　　　均充：　　　　A

_____ 所（亭）

保护装置		变流比			
被保护的设备名称和运行编号		变压比		备注	
原始整定值					
变更时间	变更项目	变更原因	变更后的整定值	变更整定值负责人	值守员

附件 8　无人所设备巡视记录

巡视时间		巡视人员			温度	
巡视项目及结果						
	运行电压	方向上行（kV）	方向下行（kV）	运行电流	方向上行（kV）	方向下行（kV）
	装置电源			各指标灯按钮		
	连片、开关位置					
	故障报告					
交流系统	二次电压（V）	27.5 kV 自用变		10 kV 自用变		
直流系统	浮充电压		浮充电流		绝缘监察	
测温监控系统						
灭火器						
空调						
自耦变压器						
自用变压器	27.5 kV 自用变			10 kV 自用变		
断路器						
隔离开关及机构						
互感器						
支柱、场坪、基础及接地						
绝缘子、母线						
照明						
电缆及电缆沟						
控制室及其他						

附件 9 设备大修申请表

申请单位：   （章）   编号：

设备名称		运行时间	
设备编号		承修单位	
安装地点及运行编号		要求大修时间	
规格		所需费用	
设备状态（即大修原因）			
大修范围（包括结合大修改造的项目）			
铁路局意见			
产权单位意见			

_____年_____月_____日

附件 10 设备检修记录   日期_____

设备名称及编号		承修班组		检修人		签字	
安装地点及运行编号		修程		互检人		签字	
修前状态		修中措施		修后结语			

注：修前状态和修后结语内均应记录有关的技术数据；修后结语栏内还应记录设备的质量评定（即"合格"或"不合格"）

附件 11 牵引变电备品备件配备原则

1. 牵引变压器备品备件表				
序号	名称	规格型号	数量(只)	备注
供电段				
1	220 kV 套管		3	
2	35 kV 套管		3	
3	温度控制仪		3	
4	气体继电器		3	
5	蝶阀		3	
2. 自耦变备品备件清单				
序号	名称	规格型号	数量(只)	备注
供电段				
1	吸湿器		4	
2	"80"真空偏心蝶阀		4	
3	温度控制器		2	
4	套管		8	

3. SF$_6$断路器				
序号	名称	规格型号	数量(只)	备注
检修班组				
1	分合闸线圈	每个型号	2	
2	电机	每个型号	2	
3	充气装置（接头，连接管，压力表）	每个型号	2	
4	充气接头/充气嘴	每个型号	2	
5	K04/K14继电器	每个型号	2	
6	K01/K03/K11/K13继电器	每个型号	2	
7	延时/时间继电器	每个型号	2	
8	电机保护继电器（用于电机回路/加热回路）	每个型号	2	
9	小型空气开关（单极、两极断路器）	每个型号	2	
10	远方就地转换开关（两个位置）	每个型号	2	
11	底架	每个型号	2	
12	密度计	每个型号	2	
13	加热器（机构箱、汇控箱；常温）	每个型号	2	
14	带温控的加热电阻（低压柜内）	每个型号	2	
15	温度控制器	每个型号	2	
16	合闸按钮	每个型号	2	
17	分闸按钮		2	
18	插座		2	
19	储能手柄		2	
4. 牵引变电所综合自动化系统				
序号	材料名称	型号规格及品牌	数量	备注
检修班组				
1	保护装置电源板	每个型号	3	
2	馈线保护测控装置出口板	每个型号	3	
3	主变差动保护装置出口板	每个型号	2	
4	主变后备保护装置出口板	每个型号	2	
5	主变本体保护装置操作箱	每个型号	2	
6	主变本体保护装置本体板	每个型号	2	
7	通信管理机	每个型号	2	
8	GPS及切换装置	每个型号	2	
9	GPS天线	每个型号	2	
10	带灯切换开关	每个型号	4	
11	带灯按钮	每个型号	10	

序号	材料名称	型号规格及品牌	数量	备注
检修班组				
12	光耦端子	每个型号	10	
13	FDK 通信板	每个型号	4	
14	电铃	每个型号	2	
15	电笛	每个型号	2	
16	逆变电源	每个型号	2	
5. GIS 开关柜				
序号	材料名称	型号规格及品牌	数量	备注
关键一次元器件（检修班组）				
1	GIS 屏蔽式插接避雷器	每个型号	2	
2	GIS 电压互感器/VT	每个型号	2	
3	GIS 电流互感器/CT,1500/1	每个型号	1	
4	GIS 电流互感器/CT,2000/1	每个型号	1	
5	GIS 套管 Insulator		3	
6	GIS 连接母线/Contact tube，2500A	每个型号	10	
7	GIS 压力传感器	每个型号	4	
8	GIS 气室干燥剂	每个型号	5	
关键二次元器件（检修班组）				
1	GIS 三工位开关机构	每个型号	2	
2	GIS 三工位驱动电机	每个型号	3	
3	GIS 三工位闭锁线圈	每个型号	3	
4	GIS 合闸线圈	每个型号	3	
5	GIS 分闸线圈	每个型号	3	
6	GIS 合闸闭锁线圈	每个型号	3	
7	GIS 整流模块 多组整流桥	每个型号	3	
8	GIS 储能电机	每个型号	3	
9	GIS 手动储能杆	每个型号	2	
10	GIS 带电显示器（强制型双极）	每个型号	10	
11	GIS 带电显示器（强制型单极）	每个型号	10	
12	GIS 三工位 PLC	每个型号	5	
13	断路器辅助开关 S3	每个型号	5	
14	断路器辅助开关 S5	每个型号	5	
15	合分闸开关		10	
16	远方/就地方式选择开关	每个型号	5	
17	选择开关	每个型号	5	

序号	材料名称	型号规格及品牌	数量	备注
关键二次元器件（检修班组）				
18	空气开关 3A2P	每个型号	5	
19	空气开关 1A2P	每个型号	5	
20	空气开关辅助接点	每个型号	10	
21	空气开关 3A1P	每个型号	5	
22	电压表 0～27.5kV	每个型号	2	
23	电流表 0～1500A	每个型号	2	
24	断路器合分闸位置指示器	每个型号	10	
25	三工位开关位置指示器	每个型号	10	
26	电流试验端子		100	
27	电压端子		100	
28	联结端子		50	
29	中间继电器	每个型号	5	
30	中间继电器辅助接点	每个型号	10	
31	信号继电器	每个型号	10	
32	红色带灯按钮		30	
33	联结片		50	
34	微动开关		10	
35	照明灯管		10	
36	LED 照明灯		50	
37	加热器		10	
38	GIS 门锁		10	
39	开关运行钥匙箱		10	
6. 电压、电流互感器				
序号	工、器具、材料名称	型号规格及品牌	数量	备注
供电段				
1	电流互感器	每个电压等级	3	
2	电压互感器	每个电压等级	3	
3	避雷器	每个电压等级	3	
4	隔离开关	每个电压等级	3	
7. 交直流电源				
序号	工、器具、材料名称	型号规格及品牌	数量	合计
有人值守牵引变电所				
1	熔断器芯	每个型号	3	
2	指示灯	每个型号	5	

序号	工、器具、材料名称	型号规格及品牌	数量	合计
	有人值守牵引变电所			
3	小型继电器	每个型号	4	
4	高频开关模块	每个型号	4	
5	直流断路器	每个型号	4	
6	微机检测单元	每个型号	2	
7	中间继电器	每个型号	2	
8	交流断路器	每个型号	2	
9	降压装置	每个型号	2	
10	电池		9	
	AT、分区所			
1	熔断器芯	每个型号	2	
2	指示灯	每个型号	5	
3	高频开关电源	每个型号	2	
4	直流断路器	每个型号	2	
5	微机检测单元	每个型号	2	
6	小型继电器	每个型号	6	
7	中间继电器	每个型号	2	
8	交流断路器	每个型号	2	
9	降压装置		2	
10	电池		9	
	远动系统备品备件配置标准			
序号	名称	规格型号	数量	备注
	调度主站			
一	备件			
1	刀片		2	
2	服务器刀箱电源		1	
3	光纤交换机		1	
4	流水打印机		2	
5	接口服务器		2	
6	USB-HUB		2	
7	磁盘阵列		2	
8	工控机		1	
9	液晶显示器		2	
10	时钟服务器主板		1	
11	调度、维护工作站		各2	

序号	名称	规格型号	数量	备注
调度主站				
12	GPS 控制板		1	
13	GPS 天线		1	
14	路由器		1	
二	测试工具			
1	移动终端（维护测试使用）		1	
2	网络专业工具		2	
3	网络测试仪		1	
4	数字万用表		2	
5	电阻测试仪		2	
6	专用杀毒软件		1	
7	专业刻录机		1	
8	一体机		1	
9	手提电脑		1	

附件 12 牵引变电检修工区仪器工具配置标准

标准变电检修工区(高试、保护）须配备必要的仪器工具标准				
序号	设备名称及规格	规格、参数	单位	数量
1	全自动绝缘靴、手套耐压试验装置	30 kV，3 kVA	套	1
2	智能工频耐压试验装置（试验变压器、控制箱）	设备、绝缘工具耐压	套	1
3	绝缘电阻测试仪（手动）	500 V、2500 V	台	各1
4	数字式电动绝缘电阻测试仪	2500 V、5000 V	台	各2
5	直流高压发生器	120 kV	台	2
6	直流高压发生器	200 kV	台	2
7	工频耐压试验装置			
8	高压微安表	DHL	块	2
9	全自动抗干扰介损测试仪	10 kV、2 kVA	台	2
10	避雷器动作计数测试仪	800～1200 V	台	2
11	高压开关特性测试仪	电气及机械特性、端口 12 个	台	2
12	电导率仪			
13	回路电阻测试仪	300 A	台	2
14	变压器直流电阻测试仪	10 A	台	3
15	高压开关检测操作电源	GKD-1	台	2
16	全自动三相变压器变比测试仪	量程：0.9~10000，精度 0.1%	台	2

	标准变电检修工区(高试、保护）须配备必要的仪器工具标准			
序号	设备名称及规格	规格、参数	单位	数量
17	全自动电容电感测试仪	1 mH～9.99 H		
18	接地电阻表	ZC-80～100Ω	台	2
19	数字接地电阻测试仪	范围：0～200 Ω、电阻率 0～9999 Ω·m	台	2
20	移动式高频开关直流电源	110 V、220 V	台	1
21	数字微欧计	10 μΩ～1.999 kΩ，准确度：0.1%，显示方式：3½位 LED	台	2
22	直流双臂电桥	Q44	台	2
23	智能充电、放电仪	110 V、220 V	台	各1
24	单体蓄电池活化仪	CH12 V-50 A	台	1
25	蓄电池内阻测试仪	电压 0～20 V、内阻 0～200 mΩ	台	1
26	数字钳型万用表	交流电流 400 A、交流电压 750 V、直流电压 1000 V	台	1
27	大口径数字钳型电流表	钳口直径 80mm、电流 0～1000 A	台	1
28	指针式万用表	MF47	台	2
29	数字万用表	Fluke233	台	3
30	数字式双钳相位伏安表	10 mA～10 A，3 V～500 V	台	1
31	大电流发生器	0～2000 A	台	1
32	无线高压核相仪	220 kV	台	1
33	全自动互感器综合试验仪	5 kVA	台	1
34	真空度测试仪	ZKD-III，100-10-6 Pa	台	1
35	SF_6微量水份测试仪	±2CDP	台	1
36	SF_6定量检漏仪	0.1 ppm	台	1
37	SF_6定性检漏仪	2.8 g/年	台	1
38	变频谐振试验设备	25 kVA/65 kV	台	1
39	直流系统接地故障定位仪	±0.02H	台	1
40	稳压电源	380 V、5 kW	台	1
41	示波器	DS4000，带宽 500～100MHz，采样率 4GSa/s	台	1
42	手持盐密测试仪	盐度 0.0～70.0、电阻率 0.0～1999 MΩ·cm	台	1
43	变压器绕组变形测试仪	JHRZ-1000E，10Hz～10MHz，−100dB～20dB	台	1
44	数字电桥	QJ84A	台	2
45	电容电桥	GY803	台	2
46	便携式电能质量分析仪	pw3198	台	1
47	微机保护测试仪	6 路电压、6 路电流、30A	台	2
48	单体保护测试仪	SDJB，交直流电压各 1 路、交直流电流各 1 路	台	2

序号	设备名称及规格	规格、参数	单位	数量
标准变电检修工区(高试、保护)须配备必要的仪器工具标准				
49	电缆故障测试仪	S25，直流输出 0~25 kV	台	1
50	相位表	SY3001 相位，频率 10～80 Hz	台	1
51	SF$_6$气体回收装置	ZNC-M1	台	1
52	红外热成像仪	Testo890-2，−20～1200	台	1
53	真空滤油机	ZL-5A	台	1
54	真空滤油机	ZJA-150	台	1
55	标牌印字机	PT-9700Pc，400 mm/s	台	1
56	高速线号机	0.5～10 mm	台	1
57	手持测温枪	OS425-LS：−60～1000 °C　50:1 视场	台	1
58	电缆盘	单相、三相(50 m)	台	2
59	强光泛光工作灯（大型）	发电机 3 kW	台	1
60	便携手电筒		台	5
61	强光头灯		台	5
62	多功能高空接线钳	TD-1168	台	2
63	强力吹吸尘机		台	1
64	多功能母线加工机	SLB-125，1～120°、180 kN	台	1
65	水冲洗机		台	1
66	发电机	5 kW	台	1
67	力矩扳手	TZCEM	把	4
68	充电式液压钳	B135-UC	台	1
69	充电式液压切刀	B-TFC2	台	1
70	充电式压接钳	B62	台	1
71	充电式电缆切刀	B-TC095	台	1
72	电动组合工具		把	2
74	磁力冲击钻	5~18 mm	套	1
75	防毒面具		套	2
76	高空升降臂作业车	18 m	个	1
77	高压电缆专用拆装工具		套	1
变电检修工区（油化验）须配备相应的仪器仪表				
1	自动闭口闪点仪	BSD-07	台	1
2	微量水分测定仪	WS2100	台	1
3	恒温水浴锅	HH，1500 W	台	1
4	调速振荡器	HY4，调速范围：起动~360 r/min	台	1
5	色谱分析仪	GC-900AD	台	2

	标准变电检修工区(高试、保护）须配备必要的仪器工具标准			
序号	设备名称及规格	规格、参数	单位	数量
6	多功能振荡器	DZ-1	台	1
7	电子天平	FA1004	台	1
8	电热蒸馏水器	CY-98-2，4 kW	台	1
9	精密 pH 计	BHS-3B　测量范围为 0～14.00	台	2
10	全自动油介电强度测定仪	3 杯	台	2
11	绝缘油色谱分析快速自动全脱气进样装置	JYS-5JB	台	1
12	架盘药物天平	HC.TP11B.5	台	1
13	绝缘油介电强度测试仪	HCJ－9201	台	1
14	变压器油便携式色谱仪	GC-9760	台	1

注：高压试验仪器宜在高压电气试验车中统一配置。

本章小结

本章讲解了《高速铁路牵引变电所运行检修规则》，包括高速铁路牵引变电所运行检修的总则、职责分工、运行、修制、检修范围和标准、试验、绝缘油和 SF$_6$ 气体的管理等相关规定。

思考题

1. 高速铁路牵引变电所应建立的原始记录有哪些？
2. 高速铁路牵引变电所巡视中的一般项目及其要求是什么？
3. 巡视变压器时，除一般项目及其要求外，还要注意哪几点？
4. 巡视 GIS 开关柜及组合电器时，除一般项目和要求外，还要注意哪几点？
5. 巡视隔离开关时，除一般项目和要求外，还要注意哪几点？
6. 巡视真空断路器时，除一般项目和要求外，还要注意哪几点？
7. 高速铁路牵引变电所值守人员在值守期间要做好哪些工作？
8. 值守人员在交接班时要认真做好哪些工作？
9. 在什么情况下要适当增加巡视次数？
10. 当变压器有哪些情况时须立即停止运行？
11. 当互感器有哪些情况时须立即停止运行？

第四章 高速铁路接触网安全工作规则

本章主要讲解高速铁路接触网安全工作规则，使学生熟悉高速铁路接触网现场工作制度，具备本专业必需的高速铁路接触网检修作业安全及检修作业程序的基本知识和基本技能，树立"安全第一、预防为主"的安全意识，并初步具备安全作业的能力。

第一节 总 则

第 1 条 在高速铁路接触网运行和检修工作中，为确保人身、行车和设备安全，特制定本规则。

第 2 条 从事高速铁路接触网工作各单位（包括高速铁路接触网设备管理、维修和从事高速铁路接触网施工的单位，下同）应经常进行安全技术教育，组织有关人员认真培训和学习本规则，切实贯彻执行本规则的各项规定。

第 3 条 各级管理部门应建立健全各岗位责任制，抓好各管理岗位、作业岗位基础工作，依靠科技进步，积极采用新技术、新工艺、新材料，不断提高和改善高速铁路接触网的安全工作和装备水平，确保人身和设备安全。

第 4 条 本规则适用于 200 km/h 及以上铁路和 200 km/h 以下仅运行动车组列车（含相关联络线和动车走行线）铁路接触网的安全运行和检修工作。各铁路局（公司）可根据本规则规定的内容，结合具体情况制定细则，并报铁路总公司核备。

第二节 一般规定

第 5 条 高速铁路（含 200 km/h 及以上铁路、200 km/h 以下仅运行动车组列车铁路，及相关联络线和动车走行线，下同）所有的接触网设备，自第一次受电开始即认定为带电设备。之后，接触网上的一切作业，必须按本规则的规定严格执行。

铁路防护栅栏内进行的接触网作业，必须在上下行线路同时封锁，或本线封锁、邻线限速 160km/h 及以下条件下进行。

第 6 条 从事高速铁路接触网运行和检修工作的人员，实行安全等级制度，经过考试评定安全等级，取得"高速铁路供电安全合格证"之后（安全合格证格式和安全等级的规定，分别见图 4.1 和表 4.1），方准参加与所取得的安全等级相适应的工作。每年定期按表 4.2 要求进行一次安全考试并签发"高速铁路供电安全合格证"。

第 7 条 各单位除按第 6 条规定组织从事高速铁路接触网运行和检修工作的有关现职人员每年进行一次安全等级考试外，对属于下列情形的人员，还应在上岗前进行安全等级考试：

（1）开始参加高速铁路接触网工作的人员。

（2）安全等级变更，仍从事高速铁路接触网运行和检修工作的人员。

<table>
<tr><td colspan="2">高速铁路供电

安全合格证

×××铁路局（集团公司）
（封面）</td><td colspan="2">单　　位：

专　　业：

姓　　名：

职　　务：

发证日期：____年____月____日

发证单位：_____（盖章）

合格证
号　　码：

第1页</td></tr>
</table>

日期	考试原因	职务	安全等级	评分	主考人（签章）

（第2至第6页）

注　意　事　项

1. 执行工作时，要取得本证。

2. 本证只限本人使用，不得转让或借给他人。

3. 无考试成绩、无主考人签章者，本证无效。

4. 本证如有丢失，补发时必须重新考试。

第7页

说明：合格证尺寸为宽65 mm、长95 mm，配以红色塑料封面。

图 4.1　高速铁路供电安全合格证

表 4.1　高速铁路接触网工作人员安全等级

等级	允许担当的工作	必须具备的条件
一级	地面简单的作业（如推扶车梯、拉绳、整修基础帽等）	（1）新职人员经过教育和学习，初步了解高速铁路安全作业的基础知识； （2）了解接触网地面作业的规定和要求
二级	（1）各种地面上的作业； （2）不拆卸零件的高空作业（如清扫绝缘子、支柱涂漆、验电、装设接地线、作业车巡检等）	（1）参加接触网运行和检修工作3个月以上； （2）掌握接触网高空作业一般安全知识和技能； （3）掌握接触网停电作业接地线的规定和要求，熟悉作业区防护信号的显示方法
三级	（1）各种高空和停电作业； （2）间接带电作业； （3）隔离（负荷）开关倒闸作业； （4）防护（联络员、现场防护员）工作； （5）进行巡视工作； （6）要令人以及倒闸作业、停电作业、验电接地监护人	（1）参加接触网运行和检修工作1年以上，具有技工学校或相当于技工学校及以上学历（供电专业）的人员可以适当缩短； （2）熟悉接触网停电和间接带电作业的有关规定； （3）具有接触网高空作业的技能，能正确使用检修接触网用的工具、材料和零部件； （4）具有列车运行的基本知识，熟悉作业区防护的规定及信联闭知识； （5）能进行触电急救

等级	允许担当的工作	必须具备的条件
四级	（1）各种高空、停电和间接带电作业的工作票签发人、工作领导人及监护人； （2）工长	（1）担当三级工作1年以上； （2）熟悉掌握本规则内容； （3）能领导作业组进行停电和间接带电作业
五级	（1）供电车间主任、副主任； （2）技术科长（主任）、副科长（副主任），接触网技术人员； （3）安全科长（主任）、副科长（副主任），接触网安全管理人员； （4）职教科长、副科长、主管接触网教育人员； （5）段长、副段长、总工程师、副总工程师； （6）供电调度员、生产调度员	（1）担当四级工作1年以上，对安全技术管理人员具有中等专业学校（或相当于中等专业学校）及以上的学历（供电专业）可不受此限； （2）熟悉并掌握本规则、接触网运行检修规则，以及接触网主要的检修工艺； （3）能领导作业组进行停电和间接带电作业

表 4.2　安全考试要求

应　试　人　员	主持考试单位和签发安全合格证部门	安全合格证签发人
单位的主管负责人和专业负责人	各单位上级业务主管部门	上级主管负责人
其他从事接触网工作人员	各单位	单位的主管负责人

（3）接触网供电方式改变时的检修工作人员。

（4）接触网停电检修方式改变时的检修工作人员。

（5）中断工作连续6个月以上仍继续担任高速铁路接触网运行和检修工作的人员。

第 8 条　参加高速铁路接触网作业人员应符合下列条件：

（1）作业人员符合岗位标准要求，1~2年进行一次身体检查，符合作业所要求的身体条件，并取得"高速铁路岗位培训合格证书（CRH）"。

（2）经过高速铁路接触网作业安全培训，考试合格并取得相应的安全等级。

（3）熟悉触电急救方法。

第 9 条　进入铁路防护栅栏内进行的接触网停电作业，一般应在上、下行线路同时停电及封锁的垂直天窗内进行。

高速铁路接触网一般不进行 V 形天窗作业。故障处理、事故抢修等特殊情况下必须在邻线行车的情况下作业时，必须在办理本线封锁、邻线列车限速 160km/h 及以下申请，在得到列车调度员（车站值班员）签认后，方可上道作业。

遇有雷电时（在作业地点可见闪电或可闻雷声）禁止在接触网上作业。

第 10 条　应急处置需进入铁路防护栅栏内进行设备巡视、检查、测量或处理接触网设备异物时，可不申请停电，但须在办理本线封锁并邻线列车限速 160km/h 及以下手续后进行。

第 11 条　在高速铁路接触网上进行作业时，除按规定开具工作票外，还必须有列车调度员准许停电的调度命令和供电调度员批准的作业命令。

除遇有危及人身或设备安全的紧急情况，供电调度员发布的倒闸命令可以没有命令编号和批准时间外，接触网所有的作业命令，均必须有命令编号和批准时间。

第 12 条　在进行接触网作业时，作业组全体成员须穿戴有反光标识的防护服、安全帽。作业组有关人员应携带通讯工具并确保联系畅通。在夜间、隧道内或光线不足处所进行接触网作业时必须有足够照明灯具。工区配置照明用具应满足夜间 200 m 范围内照明充足，4 小时内连续使用条件，接触网作业车作业平台照度值应不小于 40 lx。

第 13 条　利用接触网作业车或专用车辆进行接触网巡视或检测时，应申请行车计划或安排在施工维修天窗时间内进行，同时执行以下规定：

（1）邻线未封锁时，应在办理邻线列车限速 160 km/h 及以下手续后进行。

（2）需要升起作业平台或人员登上平台时，须在接触网停电、巡视或检测范围内按停电作业要求设置接地线、作业车运行速度不大于 10 km/h、作业平台设置旋转闭锁的条件下进行。

第 14 条　新研制及经过重大改进的作业工具应由铁路局及以上单位鉴定通过，批准后方准使用。

第 15 条　需进入铁路防护栅栏内进行接触网作业的人员，必须在得到驻调度所（驻站）人员同意后方准进入。进、出铁路防护栅栏时，必须清点人员，并及时锁闭防护网门，防止人员遗漏及闲杂人员进入。

作业组所有的工具物品和安全用具均须粘贴反光标识，在使用前均须进行状态、数量检查，符合要求方准使用。进、出铁路防护栅栏时对所携带和消耗后的机具、材料数量认真清点核对，不得遗漏在线路或铁路防护栅栏内。核对检查确认方式由各铁路局自定。

第三节　作业制度

一、作业分类

第 16 条　高速铁路接触网的检修作业分为三种：
（1）停电作业——在接触网停电设备上进行的作业。
（2）间接带电作业——借助绝缘工具间接在接触网带电设备上进行的作业。
（3）远离作业——在距接触网带电部分 1 m 及其以外的处所进行的作业。

二、工作票

第 17 条　工作票是进行接触网作业的书面依据，填写时要字迹清楚、正确，需填写的内容不得涂改和用铅笔书写。

工作票填写 1 式 2 份，1 份由发票人保管，1 份交给工作领导人。

事故抢修和遇有危及人身或设备安全的紧急情况，作业时可以不签发工作票，但必须有供电调度批准的作业命令，并由抢修负责人布置安全、防护措施。

第 18 条　根据作业性质的不同，工作票分为三种：
（1）接触网第一种工作票（格式见表 4.3），用于停电作业。

（2）接触网第二种工作票（格式见表4.4），用于间接带电作业。

（3）接触网第三种工作票（格式见表4.5），用于远离作业即距带电部分1 m及其以外的高空作业、较复杂的地面作业、未接触带电设备的测量及铁路防护栅栏内步行巡视等。

第19条　工作票有效期不得超过3个工作日。

作业结束后，工作领导人要将工作票和相应命令票（格式见表4.6及表4.7）交工区统一保管。在工作票有效期内没有执行的工作票，须在右上角盖"作废"印记交回工区保管。所有工作票保存时间不少于12个月。

第20条　工作票签发人和工作领导人安全等级不低于四级。同一张工作票的签发人和工作领导人必须由两人分别担当。

第21条　发票人一般应在作业6小时之前将工作票交给工作领导人，使之有足够的时间熟悉工作票中的内容并做好准备工作。工作领导人对工作票内容有不同意见时，应向发票人提出，经认真分析，确认无误后，签字确认。

每次作业，一名工作领导人同时只能接受一张工作票，一张工作票只能发给一名工作领导人。

第22条　工作票中规定的作业组成员一般不应更换。若必须更换时，应由发票人签认，若发票人不在可由工作领导人签认。工作领导人更换时，必须由发票人签认。

当需变更作业种类、作业地点、作业内容、需停电的设备、封锁或限行条件等要素之一时，必须废除原工作票，签发新的工作票。

第23条　工作领导人应提前组织作业组成员（含作业车司机）召开工前预备会，宣讲工作票并进行作业分工、安全预想，将本次作业任务和安全措施逐项分解落实到人，并进行针对性安全提示。作业组成员有疑问时应及时提出，工作领导人组织答疑并确认无误。

作业前，工作领导人应组织作业组成员列队点名，并确认作业安全用具准备充分、作业组人员身体及精神状态良好后，方准作业。

第24条　V形接触网检修作业使用的工作票右上角应加盖"上行"或"下行"印记。工作票中要有针对V形接触网检修作业的特殊性提出的安全措施。主要是：

表4.3　接触网第一种工作票

_____工区　　　　　　　　　　　　　　　　　　　　　　第　　　　　号

封锁范围				发票人	
作业范围					
作业内容				发票时间	
工作票有效期	自　　年　月　日　时　分至　　年　　日　　时　分止				
工作领导人	姓名：　　　　　安全等级：				
作业组成员姓名及安全等级（安全等级写在括号内）	（　　）	（　　）	（　　）	（　　）	（　　）
	（　　）	（　　）	（　　）	（　　）	（　　）
	（　　）	（　　）	（　　）	（　　）	（　　）
	（　　）	（　　）	（　　）	（　　）	（　　）
	（　　）	（　　）	（　　）	（　　）	（　　）
	（　　）	（　　）	（　　）	（　　）	共计：　　人

需停电的设备	
装设接地线的位置	
作业范围防护措施	
其他安全措施	
变更作业组成员记录	
工作票结束时间	年　月　日　时　分
工作领导人（签字）	发票人（签字）

说明：本票用白色纸印绿色格和字。规格：A4。

表4.4　接触网第二种工作票

_____工区　　　　　　　　　　　　　　　　　　　　　　　第　　　号

作业地点					发票人	
作业内容					发票时间	
工作票有效期	自　年　月　日　时　分至　年　月　日　时　分止					
工作领导人	姓名：　　　　　　安全等级：					
作业组成员姓名及安全等级（安全等级填在括号内）	（　）	（　）	（　）	（　）	（　）	
	（　）	（　）	（　）	（　）	（　）	
	（　）	（　）	（　）	（　）	（　）	
	（　）	（　）	（　）	（　）	（　）	
	（　）	（　）	（　）	（　）	（　）	
	（　）	（　）	（　）	（　）	共计：　　人	
绝缘工具状态						
安全距离						
作业区防护措施						
其他安全措施						
变更作业组成员记录						
工作票结束时间	年　月　日　时　分					
工作领导人（签字）	发票人（签字）					

说明：本票用白色纸印红色格和字。规格：A4。

135

表 4.5　接触网第三种工作票

_____工区　　　　　　　　　　　　　　　　　　　第　　　号

作 业 地 点						发 票 人	
作 业 内 容						发 票 时 间	
工作票有效期	自　年　月　日　时　分至　年　月　日　时　分止						
工 作 领 导 人	姓名：　　　　　　　　　　　安全等级：						
作业组成员姓名及安全等级(安全等级填在括号内)	（　）	（　）	（　）	（　）	（　）		
	（　）	（　）	（　）	（　）	（　）		
	（　）	（　）	（　）	（　）	（　）		
	（　）	（　）	（　）	（　）	（　）		
	（　）	（　）	（　）	（　）	（　）		
	（　）	（　）	（　）	（　）	共计：　　人		
安 全 措 施							
变更作业组成员记录							
工作票结束时间	年　　　月　　　日　　　时　　　分						
工作领导人（签字）				发票人（签字）			

说明：本票用白色纸印黑色格和字。规格：A4。

表 4.6　接触网停电作业命令票

_____工区　　　　　　　　　　　　　　　　　　　第　　　号

命令编号：
批准时间：　　　年　　　月　　　日　　　时　　　分
命令内容：
要求完成时间：　年　　　月　　　日　　　时　　　分
发令人：　　　　　　　受令人：
消令时间：　　　年　　　月　　　日　　　时　　　分
消令人：　　　　　　　供电调度员：

说明：本票用白色纸印绿色格和字。规格：半幅 A4。

表 4.7　接触网间接带电作业命令票

_____工区　　　　　　　　　　　　　　　　　　　第　　　号

命令编号：
批准时间：　　　年　　　月　　　日　　　时　　　分
命令内容：
发令人：　　　　　　　受令人：
消令时间：　　　年　　　月　　　日　　　时　　　分
消令人：　　　　　　　供电调度员：

说明：本票用白色纸印红色格和字。规格：半幅 A4。

（1）写明上行（下行）封锁及停电，下行（上行）未封锁及有电，人员机具和作业车平台旋转不得侵入下行（上行）限界的范围。

（2）防止误触有电设备的安全措施。

（3）防止感应电伤害的安全措施。

（4）防止穿越电流伤害的安全措施。

（5）防止电力机车将电带入作业区段的安全措施。

在设备较复杂的区段作业时，应附页画出作业区段简图，标明停电作业范围、接地线位置，并用红色标记带电设备。

三、作业人员的职责

第 25 条　工作票签发人在安排工作时，要做好下列事项：

（1）所安排的作业项目是必要和可能的。

（2）所采取的安全措施是正确和完备的。

（3）所配备的工作领导人和作业组成员的人数和条件符合规定。

第 26 条　工作领导人在安排工作时，要做好下列事项：

（1）确认作业内容、地点、时间、作业组成员等均符合工作票提出的要求。

（2）确认作业采取的安全措施正确而完备。

（3）检查落实工具、材料准备，与安全员（安全监护人）共同检查作业组成员着装、工具、劳保用品齐全合格。

（4）监督作业组成员的作业安全。

（5）检查确认接触网设备送电及线路开通条件。

第 27 条　作业组成员要服从工作领导人的指挥、调动，遵章守纪。对不安全和有疑问的命令，要及时果断地提出，坚持安全作业。

作业指导书

一、接触网的作业制度

接触网是高空、高压设备，接触网作业具有一定的危险性，为保证接触网工作人员和设备的安全，接触网具有一系列的作业制度。

1. 工作票制度

工作票是接触网作业的书面依据，接触网的所有作业都必须有工作票。工作票有三种：第一种工作票是白底绿色字体和表格，用于接触网停电检修作业；第二种工作票是白底红色字体和表格，用于接触网间接带电作业；第三种工作票是白底黑色字体和表格，用于远离作业即距带电部分 1 m 及其以外的高空作业、较复杂的地面作业、未接触带电设备的测量及铁路防护栅栏内步行巡视等。

工作票一般由工长或技术业务较强、安全等级符合要求的工作人员签发。工作票的签发必须字迹清晰、正确，不得涂改或用铅笔书写。工作票一式两份，一份于前一天交与工作领导人，一份由发票人自己保管，便于查对和分析。作业完成后，发票人和工作领导人必须在工作票上签字，然后交给工区保管 12 个月以上。对于事故抢修，可不开工作票，但应在供电调度的命令下做好安全措施。

2. 交接班制度

每天早上上班前，工长应召集工区前日和当日的工作领导人、值班员、安全员、材料员等工区负责人开一个简短的交接班会议，讨论当日工作及安全情况，总结前日工作情况，解决存在的问题，安排布置好当日的工作，检查值班情况、设备运行情况、各项记录及各工具材料的使用和保养情况，传达上级有关文件等。

3. 要令与消令制度

接触网作业必须在开工前向供电调度申请作业命令，必须在作业结束后向供电调度消除作业命令，这就是要令和消令。要令人必须是由工作领导人指定的安全等级符合要求的口齿清晰的一名作业组成员，消令人与要令人必须是同一人。

4. 开工收工制度

在接触网作业开工前，工作领导人应宣读工作票，分配作业任务，检查作业工具和材料。当接到供电调度命令后，工作领导人应再次检查作业准备工作和安全措施，一切就绪方可宣布开工，发出开工信号，并通知作业组所有成员。收工时，工作领导人确认作业任务全部完成，现场清理就绪，不影响行车时才能发出收工信号。收工命令要及时通知座台防护人员和行车防护人员。

5. 作业防护制度

接触网作业的防护主要有座台防护和作业区的防护。座台防护一般设在能控制列车运行与作业组信号联系比较方便的车站运转室或信号楼。作业区的防护设在作业组工作区的两端。防护人员与作业组之间可以利用广播、信号旗、对讲机、区间电话等工具进行信号传递，信号传递必须准确及时，双方确认无误。防护人员要精力集中，不准擅离职守，应随时与作业组保持良好的联系。

6. 验电接地制度

验电接地是接触网停电作业必须进行的一项工作。验电接地位置必须设在作业区两端可能来电的接触网设备上，才能保护停电作业人员的安全。当作业组接到停电作业命令后，工作领导人通知验电接地人员进行验电和接挂地线工作，当接地线挂好后才能进行网上作业。验电接地必须有 2 人进行，一人操作一人监护，其安全等级分别不低于 2 级和 3 级。验电接地必须先验电，当验明线路停电后，才能接挂地线。

7. 倒闸作业制度

接触网停电至少是一条供电臂，为减少停电范围，通常都要根据接触网的供电分段进行隔离开关倒闸作业。另外，吸流变压器的投入与撤除，某些危及人身或设备安全的紧急状况等都要进行接触网倒闸作业。

8. 作业自检互检制度

在接触网设备的检修作业中，为保证设备的检修质量，工区制定了接触网作业的自检互检制度，把设备分段包保到个人或作业组的责任范围内。在检修时尽量由负责人承担起检修任务，自行检查质量。然后工作领导人、工长、车间主任及技术员对其质量进行检查并签字。如果作业组在非定管设备上作业，应由定管该设备的作业组对其检修质量进行检查并做好记录，整个检修或施工任务完成后，应按有关规定进行检查验收。

接触网的作业制度除了以上所提到的几项外，还有许多制度有待于进一步完善和改进，以提高管理水平和设备质量，减少事故发生率，更好地为铁路运输生产服务。

二、接触网第一种工作票填写标准

（1）工作票编号：

工区一律写全称，工作票号按"票种类-年份-月份-票的顺序号"（票号）编写，且票号为两位数编号，如：I-2016-12-07 表示 2016 年 12 月份第一种工作票的第七号工作票。

（2）作业地点

要写清楚干线名称、区间或站场名称、上（下）行线别、作业地点两端起止公里标、作业范围的接触网支柱杆号。

如在站场作业还应说明股道和道岔号，可不写公里标。

（3）作业内容：

① 全面检查。

② 单项维修按铁运〔2011〕10 号《检规》所列内容填写。

③ 处理设备缺陷（填写缺陷具体内容）。

（4）工作票中的年、月、日、时、分，除年份用 4 位数表示外，其余均按 2 位数填写。

（5）工作票有效期：有效期必须能够涵盖全部作业时间。

如：自 2016 年 12 月 02 日 18 时 00 分至 2016 年 12 月 04 日 18 时 00 分止。

（6）作业组成员：

如超过 30 人(含工作领导人)可另页附作业组人员的姓名和安全等级。若发票人参加作业时，其姓名、安全等级也列该项内。

（7）需停电的设备：

写明牵引变电所全称、停电的馈线号(或断开的隔离开关号)、作业地点两端具体杆号。

（8）装设接地线的位置：

应写明装设接地线的杆号、共几根，有 AF 线、PW 线等其他线需挂接地线时也要写明具体杆号，接地线的范围应大于作业范围。

（9）作业区的防护措施：

① 应写明驻站防护员防护和要令的处所。

② 所封锁的线路、站场作业所占用的股道和有关道岔。

③ 禁止动车组（电力机车）通过的有关车站上下行渡线，即与停电检修的设备在同一供电臂上的所有站场上、下行渡线。

④ 作业组两端设置行车防护的距离要求。

⑤ 应按规定在车站"行车设备检查登记簿"（运统-46）办理登记和消除手续。

（10）其他安全措施：

根据作业的不同特点，应针对性地提出关键措施，充分体现出作业范围、环境、气候、人员技术素质等特点。如：

① 防止误触有电设备的安全措施；

② 防止感应、穿越电流电伤人的安全措施；

③ 防止作业延点的安全措施；

④ 防止列车碰撞的安全措施；

⑤ 防止影响其他行车设备正常工作的安全措施等。

（11）变更作业组成员记录：

作业组成员原则上不准变更，如有特殊情况必须变更，应注明变更人员及安全等级，由发票人签字确认。当发票人不在场时，由工作领导人签字确认。

但更换工作领导人时，必须由发票人签字确认。

（12）工作票结束时间：

工作领导人确认人员机具全部撤至安全地带，具备送电、行车条件，已拆除全部接地线，工作领导人宣布作业全部结束，通知要令人按命令号向供电调度消除停电作业命令。人员全部集中并且回到工区或出发地，召开收工会完毕的时间为工作票结束时间。

（13）工作票安全措施及以上所有各栏必须复写，作业组变更栏及以下栏不得复写。

（14）"接触网停电作业命令票"、"接触网作业分工单"、"安全预想及收工会记录"的编号，作业地点、作业内容等必须与工作票相符，其他各项应根据要求进行填写。

（15）停电作业命令票内要令时间栏及以下栏由要令人在现场填写，如工作票作废，则其不得填写任何内容。备注栏填写要令时需要明确或记录的其他要求。

（16）"安全预想及收工会记录"的填写：班前预想栏填写作业中需要强调、明确的安全措施(该安全措施是对工作票安全措施的补充)和作业组织措施。收工会记录栏作业完成情况要求填写任务来源和完成的具体情况，即具体到杆号、数量，所检修设备的具体技术参数。安全情况栏填写作业过程中的人身、工具、设备所出现的问题和存在问题的倾向。

（17）停电作业命令票内要令时间栏及以下栏由要令人在现场填写，如工作票作废，则其不得填写任何内容。备注栏填写要令时需要明确或记录的其他要求。

（18）停电范围要大于接地线范围，接地线范围要大于作业范围，安全等级应用 1 位阿拉伯数字准确填写，且必须与安全合格证上的安全等级相符。

（19）工作票开好应加盖印章。

例如：盖"垂直"印章(红色、矩形)于工作票右上角。若工作票没有发生作用，则在工作票右上角加盖"作废"印章。

（20）工作票签发完毕，发票人认真审核各栏无误后签字，方可交给工作领导人。

三、接触网第一种工作票填写参考格式（见表4.8）

表4.8　接触网第一种工作票填写参考表

武汉综合工班工区　　　　　　　　　　　　　　　　　　　第 I-2016-12-07 号

封锁范围	占用武汉动车段联络线 D1-D4 走行线 K0+100-K1+500			
作业范围	武汉动车段联络线 D3 道 D319#（不含）-D324#（不含）（K0+724-K1+347）	发票人	A	
作业内容	处理缺陷	发票时间	2016 年 12 月 02 日	
工作票有效期	自 2016 年 12 月 02 日 18 时 00 分至 2016 年 12 月 04 日 18 时 00 分止			
工作领导人	姓名：B　　　　　　　安全等级：4			
作业组成员姓名及安全等级(安全等级写在括号内)	×××（4）	×××（4）	（　）	（　）	（　）
	×××（4）	×××（3）	（　）	（　）	（　）
	×××（4）	×××（3）	（　）	（　）	（　）
	×××（4）	×××（3）	（　）	（　）	（　）
	×××（4）	（　）	（　）	（　）	共计： 10 人

需停电的设备	武汉站高速场，武汉站至动车段 D1，D2，D3，D4 走行线，京广高速线滠口东分区所-武昌东变电所上下行供电臂【公里标：K1209+778.5-K1234+049】，武汉动车段存车一场、存车二场及十线检修库，武供 299、300 单元，武供直馈 41、42、63、64、65 单元所有接触网设备停电。
装设接地线的位置	北端地线：武汉动车段联络线 D3 道 D319# 腕臂接挂一根地线 南端地线：武汉动车段联络线 D3 道 D324# 腕臂接挂一根地线 共计 2 组 2 根地线，随车等位线 2 组
作业范围防护措施	1. 点内占用武汉动车段联络线 D1-D4 走行线。 2. 在动车段信号楼设驻站联络员 1 名，负责填写运统-46、要令兼行车防护. 3. 作业区北端 D318#、南端 D325# 各设现场行车防护人员一名，负责现场行车防护。 4. 有关行车限制及要求按武铁供电【2016】49 号文件武供直馈 299、300 单元，武供直馈 41、42、63、64、65 单元办理相关停电封锁手续
其他安全措施	1. 全体作业组成员应按规定穿反光防护服，带齐个人劳保用品及通信工具，确保现场使用良好。 2. 出工前认真检查所有材料、机具是否状态良好，数目齐全，确保使用。 3. 行车防护人员，思想集中、坚守岗位、及时准确的传递有关车辆运行信息，对作业区进行不间断行车防护。 4. 地线接挂人员，按章操作、验电认真，接地可靠，地线做好防风摆措施，禁止倾入限界。 5. 高空人员作业前要先行打好等位线，做好等电位措施，严防感应电伤人。高空人员作业前要先行扎好安全后，确认牢靠后，方可开始作业，严防高空坠落伤害。 6. 使用挂梯作业前应检查挂梯，确保牢固可靠。使用挂梯作业过程中，应时刻注意挂梯状态，严防挂梯滑脱。作业人员攀登挂梯时，抓稳踏好，严防踩空、踩滑。地面辅助人员扶好挂梯，严防可能出现的意外情况。 7. 作业结束后认真清理现场，确认人员机具材料全部撤至安全地带后，具备行车送电条件后，方可通知消令。
变更作业组成员记录	
工作票结束时间	年　　月　　日　　时　　分

工作领导人(签字)	B	发票人(签字)	A

第四节　受力工具和绝缘工具

第 28 条　各种受力工具和绝缘工具应有合格证并定期进行试验，做好记录，禁止使用试验不合格或超过试验周期的工具。

第 29 条　各单位应制定受力工具和绝缘工具管理办法，专人负责进行编号、登记、整理，并监督按规定试验和正确使用。绝缘工具的反光标识应粘贴在明显且不影响绝缘性能的部位。

与试验记录对应的受力工具和绝缘用具上应有统一制定的编号标记（试验标准见表 4.9 及表 4.10）。

表 4.9 常用工具机械试验标准

顺号	名　　称	试验周期（月）	额定负荷（kg）	试验负荷（kg）	试验时间（分）	合格标准
1	车梯： （1）工作台； （2）工作台栏杆； （3）每一级梯蹬	12	200 100 100	300 200 200	5 5 5	无裂损和永久变形
2	梯子：每一级梯蹬	12	100	200	5	无裂损和永久变形
3	绳子（尼龙、棕、麻绳） 钢丝绳	12	P_H	$2P_H$	10	无破损和断股
4	安全带	12	100	225	5	无破损
5	金属工具	12	P_H	$2.5P_H$	10	无破损和永久变形
6	非金属工具	12	P_H	$2P_H$	10	
7	起重工具	12	P_H	$1.2P_H$	10	
8	脚扣	12	100	120	5	无破损和永久变形

注：P_H 为额定负荷。

表 4.10 常用绝缘工具电气试验标准

顺号	名称	试验周期（月）	使用电压（kV）	试验电压（kV）	试验时间（分）	合格标准
1	绝缘车梯	6	25	120	5	
2	绝缘硬挂梯	6	25	120	5	
3	绝缘棒、杆	6	25	120	5	
4	绝缘挡板	6	25	80	5	
5	绝缘绳、线	6	25	105/0.5 m	5	无发热、击穿和变形
6	验电器	6	25	105	5	
7	绝缘手套	6	辅助	8	1	
8	绝缘靴	6	辅助	15	1	
9	接地用的绝缘杆	6	25	90	5	
10	专用除冰杆	12（入冬前）	25	120	5	

第 30 条 绝缘工具应具有良好的绝缘性、绝缘稳定性和足够的机械强度，轻便灵活，便于搬运。

第 31 条 绝缘工具应按下列要求进行试验：

（1）新购、制作（或大修）后，在第一次投入使用前进行机械和电气强度试验。绝缘工具的电气强度试验一般在机械强度试验合格后进行。机械强度试验应在组装状态下进行。

（2）使用中的绝缘工具要定期进行试验。

（3）绝缘工具的机、电性能发生损伤或对其有怀疑时，应中断使用并及时进行相应的试验。

第 32 条 绝缘工具材质的电气强度不得小于 3 kV/cm，间接带电作业的绝缘杆等其有效长度大于 1000 mm。

第 33 条　绝缘工具每次使用前，须认真检查有无损坏，并用清洁干燥的抹布擦拭有效绝缘部分后，再用 2500 V 兆欧表分段测量（电极宽 2 cm，极间距 2 cm）有效绝缘部分的绝缘电阻，不得低于 100 MΩ，或测量整个有效绝缘部分的绝缘电阻不低于 10 000 MΩ。

第 34 条　绝缘工具应存放在室内，室内要保持清洁、干燥、通风良好，并采取防潮措施。

第 35 条　绝缘工具在运输和使用中要经常保持清洁干燥，切勿损伤。使用管材制作的绝缘工具，其管口要密封。

第五节　高空作业

一、一般规定

第 36 条　凡在距离地（桥）面 2 m 及以上的处所进行的作业均称为高空作业。

第 37 条　高空作业必须设有专人监护，其监护要求如下：

（1）间接带电作业时，每个作业地点均要设有专人监护，其安全等级不低于四级。

（2）停电作业时，每个监护人的监护范围不超过 2 个跨距，在同一组硬（软）横跨上作业时不超过 4 条股道。在相邻线路同时作业时，要分别派监护人各自监护；当停电成批清扫绝缘子时，可视具体情况设置监护人员。监护人员的安全等级不低于三级。

（3）作业人员及所携带的物件、作业工器具等与接触网带电部分距离小于 3 m 的远离作业，每个作业地点均要设有专人监护，其安全等级不低于四级。

第 38 条　高空作业使用的小型工具、材料应放置在工具材料袋（箱）内。作业中应使用专门的用具传递工具、零部件和材料，不得抛掷传递。

第 39 条　高空作业人员作业时必须将安全带系在安全牢靠的地方。

第 40 条　进行高空作业时，人员不宜位于线索受力方向的反侧，并采取防止线索滑脱的措施。在曲线区段调整接触网悬挂时，要有防止线索滑移的后备保护措施。

第 41 条　冰、雪、霜、雨等天气条件下，接触网作业用的车梯、梯子、接触网作业车的爬梯和平台应有防滑措施。

二、攀杆作业

第 42 条　攀登工具应在出库前检查状态良好，安全用具完好合格。攀登支柱前要检查支柱状态，观察支柱上有无其他设备，选好攀登方向和条件。

第 43 条　攀登支柱时要手把牢靠，脚踏稳准，尽量避开设备并与带电设备保持规定的安全距离。用脚扣攀登时，要卡牢系紧，严防滑落。

三、登梯作业

第 44 条　接触网作业用的车梯和梯子必须符合下列要求：

（1）结实、轻便、稳固。

（2）车梯的车轮采取可靠的绝缘措施。

按表 4.9 和表 4.10 的规定进行试验。

第 45 条　使用车梯进行作业时，应指定车梯负责人，工作台上的人员不得超过两名。所有的零件、工具等均不得放置在工作台的台面上。

第 46 条　作业中推动车梯应服从工作台上人员的指挥。当车梯工作台面上有人时，推动车梯的速度不得超过 5 km/h，并不得发生冲击和急剧起、停。工作台上人员和车梯负责人应呼唤应答，配合妥当。

第 47 条　车梯负责人和推车梯人员，应时刻注意和保持车梯的稳定状态。当车梯在曲线上或遇大风时，对车梯要采取防止倾倒的措施；当外轨超高大于等于 125 mm 或风力在五级以上时，未采取固定措施禁止登车梯作业。车梯在大坡道上时，应采取防止滑移的措施；当车梯放在道床、路肩上或作业人员的重心超出工作台范围作业时，作业人员应将安全带系在接触网上；车梯在地面上推动时，工作台上不得有人停留。

第 48 条　当用梯子作业时，作业人员应先检查梯子是否牢靠；要有专人扶梯，梯子支挂点稳固，严防滑移；梯子上只准有 1 人作业。

四、接触网作业车作业

第 49 条　接触网作业车出车前，司机应认真检查车辆和行车安全装备、防护备品齐全良好，并与作业人员检查通信工具，确保联络畅通。

第 50 条　接触网作业车司机应执行作业前的待乘休息制度，允分休息，确保精神状态良好。作业前司机应掌握作业范围和内容并进行安全预想，作业和运行过程中应注意力集中。

第 51 条　接触网作业车分解作业，须提前明确每台车的作业范围，以及作业完毕后停留车列和运行连挂车辆的位置，工作领导人和司机应熟悉和掌握以上内容。接触网作业车进入封锁区间前，司机应认真核对调度命令，确认信号，按规定联控。司机和工作领导人要根据调度命令及作业地点，拟定区间返回的时刻，并严格执行。

第 52 条　使用接触网作业车作业时，应指定作业平台操作负责人，作业平台不得超载。工作领导人必须确认地线接好后，方可允许作业人员登上接触网作业车的作业平台。作业车平台应设置随车等位线，在完成作业平台和工作对象设备等位措施后，方可触及和进行作业。

第 53 条　人员上、下作业平台应征得作业平台操作负责人的同意。接触网作业车移动或作业平台升降、转向时，严禁人员上、下。

V 形作业时，所有人员禁止从未封锁线路侧上、下作业车辆。作业平台应具有平台转向限位装置，作业前应将限位装置打至正确位置，作业平台严禁向未封锁的线路侧旋转。当邻线有列车通过时，应停止作业。

第 54 条　接触网作业车作业平台防护门关闭时应有闭锁装置。作业中须锁闭好作业平台的防护门，作业完毕后及时放下防护栏杆。

第 55 条　外轨超高大于等于 125 mm 区段人员需在作业平台上作业时，作业平台应具有自动调平装置并开启调平功能。

第 56 条　作业人员的重心超出作业平台防护栏范围作业时，须将安全带系在牢固可靠的部位。

第 57 条　司机（或在平台上操纵车辆移动的人员）须精力集中，密切配合，在移动车辆前应注意作业车及作业平台周围的环境、设备、人员和机具等情况，与附近的设备保持规定的安全距离。

作业平台上的所有人员在车辆移动中应注意防止接触网设备碰刮伤人。

第 58 条 作业平台上有人作业时，作业车移动的速度不得超过 10 km/h，且不得急剧起、停车。

第 59 条 作业中作业车的移动应听从作业平台操作负责人的指挥。平台操作负责人与司机之间的信息传递应及时、准确、清楚，并呼唤应答。

第 60 条 现场作业结束及作业车返回驻地后，司机应对车辆状态及随车备品进行检查，发现部件缺失等应及时查找，必要时对作业车运行的区段申请采取相应行车限制措施。

第六节　停电作业

一、一般规定

第 61 条 双线电化区段，接触网停电作业按停电方式分为垂直作业和 V 形作业。

垂直作业——双线电化区段，上、下行接触网同时停电进行的接触网作业。

V 形作业——双线电化区段，上、下行接触网一行停电进行的接触网作业。

第 62 条 停电作业时，作业人员（包括所持的机具、材料、零部件等）与周围带电设备的距离不得小于下列规定：330kV 为 5000 mm，220 kV 为 3000 mm，110 kV 为 1500 mm；25 kV 和 35 kV 为 1000 mm；10 kV 及以下为 700 mm。

第 63 条 检修各种电缆及附件前应对电缆导体、铠装层及屏蔽层两端进行安全接地，并充分放电。当断开电缆导体、铠装层、屏蔽层以及检修上网隔离开关时，应采取防止感应电及穿越电流人身伤害措施。

第 64 条 不能采用 V 形进行的停电检修作业，须利用垂直作业方式，其地点应在接触网平面图上用红线框出，并注明禁止 V 形作业字样。

二、V 形天窗作业

第 65 条 进行 V 形作业应具备的条件：

（1）一行接触网设备距离另一行接触网带电设备间的距离大于 2 m，困难时不小于 1.6 m。

（2）一行接触网设备距离另一行通过的电力机车（动车）受电弓瞬时距离大于 2 m，困难时不小于 1.6 m。

（3）上、下行或由不同馈线供电的设备间的分段绝缘器其主绝缘爬电距离不小于 1.2 m。

（4）上、下行或由不同馈线供电的横向分段绝缘子串，爬电距离须保证在 1.2m 及以上，在污染严重的区段应达到 1.6 m。

（5）同一支柱（吊柱）上的设备由同一馈线供电。

第 66 条 利用 V 形停电作业时，应遵守下列要求：

（1）接触网停电作业前，须撤除向相邻线供电的馈线开关保护重合闸，断开相应可能向作业线路送电的所、亭开关。

（2）作业人员作业前，工作领导人（监护人员）应向作业人员指明停、带电设备的范围，加强监护，并提醒作业人员保持与带电部分的安全距离，确保人员、机具不侵入邻线限界。

（3）为防止动车组（电力机车）将电带入停电区段，列车调度员（车站值班员）应确认禁止动车组（电力机车）通过的限制要求。

（4）在断开导电线索前，应事先采取旁路措施。更换长度超过 5m 的长大导体时，应先等电位后接触，拆除时应先脱离接触再撤除等电位。

（5）检修吸上线、PW 线、回流线（含架空地线与回流线并用区段）、避雷线等附加导线时不得开路。如必须进行断开回路的作业，则须在断开前使用不小于 25 mm² 铜质短接线先行短接后，方可进行作业。

在变电所、分区所、AT 所处进行断开吸上线、电缆及其屏蔽层的检修时应采用垂直作业。

吸上线与扼流变中性点连接点的检修，不得进行拆卸，以防止造成回流回路开路。确需拆卸处理时，须采取旁路措施，必要时请电务部门配合。

（6）V 形作业检修支柱下部地线、避雷引下线等，可在不停电情况下进行，但须执行第三种工作票并做好行车防护，不得侵入限界；开路作业时应使用短接线先行短接后，方可进行作业。

遇有雨、雪、雾、风力在 5 级及以上恶劣天气一般不进行 V 形作业。必须利用 V 形作业进行检修和故障处理或事故抢修时，应增设接地线，并在加强监护的情况下方准作业。

（7）检修隔离开关、电分段锚段关节、关节式分相和分段绝缘器等作业时，应用不小于25 mm²的等位线先连接等位后再进行作业。

第 67 条 V 形停电作业接地线设置还应执行以下要求：

（1）两接地线间距大于 1000 m 时，需增设接地线。

（2）一般情况下，接触悬挂和附加导线及同杆架设的其他供电线路均须停电并接地。但若只在接触悬挂部分作业，不侵入附加导线及同杆架设的其他供电线路的安全距离时，附加悬挂及同杆架设的其他供电线路可不接地。

（3）在电分段、软横跨等处作业时，中性区及一旦断开开关有可能成为中性区的停电设备上均应接地线，但当中性区长度小于 10 m 时，在与接地设备等电位后可不接地线。

（4）接地线应可靠安装，不得侵入邻线限界，并有防风摆措施。

三、命令程序

第 68 条 每个作业组停电作业前，由工作领导人指定一名安全等级不低于三级的作业组成员作为要令人员，向供电调度员申请停电命令，并说明停电作业的范围、内容、时间、安全和防护措施等。

几个作业组同时作业时，每一个作业组必须分别设置安全防护措施，分别向供电调度申请停电命令。

第 69 条 供电调度员在发布停电作业命令前，要做好下列工作：

（1）将所有的停电作业申请进行综合安排，审查作业内容和安全防护措施，确定停电的区段。

（2）通过列车调度员办理停电作业的手续，对可能通过受电弓导通电流的部位采取行车封闭或限制措施，防止来电的可能。

（3）确认有关馈电线断路器、开关均已断开。

（4）进行接触网上网电缆、上网隔离开关停电作业时，确认上网电缆在变电所（亭）GIS 柜侧已接地。

第 70 条 供电调度员发布停电作业命令时，受令人应认真复诵，经确认无误后，方可给命令编号和批准时间。在发、受停电命令时，发令人要将命令内容等进行记录，受令人要填写接触网停电作业命令票（格式见表 4.6）。

四、验电接地

第 71 条 作业组在接到停电作业命令后须先验电接地，然后方可进行作业。

第 72 条 使用验电器验电的有关规定：

（1）必须使用同等电压等级的验电器验电，验电器的电压等级为 25 kV。

（2）验电器具有自检和抗干扰功能，自检时具有声、光等信号显示。

（3）验电前自检良好后，现场检查确认声、光信号显示正常（有条件的，还要先在同等电压等级有电设备检查其性能），然后再在停电设备上验电。

（4）在运输和使用过程中，应确保验电器状态良好。

第 73 条 接地线应使用截面面积不小于 25 mm² 的裸铜绞线制成并有透明护套保护。接地线不得有断股、散股和接头。

第 74 条 接地线应可靠接在钢轨上，且不应跨接在钢轨绝缘两侧、道岔尖轨处，必须跨接在钢轨绝缘两侧时，应封闭线路。地线穿越或跨越股道时，必须采取绝缘防护措施。

第 75 条 当验明确已停电后，须立即在作业地点的两端和与作业地点相连、可能来电的停电设备上装设接地线。如作业区段附近有其他带电设备时，按本规则第 62 条规定，在需要停电的设备上也装设接地线。

在装设接地线时，先将接地线的一端接地，再将另一端与被停电的导体相连。拆除接地线时，其顺序相反。接地线要连接牢固，接触良好。

装设接地线时，人体不得触及接地线，接好的接地线不得侵入未封锁线路的限界。装设或拆除接地线时，操作人要借助于绝缘杆进行。绝缘杆要保持清洁、干燥。

当作业内容不涉及正馈线、回流线（保护线），及其他停电线路及设备时，对这些不涉及的线路和设备可不装设接地线，但要按照有电对待，保持规定的安全距离。

停电天窗时间内，使用接触网作业车或专用车辆进行接触网巡视或检测作业，可不装设接地线。不装设接地线时，作业过程中禁止攀登平台、车顶和支柱。

第 76 条 验电和装设、拆除接地线必须由两人进行，一人操作，一人监护。

第 77 条 接地线位置应处在停电范围之内，作业地点范围之外。在停电作业的接触网附近有平行带电的高压电力线路或接触网时，为防止感应电压，除按规定装设接地线外，还应增设接地线。

第 78 条 关节式分相检修时，除在作业区两端装设接地线外，还应在中性区上增设地线，并将断口进行可靠等位短接。

五、作业结束

第 79 条 工作票中规定的作业任务完成后，由工作领导人确认具备送电、行车条件，清点作业人员、机具、材料等，确认没有遗留后全部撤至安全地带，拆除接地线，通知要令人请求消除停电作业命令。

停电命令消除后，人员、机具必须与接触网设备保持规定的安全距离。作业车辆驶出封锁区间（站场）或人员及机具撤离至铁路防护栅栏以外后，方可消除行车封锁（邻线限速）命令。

几个作业组同时作业，当作业结束时，每个作业组须分别向供电调度申请消除停电作业命令。

第 80 条 供电调度送电时按下列顺序进行：

（1）确认整个供电臂所有作业组均已消除停电作业命令。

（2）按照规定进行倒闸作业。

（3）通知列车调度员接触网已送电。

第七节　间接带电作业

一、一般规定

第 81 条 遇有雨、雪、重雾、霾等恶劣大气、或空气相对湿度大于 85%时，一般不进行间接带电作业。

第 82 条 间接带电作业人员在接触工具的绝缘部分时应戴干净的手套，不得赤手接触或使用脏污手套。

第 83 条 间接带电作业时，作业人员（包括其所携带的非绝缘工具、材料）与带电体之间须保持的最小距离不得小于 1000 mm，当受限制时不得小于 600 mm。

二、命令程序

第 84 条 每次作业前，由工作领导人指定安全等级不低于三级的作业组成员作为要令人员向供电调度员申请作业命令。在申请作业命令时，要说明间接带电作业的范围、内容、时间和安全防护措施等。

几个作业组同时作业时，每一个作业组须分别设置安全防护措施，分别向供电调度申请作业命令。

第 85 条 供电调度在发布间接带电作业命令前，要做好下列工作：

（1）将所有的间接带电作业申请进行综合安排，审查作业内容和安全防护措施，确定作业地点、范围和安全防护措施。

（2）撤除有关馈线断路器的重合闸。

（3）在发布间接带电作业命令时，经受令人认真复诵并确认无误后，方可发布命令编号和批准时间。每次进行间接带电作业时，发令人将命令内容填写在"作业命令记录"中，受令人要填写"接触网间接带电作业命令票"，格式见表4.8。

第 86 条　在作业过程中如果发现馈电线的断路器跳闸，供电调度员在未查清作业组情况前不得送电。作业组如果发现接触网无电，要立即向供电调度报告。

二、作业结束

第 87 条　作业任务完成，清点全部作业人员、机具、材料并撤至安全地带后，由工作领导人宣布结束作业，通知要令人向供电调度员申请消除间接带电作业命令。

几个作业组同时作业时，要分别向供电调度申请消除间接带电作业命令。

第 88 条　供电调度员确认作业组已经结束作业，不妨碍正常供电和行车后，给予消除作业命令时间，双方均记入记录中，整个间接带电作业方告结束。

供电调度员确认供电臂内所有的作业组均已消除间接带电作业命令，方能恢复有关馈线断路器的重合闸。

四、安全技术措施

第 89 条　间接带电作业工作领导人不得直接参加操作，必须在现场不间断地进行安全监护。

第 90 条　工作领导人在作业前检查工具良好，确认联络员和行车防护人员已全部就位，通讯联络工具状态良好，间接带电作业命令程序办理完毕，所采取的安全及防护措施全部落实后，方能向作业组下达作业开始的命令。

第 91 条　间接带电作业的项目及具体要求由各铁路局制定。

第八节　倒闸作业

第 92 条　接触网倒闸作业执行一人操作、一人监护制度。

第 93 条　接触网隔离开关、负荷开关的倒闸作业，具备远动功能的由供电调度员远动操作。不具备远动功能或远动功能失效时，由供电调度员发布倒闸命令，作业人员当地操作。

第 94 条　在高速铁路防护栅栏内进行当地倒闸作业时，必须在上、下行线路封锁或本线封锁、邻线列车限速 160km/h 及以下进行。

第 95 条　从事隔离开关、负荷开关现场倒闸作业人员应由安全等级不低于三级人员担任。

第 96 条　接触网作业人员进行隔离开关、负荷开关倒闸时，必须有供电调度的命令；对动车所等单位有权操作的隔离开关，接触网作业人员倒闸作业之前，须告知该单位主管负责人，并共同确认做好相应措施。

第 97 条　在申请倒闸命令时，先由安全等级不低于三级的要令人向供电调度提出申请，供电调度员审查无误后发布倒闸命令。要令人受令复诵，供电调度员确认无误后，方可给命令编号和批准时间。每次倒闸作业，发令人要将命令内容记录，受令人要填写"隔离开关倒闸命令票"，格式见表 4.11。

第 98 条　操作人员接到倒闸命令后，必须先确认开关位置和开合状态无误，再进行倒闸。倒闸时操作人必须戴好安全帽和绝缘手套，穿绝缘靴，操作准确迅速，一次开闭到位，中途不得停留和发生冲击。

第 99 条　倒闸作业完成，确认开关开合状态无误后，向要令人报告倒闸结束，由要令人向供电调度员申请消除倒闸作业命令。供电调度员要及时发布完成时间和编号并进行记录，要令人填写"隔离开关倒闸完成报告单"，格式见表 4.12。

第 100 条　遇有危及人身或设备安全的紧急情况，可以不经供电调度批准，先行断开断路器或有条件断开的负荷开关、隔离开关，并立即报告供电调度，但再闭合时必须有供电调度员的命令。

表 4.11　隔离（负荷）开关倒闸命令票

隔离（负荷）开关倒闸命令票　　　第　　号
1. 把　　　　车站（区间）第　　　　号隔离（负荷）开关闭合（或断开）。
2. 再将　　　车站（区间）第　　　　号隔离（负荷）开关闭合（或断开）。
发令人：　　　　　　　受令人：
批准时间：　　时　　分　　日期：　　年　　月　　日

说明：本票用白色纸印黑色格和字。规格：半幅 A4。

表 4.12　隔离（负荷）开关倒闸完成报告单

隔离（负荷）开关倒闸完成报告单　　第　　号
根据第　　号倒闸命令，已完成下列倒闸：
1.　　　车站（区间）第　　　号隔离（负荷）开关已于　　时　　分闭合（或断开）。
2.　　　车站（区间）第　　　号隔离（负荷）开关已于　　时　　分闭合（或断开）。
倒闸操作人：　　　　受令人：　　　　发令人：
完成时间：　　时　　分　　日期：　　年　　月　　日

说明：本票用白色纸印黑色格和字。规格：半幅 A4

第 101 条　严禁带负荷进行隔离开关的倒闸作业。严禁利用隔离开关或负荷开关对故障线路进行试送电。隔离开关可以开、合不超过 10 km（延长公里）线路的空载电流，超过时，应经过试验，并经铁路局批准。

第 102 条　远动操作时，供电调度员应通过调度端显示的遥信信号对开关位置进行确认，现场有作业人员时，还应进行现场确认。

第 103 条　远动系统异常时，禁止远动倒闸操作。遇开关位置信号异常时，应立即安排人员现场确认。

第 104 条　隔离开关、负荷开关的机构箱或传动机构须加锁，钥匙应存放于固定地点并由专人保管。

第九节　作业区防护

第 105 条　进行接触网施工或维修作业时，应在列车调度台，或车站（动车所）行车室设联络员，施工及维修地点设现场防护人员。要求如下：

（1）联络员和现场防护人员应由指定的、安全等级不低于三级人员担任。

（2）在车站行车室设驻站联络员时，区间作业，驻站联络员设在该区间相邻车站的行车室；车站作业，驻站联络员设在本站行车室。

（3）作业区段按照规定距离设置现场防护人员，防护人员担当行车防护的同时可负责监护接触网停电接地封线状态。防护人员不得侵入机车车辆限界。

第 106 条　接触网施工维修作业防护按照《铁路技术管理规程》相关规定执行。接触网维修作业，现场防护人员应站在维修地点附近、且瞭望条件较好的地点进行防护，显示停车手信号。

第 107 条　当设备发生故障，需在双线区间的一线上道检查、处理设备故障时，须进行防护。本线、邻线可不设置防护信号，司机应加强瞭望，具体防护办法由铁路局制定。

第 108 条　作业过程中，联络员、现场防护人员与现场工作领导人之间必须保持通信畅通并定时联系，确认通信良好。一旦联控通信中断，工作领导人应立即命令所有作业人员下道，撤至安全地带。

不同作业组分别作业时，不准共用现场防护人员。在未设好防护前不得开始作业，在人员、机具未撤至安全地点前不准撤除防护。

第 109 条　驻调度所（驻站）联络员、现场防护人员须做到：

（1）具备基本的行车知识，熟悉有关行车防护知识，驻调度所（驻站）联络员还应熟悉列车调度台及车站行车室有关设备显示。

（2）熟悉有关防护及通讯工具的使用方法及各种防护信号的显示方法，每次出工前应检查通讯工具是否良好，行车防护用品携带齐全、有效。

（3）作业期间坚守岗位，思想集中，及时、准确、清晰地传递行车信息和信号，作业未销记前，不得撤离工作岗位。

（4）不得影响其他线路上列车正常运行。

第十节　附　则

第 110 条　本规则由总公司运输局负责解释。

第 111 条　本规则自 2014 年 10 月 1 日起施行。

本章小结

本章讲解了《高速铁路接触网安全工作规则》，包括高速铁路接触网安全工作的总则、一般规定、作业制度、高空作业、停电作业、间接带电作业、倒闸作业、作业区防护等相关规定。

思考题

1. 高速铁路接触网安全工作规程的适用范围是什么？

2. 对从事高速铁路接触网运行和检修工作的哪些人员要事先进行安全考试？

3. 高速铁路接触网作业人员应符合哪些条件？

4. 对于进入铁路防护栅栏内进行的接触网停电作业有哪些规定？

5. 在高速铁路接触网上进行作业时，除按规定开具工作票外，还必须具有哪些条件？

6. 利用接触网作业车或专用车辆进行接触网巡视或检测要符合哪些规定？

7. 高速铁路接触网的检修作业工作票分几种？各用于什么作业？

8. 关于工作票有效期有哪些规定？

9. 关于工作票的发票人有哪些要求？

10. V形接触网检修作业使用的工作票的安全要求有哪些？

11. 关于绝缘工具试验有哪些要求？

12. 关于高速铁路接触网高空作业监护有哪些要求？

13. 关于车梯负责人和推车梯人员有哪些要求？

14. 停电作业时，关于作业人员（包括所持的机具、材料、零部件等）与周围带电设备的距离有哪些规定？

15. 进行V形作业应具备的条件有哪些？

16. 利用V形停电作业时，应遵守什么要求？

17. 供电调度员在发布停电作业命令前，要做好哪些工作？

18. 作业组在接到停电作业命令后先验电接地，在装设接地线时有哪些规定？

19. 对驻调度所（驻站）联络员、现场防护人员有哪些要求？

第五章　高速铁路接触网运行检修暂行规程

本章主要讲授《高速铁路接触网运行检修暂行规程》，使学生熟悉高速铁路接触网的运行管理制度，监测、检测、检查和维护的标准，以及各设备的标准技术参数。通过对本章的学习，学生应该具有一定的高速铁路接触网运行管理和标准作业的能力。

第一节　总　　则

第 1 条　高速铁路的接触网是重要行车设备。为保证高速铁路接触网运行安全可靠，根据铁道部《铁路技术管理规程》（铁道部令第 29 号）、《铁路客运专线技术管理办法（试行）》（铁科技〔2009〕116 号、铁科技〔2009〕212 号），特制订本规程。

第 2 条　高速铁路牵引供电设备管理单位，要组织有关人员认真学习、贯彻本规程，建立健全各项规章制度，并结合具体情况制定实施细则，报上级业务主管部门核备。

第 3 条　高速铁路接触网的运行维护，坚持"预防为主、重检慎修"的方针，按照"周期检测、状态维修"的原则，遵循"精细化、机械化、集约化"的检修方式，依靠科技进步，采用先进的检测和维修手段，保证接触网技术状态，确保运行品质和安全可靠性。

第 4 条　本规程适用于工频、单相、交流 25 kV（含 2×25 kV）、列车运行速度 200 km/h 及以上高速铁路接触网的运行维护。

第二节　运行管理

第 5 条　高速铁路接触网的运行维护工作实行统一领导、分级管理的原则，充分发挥各级管理组织的作用。

（1）铁道部：负责全路高速铁路接触网运行管理工作，确定运行维护的方针、原则，统一指导、规划接触网的检查、检测、维护方式和手段，监督、检查铁路局和设备维护单位的设备维护情况；制定、批准有关标准、规范和规章；审批新产品试运行和重要的设备变更。

（2）铁路局：贯彻执行铁道部高速铁路接触网有关规程、规范和标准，制定接触网运行维护实施细则，审批接触网年度检查、检测计划和月度检修计划，监督、检查、指导、协调局管内高速铁路接触网运营管理工作。

（3）设备管理单位：贯彻执行上级的有关规章、制度和标准，负责高速铁路接触网设备运行管理，定期分析设备运行状态，并提出改进措施；编制接触网年度检查、检测计划和月度检修计划报铁路局，并根据铁路局批准的检查、检测计划组织实施；组织管内接触网设备故障处理。

第 6 条　高速铁路接触网设备运行管理的主要任务是通过对运行设备的监测、检查、检测、试验和诊断分析，准确掌握设备技术性能、特性、运行规律和安全状态，及时对不满足安全运行的接触网设备状态或发生故障时，进行的必要修复，确保供电设备安全运行。

第 7 条　设备管理单位要建立接触网监测、检查、检测、试验和诊断分析制度，对动检车、弓网检测装置等提供的检测信息，按照检测数据分析、复核、整治、销号的处理程序，形成监测、检测、分析、诊断、维修、验收的运营维护闭环管理机制，实现设备质量有序可控。

第 8 条　为保证运行维护工作顺利开展，开通前，施工单位应向设备接管单位提供下列技术资料：

（1）竣工工程数量表。

（2）管内的供电分段示意图。

（3）管辖范围内的接触网平面布置图、装配图、安装曲线、接触线磨耗换算表。

（4）施工装配计算结果（含支持装置、吊弦等）。

（5）开通前，接触网动态检测的原始精测资料（包括导高、拉出值等）。

（6）主要设备、零部件、金具、器材的技术规格、合格证、出厂试验记录、使用说明书；电缆的相关资料；对在产品上显示不出工厂标志的器材（例如各种线索），应按生产厂家列出具体安装地点。

（7）跨越接触网的架空线路（主要包括架空线路位置、电压等级、导线高度、规格型号、产权单位及联系方式等）和跨线桥（主要包括跨线桥位置、最近的桥墩距线路中心的距离、跨线桥净高、接触网带电部分距跨线桥最小距离、产权单位及联系方式等）有关资料。

（8）工程施工记录。主要有：隐蔽工程记录、确认后的轨面标准线（有砟）、轨面标高记录（整体道床线路精测网提供的轨面高程）、侧面限界、外轨超高记录等。

（9）设备维护手册。

第 9 条　设备管理单位应建立或具备以下规章制度和技术文件：

（1）接触网零部件上网检验和追溯制度。

（2）弓网联控制度。

（3）设备质量验收和评定制度。

（4）接触网监测、检查、检测、试验和诊断分析制度。

（5）受电弓动态包络线检验制度。

（6）运行信息反馈及故障、事故报告制度。

（7）值班制度。

（8）设备质量定期分析和总结例会制度。

（9）部、局颁发的有关规章。

（10）与相关单位的设备分界协议。

（11）管内车间、工区之间的设备分界及各工种分工的规定。

（12）接触网零部件的技术条件、试验方法及图册。

（13）接触网设备的有关标准。

（14）管内的设备技术履历。

第 10 条　开通前，设备管理单位应配齐监测、检测、检查、维修、抢修用交通、通信工器具和材料。其配备标准见附件 1、附件 2。

第 11 条 一般不在运营的客运专线接触网设备上进行新产品试运行，因特殊情况需要时，应经铁路局审核，报部批准。

第 12 条 每个工区要有安全等级（高铁）不低于三级的接触网工昼夜值班，负责接触网的运行管理和应急处理工作。值班人员应及时传达、执行供电调度命令和要求，每天按规定时间向电调报告次日工作计划，认真填写"供电（接触网）工区值班日志"。值班日志格式见表 5.1。

表 5.1　供电工区值班日志（接触网）

天气：　　　　　　　　　　　　　　月　　　日

作业类别	作业时间			工作票编号	工作领导人	作业组成员数	作业地点		作业内容		考勤	
	起	止	作业时间				区间、车站、隧道	支柱号	作业项目	完成数量	现员：	人
											病假：	人
											事假：	人
											出差：	人
											调休：	人
											其他：	人
											出勤：	人
											出工：	人
											上网：	人
											出勤率：	%
											出工率：	%
											上网率：	%

记事	次日工作计划			交通、检修机具
	作业地点	作业内容	工作领导人	
				类别：
				车号：
				停留地点：
				状态：

值班者：＿＿＿＿＿＿＿＿　　　　　　　　　　　工长：＿＿＿＿＿＿＿＿

作业指导书

一、接触网运营开通前的工作

（1）接触网运营开通前组织相关人员依照《铁路牵引供电工程施工质量验收标准》，按照检验批、分项工程、分部工程和单元工程程序进行施工质量验收。

（2）验收合格后，组织相关单位和人员进行冷滑实验，即在接触网不受电的情况下，对接触网进行动态实验检查，检查接触网的机械适应性能否满足运行需要。冷滑实验采用人工观测方法：驾驶室内重点观察接触网走向、终端线岔、锚段关节、导线接头、特殊定位、分相分段绝缘器等关键部位的异常情况；作业台上主要观察导线拉出值，各种线夹安装是否正确，导线面是否正直，有无不允许的硬点或打弓现象，并观察受电弓带电体的距离。

（3）冷滑试验程序：第一次冷滑速度不超过 25 km/h，然后处理缺陷；第二次按照列车运行速度试验，然后处理缺陷；第三次按照设计规定速度试验，然后处理缺陷。冷滑顺序一般为：先区间后站场，先正线后侧线。

（4）冷滑试验，缺陷处理完毕，对接触网送电开通。开通后 24h 内无事故，可以办理正式交接手续。

二、供电段的管理体制

供电段实行段、车间、工区三级管理体制，确保全段安全、设备、经营管理等各项工作有序开展。

车间是供电段下属的一级生产组织，执行供电段行车安全、生产、各项规定和措施，是安全生产的落实主体；服从设备运行检修生产统一指挥，完成运行检修生产任务，保证运行检修标准，提高设备质量。

工区是最基本的生产组织，落实上级行车安全、生产、各项规定和措施；合理安排劳动力，按定额组织生产，按时完成运行检修生产任务；执行运行检修标准，保证设备安全可靠运行。

三、轨面标准线管理

（1）一般为每年 10 月份，牵引供电设备管理单位与工务部门共同对轨面标准线测量、复核一次，并填写"轨面标准线测量记录"。

（2）"轨面标准线测量记录"一般一式 6 份，双方签字完毕后，供电、工务工区、车间及段各保存一份。

（3）"轨面标准线测量记录"的格式由各个铁路局自行定制，一般格式见表 5.2。

四、供电车间、接触网工区应具备的其他资料

供电车间、接触网工区除了应具备上述资料外，一般还应具备以下资料：

（1）有关轨道电路资料。

（2）故标指示对照表。

（3）导线接头位置表。

（4）设备分工分界协议文件。

（5）车间管内及相邻工区的机动车进入铁路简图（道路的路宽、路面、可过车辆类型，到达地点的接触网支柱号、公里标，进入路口的显著标志等）。

（6）车间下达的月度生产计划、班组的生产月报、设备质量分析及任务维修书等。

五、工区值班员一般要求

（1）熟悉管内设备装配及运行情况。

（2）能够快速查看各种设备资料，如接触网平面布置图、装配图、安装曲线、接触线磨耗换算。

（3）熟练使用计算机，能够使用 Word、Excel、Outlook 等办公软件以及 ACDsee 图片编辑及 AutoCAD 制图软件。

（4）能认真、正确地填写"接触网工区值班日志"。

表5.2 轨面标准线测量记录

站场（区间）：_____　　　　　　　　　　测量日期_____

支柱（或隧道悬挂点）号	曲线半径（m）	侧面限界（mm）		外轨超高（mm）		接触线高度（mm）	轨面标准线与实际轨面高差（mm）	备注
		标准值	实测值	标准值	实测值			

供电部门：负责人：_____　　　　　　工务部门：负责人：_____

　　　　　测量人：_____　　　　　　　　　　测量人：_____

侧面限界超 30 mm 以内有_____处，占_____%；超 30mm 以上有_____处，占_____%。

实测值低于 2400 mm 有_____处，占_____%，其中最小_____mm。

外轨超高超 7 mm 有_____处，占_____%，其中最大超_____mm。

轨面标准线超 30mm 以内有_____处，占_____%；超 30mm 以上有_____处，占_____%，其中最大_____mm。

六、"接触网工区值班日志"填写标准（见表5.1）

（1）天气：当天的实际情况，如晴、阴、（小、中、大、暴）雨、（小、中、大、暴）雪、（小、中、大、暴）雾、风、大风（风力八级以上）、阴转小雨、阴转晴等。

（2）月日：按照两位数填写交接班的日期。

（3）作业类别：当天开展作业的方式，如停电、带电、远离、巡视等。

（4）作业时间：

①"起"：该项作业当日命令票的批准时间或巡视作业的开始时间，如 08：15。紧接着第二行填写停电作业的行调签封开始时间。

②"止"：该项作业当日命令票的消令时间或巡视作业的结束时间，如 08：45。紧接着第二行填写停电作业的行调签封结束时间。

③作业时间：该项作业命令票的批准时间至消令时间或巡视开始到结束时间（分钟）。紧接着第二行填写停电作业的行调签封持续时间。

（5）工作票编号：该项作业对应的工作票编号。

（6）工作领导人：对应工作票的工作领导人或巡视负责人。

（7）作业组成员数：对应工作票的人数或巡视人数。

（8）作业地点：

①区间、车站、隧道：对应作业票的具体位置，如"××～××区间：K×××+××××～K×××+××"。站场作业可不写公里标范围，但必须写明股道号。巡视时，写清起止区间（站场）及公里标范围。

②支柱号：对应作业票中的接触网支柱号或隧道定位（悬挂）点号，如"××号～××号"。巡视时填写"全部"。

（9）作业内容：

①作业项目：对应作业工作票中的具体项目（作业项目必须是"接触网运行检修工作规程"中规定的具体项目）。巡视时填写"昼间步行、夜间步行、乘车"。

②完成数量：对应工作票实际完成或巡视的工作量。填写的内容要言简意赅，如：车梯巡检××米（××号～××号）；处理定位偏移3处：××号、××号、××号；巡视××个区间××个站场。

（10）考勤：

①现员：当天班组的所有人员。接触网组织集中修期间，应加上（或减去）参加集中修的人员。

②病假：由指定医院开具的休假证明，并经工长（或车间主任）同意的休假人员人数。

③事假：有事并经工长（或车间主任）同意的休假人员人数。

④出差：经工长（或车间主任）同意的出差人员人数。

⑤调休：经工长同意的正常休假人员人数。

⑥其他：除出差、病假、事假以外的非上网人员（如助勤人员、学习培训人员等）人数。炊事人员、锅炉工、值班员不在此列。

⑦出勤人数：工区现员人数－（病假人数+事假人数）。

⑧出工人数：工区现员人数－（病假人数+事假人数+调休人数+出差人数+其他）。

⑨上网人数：当天作业人员数，应包括巡视、配合施工人员（以工作票或值班日志"记事"栏为准），汽车、轨道车司助人员及其他参与作业的相关人员（如包保干部），不重复累计。

⑩出勤率：（出勤人数/工区现员数）×100%。

⑪出工率：（出工人数/出勤人数）×100%。

⑫上网率：（上网人数/出工人数）×100%。

（11）记事栏：其他人员的具体情况；当日上级部门传达及其他单位的有关事宜；管内设备出现的重大问题，如线夹断裂等（含发现时间、地点及处理人、时间、具体措施）；跳闸记录；其他有关情况及交接班情况。

（12）次日工作计划（向供电调度申请的次日天窗作业计划）：

①作业地点：填写次日作业的具体地点。

②作业内容：填写次日作业工作票中对应的具体项目。

③工作领导人：次日作业工作领导人的姓名。巡视作业时，填写巡视小组负责人的姓名。

（13）交通、检修机具：

①类别：汽车、轨道车或作业车。

②车号：汽车、轨道车或作业车的车号。

③停留地点：汽车、轨道车或作业车具体停放地点，如：轨道车（汽车）车库、××站避难线（率出线、××道）等。

④状态：上述车辆的状态，如：良好、待修或故障等。

（14）值班者：填写值班者姓名。

（15）工长：当天所有工作结束后，工长检查签字确认。

第三节　状态监测

一、监测的分类

第 13 条　监测是指对接触网外观、主导电回路、绝缘状况、防雷措施、受电弓取流情况及外部环境进行不间断监测。监测分巡视、视频和摄像检查、主导电回路测温以及观测点检查四个部分。

（1）巡视。分为步行巡视和登乘车辆巡视。登乘车辆巡视分为添乘动车巡视、作业车升平台巡视和不升平台巡视三种方式。

（2）视频和摄像观察。利用沿线安装的视频监视设备和安装在列车上的高速摄像机对接触网设备进行外观检查。

（3）主导电回路测温。利用热成像仪、测温贴片等测量接续点接触状态。

（4）观测点检查。在隧道口、车站咽喉区、分相等关键处所建立观测点，定期观察列车通过时接触网状态。

二、巡视

第 14 条　步行巡视（防护栏内一般不进行步行巡视，必须进行步行巡视时，应在天窗内或线路封锁的情况下进行）。

周期：3 个月。

检查项目：防护栏外的设备。

第 15 条　作业车升平台巡视（天窗内进行）。

周期：3 个月。

检查项目：检查补偿装置、线岔、锚段关节、关节式分相、分段绝缘器、上网供电线电缆接头、接触网主导电回路等设备的技术状态，检查各种线索（包括供电线、回流线、正馈线、保护线、加强线、吸上线等）有无烧伤、断股及互磨等，零部件有无松、脱、断及损坏，绝缘部件有无破损和闪络。

第 16 条　作业车不升平台观察巡视（天窗外进行）。

周期：根据需要由路局安排。

检查项目：昼间主要检查树木及其他障碍物是否侵入安全限界，各种标志是否齐全、完整，接触网悬挂、支撑和定位装置的状态；夜间主要检查接触网零部件、电气连接部位有无过热变色、绝缘件有无闪络放电现象以及非常规检查的 1~4 项。

第 17 条　添乘动车组巡视。

检查周期：1 周。

检查项目：接触网设备有无明显的松、脱、断情况，有无因塌方、落石、山洪水害、爆破作业、鸟窝及其他周边环境等危及接触网供电的现象，有无侵入限界、妨碍机车车辆运行的障碍等，并检查动车组受流情况。

添乘动车组巡视人员应为专业技术管理人员。接触网巡视检查记录如表 5.3 所示。

表 5.3 接触网巡视检查记录

站场（区间）：＿＿＿＿＿＿＿＿

巡视检查日期	巡视检查方式	缺陷地点	缺陷内容	要求完成时间	巡视检查人	处理措施	处理结果	处理缺陷领导人	处理缺陷操作者	处理日期	备注

负责人：

三、视频和摄像检查

第 18 条 视频和摄像检查。

检查周期：每天一次。

检查项目：

（1）接触悬挂及其支撑装置、定位装置有无异常现象。

（2）各种线索（包括供电线、回流线、正馈线、保护线、加强线、吸上线和软横跨的线索等）间的距离变化。

（3）有无因塌方、落石、山洪水害、爆破作业及其他周边环境等引起的危及接触网供电安全的现象。

（4）有无侵入限界、妨碍机车车辆运行的障碍。

（5）弓网接触状态有无异常，如：火花、震动等。

四、主导电回路监测

第 19 条 主导电回路接续状态监测。

检查周期：一年一次。

检查项目：

供电线接续点及上网连接线夹、接触网的各种电连接线夹、接触网各种隔离开关设备线夹及触头、吸上线接续点等有无过热现象。

利用热成像仪测量接续点接触状态时，测温时机必须选择在被测点有持续负荷电流时。

利用测温贴片监测接续状态时，测温贴片应保持清洁，所贴位置能够准确反映线夹温度变化并在地面容易观察。

五、观测点检查

第 20 条 在隧道口、大桥上、车站咽喉区、分相等具有领示作用的关键处所建立观测点，在防护栏外观察列车通过时的接触网状态。

监测周期：10 天。

监测项目：观察列车通过时，弓网接触、接触网震动等有无异常状态。

第四节　接触网检测与检查

一、检测

第 21 条　检测分为静态检测和动态检测。静态检测一般在天窗内进行，动态检测一般由动检车、弓网检测装置进行。

第 22 条　静态检测。静态检测分为人工检测和弓网检测装置的非接触式测量。

检测周期：第 1、4 项，5 年一次；第 2、3 项，3 年一次。

检测项目：

（1）接触网几何参数检测项目：拉出值、导高、同一跨距接触导线高差、线岔和锚段关节接触线相互位置等。

（2）附加导线对地距离。

（3）附加导线、各种引线、接触悬挂等产生交叉时的间距。

（4）接触导线磨耗。

（5）对动态检测超限处所进行静态复核、确认。

第 23 条　动态检测。

检测周期：10 天。

检测项目：

（1）接触网几何参数检测项目：拉出值、导高、同一跨距接触导线高差、线岔和锚段关节接触线相互位置。

（2）弓网受流性能检测参数：弓网接触力、垂直加速度、离线率。

（3）接触网电气参数：接触网电压、动车组取流。

接触网检测记录如表 5.4 所示。

表 5.4　接触线位置检测（修）记录

站场（区间）：＿＿＿＿＿＿　锚段号：＿＿＿＿＿＿　锚段长度（m）：＿＿＿＿＿＿　速度（km/h）：＿＿＿＿＿＿
设计最低高度（mm）：＿＿＿＿＿＿　检测日期：＿＿＿＿＿＿

支柱(或悬挂点)号	标准值			实测值											接触线坡度(‰)	坡度变化率(‰)	缺陷处理情况			备注
	跨距(m)	拉出值(mm)	接触线高度(mm)	拉出值(mm)	跨中偏移值(mm)	接触线高度(mm)											修后状态	处理缺陷操作人	处理日期	
						定位点	吊弦点													
							1	2	3	4	4	3	2	1						

检测人：　　　　　　　　　　工长：　　　　　　　　　　车间主任：

二、检查

第 24 条 接触网的状态检查分为全面检查和非常规检查。全面检查具有巡视检查和维护保养的双重职能。非常规检查通常在发生异常情况下或根据需要时进行的检查。

第 25 条 全面检查。

检查周期：三年。

主要项目：内容包括无法或不易通过监测、检测手段掌握设备运行状态的所有项目，如接触悬挂、附加悬挂、支撑装置的内在质量，螺栓是否紧固等。保养维护的内容主要是检查过程中必要的防腐处理、注油和零部件的紧固、更换等。全面检查应利用轨道作业车进行。接触网全面检查记录表如表 5.5 所示。

表 5.5　接触网全面检查记录

站场（区间）：_____　锚段号：_____　锚段长度（m）：_____　接触线型号：_____
承力索型号：_____　速度等级：_____

支柱（或悬挂点）号	接触悬挂				定位及支撑装置					绝缘部件	附加悬挂及其他	供电电缆	巡检人	巡检时间	缺陷处理情况	缺陷处理时间	缺陷处理操作人	备注
	接触线	承力索	吊弦	电连接器及其他	定位支撑装置	硬横跨	定位器角度	止钉间隙（mm）标准值	止钉间隙（mm）实测值									

工长：　　　　　　　　　　　　车间主任：

第 26 条 发生以下情况或上级部门要求时，应进行检查。

（1）故障点附近接触网设备、接地设备损坏情况检查。

（2）一个供电臂内累计发生 3 次不明短路跳闸的情况下，对该供电臂的接触网、回流系统和接地设备进行重点检查。

（3）在接触网发生故障后或自然灾害（暴风、洪水、火灾、冰灾、极限温度等）出现后对相应接触网设备的状态变化、损伤、损坏情况进行检查。

（4）接触网动态检测在一个区段内出现多处几何参数超限，可以用接触网检测车以非接触方式测量接触线的静态高度和拉出值。

（5）根据铁路局安排进行的检查。

三、质量的诊断、分析

第 27 条 设备管理单位要建立月度接触网运行质量分析、诊断制度。根据对接触网监测、检测、检查结果的统计分析，对接触网的质量状态进行综合诊断，准确找出接触网设备在运行中出现的特殊性、普遍性问题及质量状态变化规律，并将反映出的质量问题，纳入次月维修计划。诊断、分析的主要内容：

（1）本月监测、检测、检查计划完成情况及检修计划完成情况。

（2）监测（巡视、视频检查、测温、观测点检查等）发现的具体问题。

（3）检测数据（动态检测及复核情况）的对比分析及存在的问题。

（4）检查发现的问题。

（5）接触网状态的变化趋势。

（6）产生问题的原因分析。

（7）针对问题应采取的措施及下月检修计划安排。

作业指导书

一、全面检查

全面检查是保证设备安全的主要检查方式。全面检查的依据是段下达的年度检测计划中，经车间细化、分解的月度计划。巡视检查的内容为：不易通过间接测量手段掌握设备运行状态的所有项目，如设备的内在质量，具体表现在设备的"松、脱、滑、移、断、裂、烧、卡"等。检修维护的内容主要为：在检查过程中对设备必要的"防腐处理、注油和零部件紧固、更换"等。接触网全面检查的项目和范围如表5.6所示。

注意：全面检查原则上不调整设备参数（但发现意外设备参数超标例外）。

表5.6 接触网全面检查的项目和范围

序号	项 目	范 围	周期（月）	方式
1	接触悬挂	悬挂吊弦、线夹损伤，承力索和电连接线的损伤，接触线硬点及有无扭转与损伤，测量重点部位接触线残存高度，测量接触线拉出值及承力索的横向位置	48	巡检车、巡视、检测车
2	补偿装置	测量绝缘子电压分布，测量补偿装置的 a、b 值，棘轮安装位置，棘轮内的补偿绳圈数，坠砣块上下活动是否卡滞，棘轮棘齿与制动块间隙，其他相关部件的状态	48	巡查
3	锚段关节	电连接状态，两组悬挂线索的水平及垂直距离，转换支柱、中心支柱处定位管的偏移角度，测绝缘子串电压分布	48	巡查
4	定位装置	定位管及定位器位置是否正常，定位管坡度，线索损伤情况，Y形弹性吊索的张力是否松弛	48	巡查
5	软硬横跨	绝缘子状态，导向轮、连接板和定位器的位置是否正常，下部定位索与接触线距离是否符合要求，横向承力索状态，上下部定位索是否水平，吊弦是否铅垂，最短吊弦长度是否符合要求	48	巡查

序号	项 目	范 围	周期（月）	方式
6	线岔状态	交叉接触线及交叉承力索的相对位置，交叉吊弦位置，限制管位置，侧线活动间隙绝缘子有无裂纹、闪痕现象，导流滑板及接触线有否磨损及弧闪，导轮和承力索防护套管的状态，绝缘滑条状态等	48	巡查
7	分段绝缘器	绝缘子有无裂纹、闪痕现象，导流滑板及接触线有否磨损及弧闪，导轮和承力索防护套管的状态，绝缘滑条状态等	48	巡查
8	附加导线	与接触线允许距离，有无损伤和异常	48	巡查
9	隔离开关	绝缘有无异常，引弧触头、开关触头位置及损伤，连接线夹、开关引线有无损伤，离合器扭矩及开关试验有无异常	48	巡查
10	其他诸项	检查短路互感器、标志牌、防护装置以及支柱和基础状态有无异常	48	巡查

二、动态检测

（1）根据国外的相关标准及接触网参数测量结果与评价方法，总结出适合我国的接触网参数静态与动态测量结果与评价方法，如表 5.7 所示。

表 5.7 接触网参数监测与评价方法

试验项目	试验内容	试验方法及评价
接触网几何位置检测	几何位置空间检测	安装在维修车上的光学测量系统，用于静态几何尺寸检查：（1）接触线高度；（2）拉出值；（3）接触线坡度
	定位器坡度检测	经过计算得到，介于 1/10 和 1/15 之间
	动态包络线	在最终目检时检查，检查是否为 2 倍的抬升量
	静态弹性检测	用张力弹簧秤检查
接触网低速动态试验	几何空间位置	安装在维修车上的光学测量系统，用于静态几何尺寸检查：（1）接触线高度；（2）拉出值；（3）接触线坡度
	弓网接触压力	采用接触压力测量系统（描述见高速试验部分）
	弓头垂直加速度	采用接触压力测量系统（描述见高速试验部分）
	弹性不均匀度	采用接触压力测量系统（描述见高速试验部分）
	离线率	采用接触压力测量系统（描述见高速试验部分）
接触网高速试验	几何位置	对于高速试验，采用特殊的测量系统测量接触压力和接触线动态几何位置
		接触线位置测量系统——测量接触线（拉出值）相对于受电弓中心线的水平位置和接触线高度
	接触线动态几何位置	对于抬升位置测量，需要一个带有几何尺寸刻度的受电弓
		受电弓应装备有接触线水平位置测量和检查刻度的测量系统
		在受电弓抬升力为 120 N 时，测量接触线静态抬升位置

试验项目	试验内容	试验方法及评价
接触网高速试验	弓网接触压力	采用根据 EN50317 开发的接触压力测量装置。测量设备一定要遵循下列前提条件： （1）使用内部互通列车上被认证的受电弓； （2）一定要安装接触压力测量传感器，安装滑板和受电弓框架的垂直加速度、受电弓工作高度等传感器； （3）根据 EN50317 定义受电弓的空气动力系数和动态质量系数； （4）根据 EN50317 评估平均接触压力； （5）根据 EN50317 评估统计数据； （6）精确检测沿线各位置的最小和最大接触压力； （7）数据图； （8）视频摄像记录； 遵循 EN50317 要求，保证测量系统的刻度和传输功能的精确性，测量结果不受测量传感器影响
	受电弓运行加速度	在接触压力检测装置中显示受电弓的垂直加速度
	离线率（电弧）	在接触压力检测装置中间接显示离线率
	定位器抬升（检测车）	在接触压力检测车中显示定位器抬升
	定位器抬升（地面测试）	抬升量测量装置一定要符合 EN50317 和 TSI Energy 附件的 Q.4.2.3。与接触压力同时测量，并得到平均接触压力的信息。检测系统不应当对测量的接触线偏移有任何影响。误差≤5mm

（2）每次动态检测结束后，供电段获取检测数据后及时通知供电车间，各车间根据检测通报要求，在三天内按照表 5.8 将复测结果上报，并结合本车间生产安排，将缺陷整治工作纳入下个月生产计划。按要求时间处理完毕后按照下表上报处理结果。

表 5.8　接触网动态检测缺陷处理反馈表

单位：　　　　　　　　　报表日期：　　　　　　　　　检测日期：

序号	线别	行别	站区	支柱号	公里标(km)	速度(km/h)	缺陷名称	设备属性	是否重复出现	动态检测值	静态检测值	原因分析	整治结果	缺陷处理操作人	处理时间

报表人：　　　　　　　　　　　　　　部门负责人：

三、非常规检查

非常规检查是指在特殊情况下所进行的状态检查。非常规检查的范围和手段根据检查的目的确定。例如，温度比较高的情况下安排的高温巡视，其重点就是设备的偏移、张力变化以及补偿装置等。

第五节　检修管理

一、修程

第 28 条　接触网检修分维修和大修两种修程。

维修是指在接触网系统的实际状态与安全运行状态之间出现不允许的误差或发生事故时，对接触网系统进行的必要修复，以重新建立接触网系统的正常功能。

大修是恢复性的彻底修理，主要是整锚段的更换接触网（含附加导线），并通过新设备、新技术的采用，改善接触网的技术状态，增强供电能力，适应运输发展的需要。

二、检修计划及实施

第 29 条　接触网检修计划分年度监测计划，检测、检查计划和月度维修计划三部分。年度监测计划和检测、检查计划由设备管理单位于前一年的 11 月底以前下达到车间和班组。月度维修计划下达方式由铁路局确定，日维修计划与月度维修计划不符时，须经铁路局审核批准。

第 30 条　为保证定期检查和对设备缺陷的及时处理，在高速铁路列车运行图中须预留接触网垂直检修"天窗"，每次时间不少于 240 min。

第 31 条　各单位要做好检修组织工作，各工区各工种（包括变电设备检修、试验等）在同一停电范围内的作业，应尽量创造条件同时进行，以免重复停电。

三、绝缘部件清扫

第 32 条　绝缘部件清扫周期：

（1）分段绝缘器和器件式分相器，周期为 6 个月。

（2）瓷质绝缘件，周期为 2 年。

（3）污秽严重区段由铁路局根据污秽情况确定清扫周期。

四、检查验收

第 33 条　维修用料必须是经过铁道部认证并经过鉴定和运行实践证明安全可靠的产品，入库前应按规定进行检验。

第 34 条　设备管理单位要建立接触网设备监测、检查、检测、检修记录，名称及格式可参照表 5.3、5.4、5.5，具体格式由铁路局根据实际需要制定。

第 35 条　接触网监测、检测、检查及维修要落实"记名"制度，保证监测、检测、检查及维修质量。每次监测、检测、检查及维修完成后应及时填写相应的记录，并由负责人、操作人签字。

第 36 条　工长和车间主任要每月检查 1 次监测、检测、检查及维修任务的完成情况，并在相应的记录上签字。

第 37 条　凡有更换线索、重要零部件、支柱等，应将更换后的设备名称、材质、型号、厂家等记入相应记录中。

五、质量鉴定

第 38 条　为全面掌握设备运行状态，由铁路局组织牵引供电设备管理单位于每年 10 月底前对设备进行一次整体质量鉴定并报铁道部。

第 39 条　鉴定的范围应包括所有的接触网设备，但下列设备可不作鉴定：

（1）已封存的设备。

（2）本年度新建或已列入当年大修计划的设备。

对本年度新建或大修的设备，其质量状况可按工程竣工验收质量评定结果统计。

第 40 条　鉴定后的质量等级分为以下三种：

（1）优良：主要项目达到优良标准，次要项目全部合格以上标准者。（主要项目、次要项目由铁路局根据设备情况确定。）

（2）合格：主要项目全部达到合格标准，次要项目多数达到合格以上标准者。

（3）不合格：主要项目有一项未达到合格标准或次要项目多数不合格者。

优良率、合格率、不合格率分别按下列公式计算：

$$优良率=\frac{优良设备数量（换算条公里）}{设备鉴定总数量（换算条公里）}\times100\%$$

$$不合格率=\frac{不合格设备数量（换算条公里）}{设备鉴定总数量（换算条公里）}\times100\%$$

$$合格率=1-不合格率$$

第 41 条　质量等级的评定按单项设备和整体设备分别进行。接触悬挂、附加导线以条公里为单位；高压电缆以公里为单位；隔离（负荷）开关、避雷器等以台为单位；线岔、绝缘器（含关节式分相）等以组为单位；整体设备以换算条公里为单位。

$$换算条公里数量=\sum（设备鉴定数量\times换算系数）$$

各设备及部件的换算系数为：

正、站线悬挂	1.00
隧道内悬挂	1.30
附加导线	0.40
高压电缆	0.80
线岔	0.12
隔离（负荷）开关	0.12
绝缘器	0.12
避雷器	0.05
硬横跨	0.13

接触悬挂以跨距为鉴定单元。若在被鉴定的跨距内有一处不合格，即视为该跨距不合格

（在悬挂点及定位点处，跨距长度按相邻跨距的平均值计算）。

对一个锚段的接触线、承力索、附加导线等，当接头及补强数量超过规定值后，该锚段即视为不合格设备。

第42条 鉴定结果应详细记录，并以整体设备质量评定结果作为当年的设备质量运行状态填入牵引供电履历簿。牵引供电设备管理单位要针对鉴定存在的问题进行分析总结，提出整改措施并组织实施。

第43条 鉴定中发现的设备缺陷，在鉴定期间将缺陷处理者，可按整修后的质量状态进行评定。

作业指导书

（1）接触网检修分为维修和大修。

接触网检修均是按照计划来进行的。检修计划分为年度监测计划，检测、检查计划和月度维修计划三部分。对于定期检测和巡视发现的设备缺陷要求在规定的期限内处理，同时为了保证定期检查和对设备缺陷的及时处理，在列车运行图中须预留接触网检修"天窗"。在巡视检查中，对危及安全的缺陷要及时处理。每次巡视检查和缺陷处理的主要情况，都要及时认真地填入"接触网巡视和取流检查记录"，如表5.9所示。

表5.9 接触网巡视和取流检查记录表填写参考

五小区间

巡视检查日期	巡视检查人	缺陷地点	缺陷内容	工长签字	处理措施	处理缺陷工作领导人	处理缺陷操作者	处理日期
2012.7.9	C	五小区间113#柱	b值小	A	检调b值	B	C、D	2012.7.10

为保证检修质量，维修用料必须经过鉴定和运行实践证明是安全可靠的产品，入库前应按照规定进行检验。

维修分为维持性修理和故障修复。接触网维修必须严格执行工作票制度，但是遇到抢修可以先不开工作票。接触网维修按照本规程第六节所规定的维修技术标准进行。维修之后应对实际值和调整后的值进行记录填写。例如：接触线（承力索）高度和弛度记录，如表5.10所示。

表5.10 接触线（承力索）高度和弛度记录表填写参考

支柱（隧道及悬挂点）号	定位点（悬挂点）处的高度（mm）			跨中的高度（mm）			弛度（mm）			接触线坡度（%）		备注
	标准	实测	调整后	标准	实测	调整后	标准	实测	调整后	实测	调整后	
153	6000	5950	5985	5970	5850	5970	30	110	13	0.31	0.01	
							1					

又如线岔检修记录，如表5.11所示。

表 5.11　线岔检修记录填写参考表

五里堡车站

线岔号	检修日期		交叉点位置、内轨距/横向（mm）	两接触线相距 500 mm 处的高差（mm）	锚支抬高量（mm）	间隙（mm）	限制管等零件的状态	电联接器的状态	检修人互检人	备　注
	日/月	项目								
9#	20/9	修前	250/740	5	80	350	良好	合格		工作支/非工作支拉出值为 370/450
		修后								

现场工作举例 1：

××工区对该工区范围内的软横跨进行检修。

该作业属于停电作业，所以应按照《安规》的要求申请工作票、宣布工作票并进行分工、要令、验电接地、高空作业进行检修、作业结束清理作业现场、拆除地线和消令。对软横跨按照下列要求进行调整检修：

①软横跨横向承力索（双承力索为其中心线）和上下部定位索应布置在同一个铅垂面内，双横承力索两条线的张力应相等，V 形连接板应垂直于横向承力索。

②横向承力索的弛度应符合规定，最短吊弦长度为 400 mm，允许误差±50 mm；上下部定位索应呈水平状态，允许有平缓的负弛度；5 股道及以下者负弛度不超过 100 mm，5 股道以上者不超过 200 mm。

③横向承力索和上下部定位索不得有接头，断股和补强其机械强度安全系数应不小于 4.0。

④下部定位索距工作支接触线的距离不得小于 250 mm。

接触网年度大修计划由各铁路局组织编制，大修项目也由各铁路局制定，由供电段下属的大修车间负责进行大修。接触网大修要按照本规程第六节所规定的大修技术标准进行彻底修理。在进行检修作业时要按照《接触网安全工作规程》中的规定，严格执行工作票制度。检修时按照本规程中第六节所规定的接触网维修技术标准进行维修。

特别要强调的是，应将《检规》和《安规》联系起来学习。制定《安规》规范各作业程序的目的就是保证接触网检修作业时的安全。

现场工作举例 2：

对××到××区间的接触网进行定期检测时发现该处××号支柱定位器上的定位线夹松动，需对该处线夹进行紧固。

①检修日期的前一天向供电调度中心提报检修计划。

②提前一天由工作领导人（安全等级不低于四级）指定一名安全等级不低于三级的作业组成员作为要令人向供电调度提出申请（申请时需说明该作业放人范围、内容、时间、安全和防护措施等），由发票人（安全等级不低于四级）签发第一种工作票交工作领导人。

③工作当日集合点名。

④工作领导人向作业组成员宣读工作票，进行工作分工（座台人、防护员、验电人员、

高空作业人员），布置安全措施（分工时应满足规程第 23 条规定，要将本次任务和安全措施逐项分解落实到人）。

⑤ 对本作业所需要的工具和材料进行准备（各种受力工具和绝缘工具应该按照"安规"第 28～35 条的规定进行检验和存放）。

⑥ 发票人、工作领导人和工作组成员一起出发到作业现场。

⑦ 要令。由工作领导人指定的座台人（安全等级不低于三级）在停电时间开始前 40 min 到车站先登记作业内容并和调度核对作业票。到停电时间，供电调度员发停电命令给座台人（发布命令时应按照《安规》第 70 条规定，受令人认真复诵，经确认无误后供电调度员给出命令编号和批准时间，调度员将命令内容等记入"作业命令记录"中，座台人填写"接触网停电作业命令票"），座台人通知领导人，领导人通知防护员。

⑧ 上岗防护。其设置要求必须按照《安规》中第 105～109 条的规定执行。

⑨ 验电接地。验电接地要求必须按照《安规》中第 71～78 条的规定执行。

⑩ 高空作业。高空工作领导人在验电人员验电接地之后通知高空作业人员进行高空作业。使用车梯进行作业。由三级及以上人员登上车梯，确定力矩为 25 N（出工之前用力矩扳手调好力矩，定位器是 25 N），调整好定位器位置之后对该定位器上定位线夹进行紧固。高空作业使用车梯时应符合《安规》中第 45～48 条的规定。

⑪ 作业结束，清理作业现场。按照工作票中的规定完成作业任务之后，由工作领导人确认具备送电、行车条件，将作业人员、机具、材料撤至安全地带。

⑫ 拆除地线。

⑬ 消令。工作领导人宣布作业结束，通知要令人向供电调度请求消除停电作业命令，座台要令人员向行车调度请求消除线路封闭命令。供电调度送电顺序按照《安规》中第 80 条规定执行。

⑭ 收工。

⑮ 当日 16 时召开收工会，安排待令人员。

⑯ 当日 16 时至 18 时由工作领导人向生产调度汇报生产任务完成情况、各种生产信息及车辆状态。

（2）月度计划是车间依据段下达的年度检测计划进行细化、分解形成的。月度计划以车间为单位下达，于每月的 25 日前提出下月计划，经车间主任审批后方可实施，同时报供电段技术科。

（3）超过安全值和一般性缺陷在规定的处理时间为超限恢复时间。超限恢复时间一般由路局或段制定。实际恢复时间不应超过规定时间的 15%（按天计算）。一般超限恢复时间如表 5.12 所示。

表 5.12　超限恢复时间

序号	项　目	超限恢复时间（天）
1	接触线及承力索	15
2	吊悬（索）	30
3	软（硬）横跨	45
4	锚端关节及关节式分相	15
5	中心锚结	30
6	线岔	15

序号	项　目	超限恢复时间（天）
7	电连接器	30
8	支撑、定位装置	30
9	补偿装置	15
10	支柱与基础	90
11	隔离（负荷）开关	30
12	吸上线	15
13	附加导线	60
14	绝缘器	30
15	保安装置及标志	30
16	零件及其他	15
17	绝缘、防雷、接地	15

（4）技术（检修）台账（记录）一般有：

① 轨面标准线测量记录。

② 接触线位置检测（修）记录。

③ 全面检查记录。

④ 锚段关节检测（修）记录。

⑤ 补偿装置检测（修）记录。

⑥ 交叉线岔检测（修）记录。

⑦ 绝缘器检测（修）记录。

⑧ 隔离（负荷）开关检测（修）记录。

⑨ 避雷装置检测（修）记录。

⑩ 承力索位置检测（修）记录。

⑪ 接地装置检测（修）记录。

⑫ 接触线磨耗测量记录。

⑬ 寿命管理卡片。

⑭ 接触网动态检测（修）记录。

⑮ 维修任务书。

⑯ 接触网设备及零部件更换记录。

⑰ 关节式分相检测（修）记录。

根据设备实际情况，如果上述记录满足不了检修项目要求，各管理单位可以增加其他检测（修）记录，如越级变压器检测（修）记录、测温贴片管理记录、绝缘子清扫记录、设备零部件更换记录等。

第六节　高铁接触网维护技术标准

第 44 条　接触网系统整体技术标准：

（1）接触网系统满足设计的速度目标值。

（2）接触网应满足系统载流量的需要。

（3）接触网在自然环境中应满足可靠性、安全性的要求，有足够的机械、电气强度和安全性能，任何条件下安全系数至少满足附件3的规定。

（4）各部位螺栓紧固力矩符合零部件规定要求。

第45条 受电弓动态包络线范围内不得有任何障碍影响受电弓运行。动态包络线是指运行中的受电弓在最大抬升及摆动时可能达到的最大轮廓线。受电弓动态包络线应符合下列规定：受电弓动态抬升量为150 mm（线岔始触区为20 mm）；左右摆动量在直线区段为250 mm，在曲线区段为350 mm。

第46条 接触线维护技术标准：

（1）接触线平直度。用塞尺检查接触线与检测尺之间的间隙，不得大于0.1 mm/m。

（2）接触线磨耗和损伤后不能满足规定的机械强度安全系数或不能满足该线通过的最大电流（≥20%）时，则应更换。接触线不允许有接头。

（3）接触线之字值、拉出值（含最大风偏时跨中偏移值）。

标准值：设计值。安全值：设计值±30 mm。限界值：同安全值。

（4）接触线高度。接触线高度符合设计规定，两个相邻悬挂点和吊弦的最大高度差为10 mm。

标准值：设计值。安全值：标准值±30mm。限界值：同安全值。

（5）接触线坡度。

标准值：速度在250 km/h（含）以下时，坡度为1‰，坡度变化率不大于0.5‰；速度在250 km/h以上时，坡度为0。安全值：同标准值。限界值：同安全值。

定位点两侧第一根吊弦处接触线高度应相等，相对该定位点的接触线高度允许误差为±10mm。

（6）接触线偏角（水平面内改变方向）。

标准值：≤4°。安全值：≤6°。限界值：同安全值。

第47条 承力索维护技术标准：

（1）承力索位置：

标准值：直链型悬挂，位于接触线正上方。曲线区段承力索与接触线之间的连线垂直于轨面连线。

安全值：直线区段允许误差为150 mm，曲线区段允许向曲线内侧偏移100 mm。

限界值：标准值±200mm。

（2）承力索损伤程度：

承力索损伤后不能满足该线通过的最大电流时，若系局部损伤，可以加电气补强线，若系普遍损伤则应更换；承力索损伤后不能满足规定的机械强度安全系数时，可以加补强线或切除损坏部分重新接续，若系普遍磨损伤则应更换。一个锚段内承力索接头和断股补强的总数量为：锚段长度在800 m以下时接头数量为2个，锚段长度在800 m以上时接头数量为4个（不包括分段、分相及下锚接头）。接头距悬挂点应不小于2 m，同一跨距内不允许有两个接头。

第48条 整体吊弦维护技术标准：

（1）吊弦偏移。接触线与承力索同材质时，吊弦在任何情况下均垂直（交叉吊弦除外）。

标准值：在无偏移温度时垂直。

安全值：在极限温度时，顺线路方向的偏移值不得大于 20 mm。

限界值：同安全运行值。

（2）吊弦状态。

吊弦的长度要能适应在极限温度范围内接触线的伸缩和弛度的变化，否则应采用滑动吊弦。吊弦预制长度应与计算长度相等，误差应不大于±2mm。吊弦截面损伤不得超过 20%。

（3）吊弦线夹状态。

吊弦线夹在直线处应保持铅垂状态，在曲线处应与接触线的倾斜度一致。

（4）载流环。

吊弦载流环应固定在吊弦线夹螺栓的外侧，载流环应朝向列车前进方向，线鼻子与接触线夹角不得小于 30°。

（5）吊弦间距。

标准值：设计值。安全值：≤10 m。限界值：≤12 m。

（6）相邻吊弦高差。

标准值：≤10 mm。安全值：同标准值。限界值：同安全运行值。

第49条 弹性吊弦维护技术标准：

（1）弹性吊索长度应符合设计要求，悬挂点两端长度相等，允许偏差为±20 mm。

（2）弹性吊索线夹处回头外露为 20 mm，允许偏差为±5 mm。

（3）弹性吊索工作张力符合设计规定，允许偏差为±50 N。

（4）跨中第一吊弦与相邻弹性吊索吊弦的高度差必须小于 10 mm。弹性吊弦与定位点处接触线高度相等。

第50条 软横跨维护技术标准：

（1）横向承力索，上、下部固定绳：

① 软横跨横向承力索（双横承力索为其中心线）和上、下部固定绳应布置在同一个铅垂面内。

② 双横承力索两条线的张力应相等，V形连接板应垂直于横向承力索，双横承力索线夹应垂直于横向承力索，上、下部固定绳处于拉紧状态。

③ 上、下部固定绳应水平，允许有平缓的负弛度，其数值为：5 股道及以下不超过 100mm，5 股道以上的不超过 200 mm。

④ 上、下部固定绳弹簧补偿器处于受力状态，张力符合设计规定。

（2）吊线：

软横跨直吊线应保持铅垂状态，吊线呈拉紧状态，上端永久固定，无松弛，横向承力索与上部固定绳在最短吊线处距离为 400~600 mm。

（3）下部固定绳距接触线的距离：正线为 400 mm，侧线为 300mm，允许偏差±50mm。

（4）螺栓等连接器件：

软横跨应垂直于正线，各部螺栓、垫片、弹簧垫圈应齐全，螺栓紧固，各杆头杆螺纹外露长度应为 20~80 mm，调整螺栓的螺杆外露长度应为 50 mm 至螺纹全长的 1/2。

（5）各部位几何尺寸：

① 横向承力索和上、下部固定绳的电分段绝缘子串应在同一垂直面内。位于站台沿上方

绝缘子带电裙边应尽量与站台对齐，股道间横向电分段绝缘子应位于股道中间。横向承力索两端绝缘子串外侧钢帽距支柱内缘应不小于 400 mm，上、下部固定绳两端绝缘子串的瓷裙至支柱内缘的最小距离不小于 700 mm，带电侧绝缘子裙边距线路中心线不得小于 200 mm。

② 各部件应齐全完好，连接牢固，支柱上角钢底座应水平，各斜吊线完好无松弛，并留有不小于 200 mm 的余量。

第 51 条 硬横跨维护技术标准：

（1）硬横梁的安装高度应符合设计要求，允许误差不超过+100 mm。

（2）硬横梁应呈水平状态，允许向上微拱，铰接硬横梁的挠度小于梁长的 0.5%，刚接硬横梁的挠度小于梁长的 1/360。各段之间及其与支柱应连接牢固。

（3）硬横梁锈蚀面积不超过 20%。

（4）吊柱在安装后应处于竖直状态，限界满足要求。

（5）上、下部定位索应布置在同一个铅垂面内。上、下部定位索应呈水平状态，允许有平缓的负弛度，5 股道及以下者负弛度不超过 100 mm，5 股道以上者不超过 200 mm。

（6）上、下部定位索不得有接头、断股和补强。

（7）下部固定绳距接触线距离：正线为 400 mm，侧线为 300 mm，允许偏差±50 mm。

（8）吊柱在安装后应处于竖直状态，距相邻线路的限界满足《铁路技术管理规程》要求。

（9）钢柱及硬横梁角钢应无变形和弯曲。

第 52 条 中心锚结维护技术标准：

（1）正线、站线、联络线一般采用两跨式防断中心锚结。中心锚结安装位置、形式、采用的线材及连接件规格、型号应符合设计要求。

（2）接触线中心锚结线夹处导高应与邻点吊弦处导高相等，允许抬高为 0~10 mm。中心锚结线夹锚结绳两边张力相等，不得松弛或高度低于接触线。锚结绳处于受力状态，但不改变相邻吊弦受力和导线高度。

（3）接触线中锚线夹安装应牢固、端正、不打弓。在直线上应保持铅垂状态，在曲线上应与接触线的倾斜度一致。接触线侧锚结绳压接后回头外露长度不小于 30 mm，承力索中心锚结线夹辅助绳外露长度不小于 50 mm。

（4）接触线中心锚结绳与承力索固定线夹的设置和间距符合设计要求。

（5）中心锚结绳范围内不得安装吊弦和电连接，中心锚结绳两端距相邻的吊弦或电连接距离不得小于 2 m。

（6）承力索中心锚结。

① 中心锚结绳范围内承力索不得有接头和补强。

② 中心锚结绳两端固定线夹的设置和间距符合设计要求。

③ 中心锚结绳的弛度应等于或略高于该处承力索的弛度，承力索中心锚结绳在其垂直投影与线路钢轨交叉处，应高于接触线 300 mm 以上。

④ 中心锚结绳的张力符合设计要求。

第 53 条 锚段关节及关节式分相维护技术标准：

（1）腕臂随温度变化顺线路的偏移量应符合设计要求，允许偏差±20 mm。

（2）五跨关节中间跨为过渡跨，过渡跨两接触线等高处导线高度允许比相邻定位点抬高 0~40mm。

（3）转换柱、中心柱处两悬挂的垂直距离、水平距离符合设计要求，允许偏差±20 mm。

（4）绝缘锚段关节的转换柱处绝缘子串距悬挂点的距离应符合设计要求，允许偏差为±50mm。承力索、接触线两绝缘子串上下应对齐，允许偏差为±30mm。

（5）绝缘锚段关节两锚段承力索、接触线相互间的空气绝缘间隙应符合设计要求。

（6）锚段关节式电分相中性区长度符合设计要求。

第54条　交叉线岔维护技术标准：

（1）道岔定位支柱的位置。

道岔定位支柱应按设计的定位支柱布置，定位支柱间跨距误差为±1m。

（2）线岔交叉点两侧定位点拉出值满足设计要求。

（3）两接触线相距 500 mm 处的高差。

标准值：当两支均为工作支时，正线线岔的侧线接触线比正线接触线高 20 mm，侧线线岔两接触线等高。当一支为非工作支时，非工作支接触线比工作支接触线高 80~100 mm，并按设计要求延长一跨抬高 350~500 mm 后下锚。

安全值：当两支均为工作支时，正线线岔侧线接触线比正线接触线高 10~30mm，侧线线岔两接触线高差不大于 30 mm。当一支为非工作支时，非工作支接触线比工作支接触线抬高 50~100 mm，并延长一跨抬高 350~500 mm 后下锚。

限界值：同安全值。

（4）限制管长度符合设计要求，并使两接触线有一定的活动间隙，保证接触线自由伸缩。

（5）始触区。

在始触区至接触线交叉点处，正线和侧线接触线应位于受电弓的同一侧。对于宽 1950 mm 的受电弓，在距受电弓中心 600 ~ 1050 mm 的平面和受电弓最大动态抬升高度（最大 200 mm）构成的立体空间区域为始触区范围，该区域内不得安装除吊弦线夹（必需时）外的其他线夹或零件。

（6）由正线与侧线组成的交叉线岔，正线接触线位于侧线接触线的下方；由侧线和侧线组成的线岔，距中心锚结较近的接触线位于下方。

（7）两组交叉吊弦的间距一般为 2 m，其安装位置应能保证在极限条件情况下，两吊弦间距不小于 60 mm。安装顺序应保证在受电弓从道岔开口方向进入时，先接触到的为侧线承力索与正线接触线间的吊弦。

（8）两支承力索间隙不应小于 60 mm。

（9）岔区腕臂顺线路偏移量符合设计要求，允许偏差为±20 mm。

第55条　无交叉线岔维护技术标准：

（1）岔心两端的定位柱距岔心的距离符合设计规定。

（2）在开口方向第一个道岔柱处两接触线等高，第二个道岔柱处侧线导高比正线抬高 90~130mm，第三个道岔柱处侧线导高比正线抬高 500 mm。

（3）腕臂顺线路偏移应符合设计要求，允许偏差为±20 mm。

（4）两承力索交叉点处间距不应小于 60 mm。

（5）拉出值、导高应符合设计要求，拉出值允许偏差为±20 mm，导高允许偏差为 5 mm。

（6）正线接触线距侧线线路中心，侧线接触线距正线线路中心水平投影 600 ~ 1050 mm 范围为始触区。始触区不允许安装除吊弦线夹以外的任何线夹类金具。

（7）交叉吊弦应安装在正线接触线距侧线线路中心线，侧线接触线距正线线路中心线水平投影 550~600mm 的范围内，正线与侧线上的两根吊弦的间距一般为 2 m。交叉吊弦与其他吊弦的间距（始触区反侧）不大于 6 ~ 8 m。

（8）交叉吊弦的安装顺序应保证，在受电弓从道岔开口方向进入时先接触到的吊弦为侧线承力索与正线接触线间的吊弦。

（9）交叉吊弦的承力索端采用滑动吊弦线夹时，绝缘垫块必须安装正确，保证滑动灵活；交叉吊弦接触线端的吊弦线夹螺栓及导流环应朝向远离另一支导线的方向，线夹倾斜角最大不得超过 15°。

（10）接触线正线导线高度为正常导高。两线路中心线间水平距离 1320 mm 处，非支抬高 20 mm；两线路中心线间水平距离 120 mm 处，非支抬高 120 mm。

第 56 条　电连接维护技术标准：

（1）根据承力索、接触线间的距离合理选用电连接线在承力索、接触线间的安装形状。承力索、接触线间的距离小于等于 1000 mm 时采用"C"型连接的方式，大于 1000 mm 时采用"S"型连接，其裕度满足接触线、承力索因温度变化伸缩的要求。

（2）道岔电连接应安装在始触区以外。

（3）电连接线均要用多股软线做成，其额定载流量不小于被连接的接触悬挂、供电线的额定载流量，且不得有接头、压伤和断股现象。电连接线应伸出线夹外 5~10 mm，线夹与索接触面均应涂电力复合脂。

（4）接触线电连接线夹在直线处应处于铅垂状态，在曲线处应与接触线的倾斜度一致。

（5）承力索、接触线电连接线夹压接（拆卸）应符合技术标准的要求。接触线电连接线夹与线槽契合的卡子必须保证平行压接于线槽内，不得跳出接触线的线槽。电连接线夹的螺纹卡子均应保证卡子从一端插入后，在另一端露头 1 ~ 3mm。

（6）工作支接触线电连接线夹处接触线高度不应低于相邻吊弦点，允许高于相邻吊弦点 0~3 mm。

第 57 条　分段绝缘器维护技术标准：

（1）绝缘器的主绝缘应完好，其表面放电痕迹应不超过有效绝缘长度的 20%。主绝缘严重磨损应及时更换。

（2）绝缘器应位于受电弓中心，一般情况下误差不超过 100 mm。

（3）安装平面平行于轨面连线，最大误差不超过 10 mm。

（4）分段绝缘器安装高度，按设计行车速度所要求的抬升力，用钢尺测取所安装的高度值，允许偏差为±5mm。

（5）绝缘器导线接头处过渡平滑。

（6）不应长时间处于对地耐压状态，尤其在雾、雨、雪等恶劣天气时，应尽量缩短其对地的耐压时间，即当作业结束后应尽快合上隔离开关，恢复正常运行。

第 58 条　支持装置维护技术标准：

（1）腕臂底座安装高度符合设计要求（多线路腕臂底座及连接件安装高度应满足最高轨面至横梁下缘的设计高度，允许偏差±50mm），根据基础标高偏差情况选择预留孔安装位置，允许偏差±50 mm。腕臂底座应呈水平状态。水平腕臂应符合设计要求。安装位置满足承力索悬挂点（或支撑点）距轨面的距离（即导线高度加结构高度），允许误差为±200 mm。悬挂点距线路中心的水平距离符合规定。

（2）平腕臂端部余长为 200 mm，平腕臂绝缘子端头距套管单耳 100 mm，承力索座距双套筒连接器一般为 300 mm，接触线悬挂点距吊钩定位环一般为 400 mm。防风拉线环距定位器头水平距离 600 mm，允许误差为-100 ~ +50 mm。

（3）支持装置各部件组装正确，腕臂上的各部件（不包括定位装置）应与腕臂在同一垂直面内，铰接处转动灵活。

① 防风拉线环的 U 螺栓穿向补偿下锚方向（以中心锚结为界），防风拉线长环在定位管端。

② 承力索座下悬挂定位管吊线钩缺口，背向斜拉线安装，正定位朝远离支柱侧，反定位朝支柱侧。

③ 腕臂棒式绝缘子排水孔朝下。

④ 承力索座内的承力索置于受力方向指向轴心的槽内。

⑤ 销钉安装方向正确（由上向下）。使用 β 销时，β 销的圆弧要锁在销钉的圆柱面上。

（4）无偏移温度时腕臂应垂直于线路中心线，温度变化时腕臂偏移应符合腕臂偏移安装曲线要求。

（5）定位管吊线两端均装设心形环，线鼻子采用压接方法固定。

（6）各部零部件无裂纹、变形，顶丝、锁紧螺母无缺失。

第 59 条 吊柱维护技术标准：

（1）吊柱应保持铅垂状态，其倾斜角度不大于 1°。侧面限界满足设计要求。

（2）吊柱地脚螺栓必须是双螺帽，拧紧螺帽后螺栓外露长度不得大于 30 mm。调整吊柱用的垫片不得超过 3 片。

（3）吊柱垂直线路的位置符合规定，允许偏差如无规定时，按 50 mm 执行。

（4）吊住梁锈蚀面积不超过 20%。

第 60 条 定位装置维护技术标准：

（1）定位装置的结构及安装状态应保证接触线工作面平行于轨面连线，定位点处接触线的弹性符合规定。当电力机车受电弓通过和温度变化时，接触线能上下、左右自由移动。

（2）正、反定位管状态均应符合设计要求。定位管应与腕臂在同一垂面内，一般情况下呈水平状态，正定位允许抬头；反定位允许低头，但坡度不得大于 150 mm/m。提吊定位管的不锈钢吊线端部余长 150 mm，吊线露出压接管 10 mm。

（3）定位器和腕臂顺线路偏移的方向、角度相一致，定位线夹安装正确。

（4）限位间隙应符合设计要求，允许偏差为±1 mm。

（5）定位器等电位连接线安装符合设计要求。

（6）根据不同曲线半径，定位器静态角度一般控制在 8° ~ 13°。

（7）定位管端部余长为 150 mm，吊钩定位环距接触线悬挂点一般为 400 mm。吊钩定位环缺口，正定位朝支柱侧，反定位朝远离支柱侧。

（8）防风拉线固定环距定位器端头水平距离为 600 mm，面向下锚侧安装，防风拉线与水平方向呈 45°角。防风拉线短环端回头 100 mm，长环端回头 250 mm。防风拉线固定环应位于长环中间位置。

第 61 条 滑轮补偿装置维护技术标准：

（1）补偿滑轮完整无损、转动灵活（人力用手托动坠砣能上下自由移动），没有卡滞现象。对需要加注润滑油的补偿滑轮，应按产品规定的期限加注润滑油，没有规定者至少 3 年一次。

（2）定滑轮应保持铅垂状态，动滑轮偏转角度不得大于45°。

（3）同一滑轮组的两补偿滑轮的工作间距，任何情况下不小于500 mm。

（4）补偿绳不得有松股、断股和接头，不得与其他部件、线索相摩擦。

（5）a、b值应符合安装曲线的要求，允许a、b值误差不超过安装曲线值±200 mm。但a、b值在极限温度时不得小于200 mm。

（6）各框架安装正确，满足坠砣升降变化要求，限制坠砣的摆动，不妨碍升降，且受力良好，螺栓紧固有油，铁件无锈蚀。

（7）承力索、接触线两下锚绝缘子串应对齐，允许偏差为±150 mm。

（8）坠砣应完整，叠码整齐，其缺口相互错开180°。坠砣串的重量（包括坠砣杆的重量）符合规定，允许误差不超过2%。坠砣块自上而下按块编号，并标明重量。

第62条 棘轮补偿装置维护技术标准：

（1）a、b值及补偿绳缠绕圈数符合安装曲线的要求，a、b值不得大于安装曲线值±200 mm，但a、b值在极限温度时不得小于300 mm。

（2）大、小轮缠绕时最少缠绕半圈，最多缠绕三圈半，小轮缠绕时必须两边对称。

（3）棘轮完整无损、转动灵活，没有卡滞现象。对需要加注润滑油的补偿棘轮，应按产品规定的期限加注润滑油。

（4）承力索、接触线两下锚绝缘子串应对齐，允许偏差为±150mm。下锚补偿装置平衡轮应水平，偏斜不超过20°。

（5）坠砣应完整，坠砣块叠码整齐，其缺口相互错开180°。坠砣串的重量（包括坠砣杆的重量）符合规定，允许误差不超过2%。坠砣块自上而下按块编号，并标明重量。

（6）补偿绳不得有散股、断股和接头，不得与其他部件、线索相摩擦。

（7）制动卡块到棘轮的距离符合产品说明书要求。限制器的安装位置应满足坠砣升降变化要求，限制坠砣的摆动，不妨碍升降。

第63条 弹簧补偿装置维护技术标准：

（1）刻度牌位置。弹簧补偿装置刻度牌与环境温度相对应，补偿绳伸缩长度a值符合安装曲线要求。

（2）弹簧补偿器本体安装位置符合设计要求，安装牢固，本体与下锚方向在同一直线上。

（3）补偿绳不得有松股、断股和接头，位于渐开线轮槽正中，不得偏磨。

（4）弹簧补偿装置各零部件安装正确。

第64条 绝缘子维护技术标准：

（1）接触网绝缘部件的泄漏距离≥1400 mm。

（2）绝缘子表面应清洁、光滑无脏污、完整无破损、无破碎性裂纹，瓷釉剥落面积不大于300 mm^2。

（3）绝缘子瓷质部分与铁件间密贴良好，无缝隙和开裂现象。

（4）绝缘子连接铁件与浇注部分间密贴良好、连接紧固。

（5）各悬式绝缘子间连接良好，弹簧销、开口销齐全。

（6）绝缘子本体线性良好，弯曲度不超过1%。

（7）绝缘子表面无明显放电痕迹、无环状或贯通性裂纹。

（8）绝缘子裙边距接地体的距离应不小于表5.13中的数值。

表 5.13 绝缘子与接地体绝缘距离

绝缘子类型	距接地体距离	
	正常值（mm）	困难值（mm）
瓷质绝缘子	≥100	≥75
有机合成材料绝缘子	≥50	—

注：采用正常值确有困难时方可采用困难值。

第 65 条　附加导线维护技术标准：

（1）附加导线的材质和截面积应满足通过的最大电流和附件规定的机械强度安全系数。

（2）张力和弛度符合安装曲线的要求，误差不大于±10%。支柱同一侧悬挂为不同线径及材质的导线时，导线的弛度应以其中弛度较大的导线为准。

（3）接头及损伤：

① 跨越铁路和一、二级公路以及重要的通航河流时，导线不得有接头。不同金属、不同规格、不同绞制方向的导线严禁在跨距内做接头。

② 一个跨距内一根导线的接头不得超过 1 个。一个耐张段内附加导线接头和补强线段的总数量不得超过 4 个，且接头距悬挂点的距离大于 500 mm。

③ 附加导线跨越建筑物时，其距建筑物的距离要符合本款第⑥项的规定，且跨越的跨距内不得有接头、断股和补强。

④ 附加导线不得散股，安装牢固。导线采用钢芯铝绞线时，其钢芯不准折断。铝绞线和钢芯铝绞线的铝线断股、损伤截面积不得超过铝截面的 7%，且载流量和机械强度能满足要求时，可将断股处磨平后用同材质的绑线扎紧，绑扎长度超出缺陷部分 30~50 mm；当断股损伤截面为 7%~25% 时，应进行补强；当断股截面超过 25% 时，应锯断做接头或更换。

⑤ 附加导线跨越或接近铁路、公路、电力线、弱电线路、河流时应符合相关行业部门的有关规定。

⑥ 附加导线对地面及相互间的距离在任何情况下不应小于表 5.14 中规定的数值。

表 5.14 附加导线对地面及相互距离（mm）

序号	有 关 情 况		供电线、正馈线、加强线	保护线、回流线、架空地线
1	导线在最大弛度时距地面高度	居民区及车站站台处	7000	6000
		非居民区	6000	5000
		车辆、农业机械不能到达的山坡、峭壁和岩石	5000	4000
2	导线距离峭壁挡土墙和岩石	无风时	1000	500
		计算最大风偏时	300	75
3	导线跨越铁路时	跨越非电化股道（对轨面）	7500	7500
		跨越不同回路电化股道（对承力索或无承力索时对接触线）	3000	2000

序号	有 关 情 况		供电线、正馈线、加强线	保护线、回流线、架空地线
4	不同相或不同供电分段两导线悬挂点间距离	水平排列	2400	—
		垂直排列，上方为供电线，下方为供电线或回流线	2000	—
5	与建筑物间的最小距离	导线与建筑物间最小垂直距离（计算最大弛度时）	4000	2500
		导线对建筑物最小水平距离（计算最大风速时）	3000	1000

（4）保护线距接地体或桥梁及隧道壁的最小距离≥150mm，困难时≥75mm。

（5）附加导线与接触网同杆合架时，正馈线、保护线安装位置应符合设计要求。正馈线带电部分与支柱边沿的距离应不小于 1 m。

（6）肩架安装位置正确、安装牢固、呈水平状态。肩架位置的误差为 + 50mm。

（7）保护线与支柱连接牢固，符合设计要求。

第 66 条 隔离开关维护技术标准：

（1）隔离（负荷）开关应动作可靠、转动灵活，合闸时触头接触良好，引线和连接线的截面与开关的额定电流及所连接的接触网当量截面相适应，引线不得有接头。

（2）隔离（负荷）开关的触头接触面应平整、光洁、无损伤，并涂以电力复合脂。

（3）隔离（负荷）开关的分闸角度及合闸状态应符合产品的技术要求。

（4）隔离（负荷）开关操作机构应完好无损并加锁，转动部分注润滑油，操作时平稳、正确，无卡阻和冲击。

（5）引线及连接线应连接牢固、接触良好，无破损和烧伤。引线的长度应保证当接触悬挂受温度变化偏移时有一定的活动余量并不得侵入限界，引线摆动到极限位置对接地体的距离不小于 350 mm。

（6）支持绝缘子应清洁、无破损和放电痕迹，瓷釉剥落面积不超过 300 mm^2。

（7）新安装的隔离（负荷）开关在投入运行前应做交流耐压试验，运行中每年用 2500 V 的兆欧表测量一次绝缘电阻，与前一次测量结果相比不应有显著降低。

（8）电动隔离开关操作机构应良好无损并加锁。传动杆与隔离开关操作机构紧密配合，符合产品说明书要求。隔离开关操作机构箱密封良好。

（9）驱动装置的电机转向正确，机械系统润滑良好，分、合闸指示器与开关实际位置相符合。驱动装置的电机和传动器的滑动离合器应符合技术要求。

第 67 条 支柱维护技术标准：

接触网支柱的技术状态应符合下列要求：

（1）支柱位置。支柱的侧面限界应符合设计规定，允许误差 0~+50mm。跨距误差为±500mm。

（2）支柱本体。支柱本体不得弯曲、扭转、变形，各焊接部分不得有裂纹、开焊，表面防腐层剥落面积不得超过 5%。

（3）支柱倾斜率。

① 支柱横线路面应垂直于线路中心线，允许偏差不应大于 2°。

② 单腕臂、双腕臂和中心锚结支柱顺线路方向应直立，允许斜率为±2‰；横线路方向，允许向受力反向的倾斜率为 5‰。

③ 硬锚锚柱横线路方向，向受力反向的倾斜率为 0~5‰，顺线路方向，向下锚拉线侧倾斜率为 0~5‰。

④ 补偿下锚柱横线路方向，向受力反向的倾斜率为 0~5‰，顺线路向下锚拉线侧倾斜率为 0~10‰。

⑤ 曲线内侧的支柱、装设开关的支柱、双边悬挂的支柱、硬横跨支柱均应直立，允许向受力的反向倾斜，其倾斜率不超过 5‰。

⑥ 接触网各种支柱，均不得向线路侧和受力方向倾斜。

（4）支柱基础。支柱基础面应高出地面。基础帽应完整、无破损、无裂纹。支柱根部和基础周围应保持清洁，不得有积水和杂物。基础顶板与支柱底板间填充的砂浆应符合设计要求。

填方地段的支柱外缘距路基边坡的距离小于 500 mm 时应培土，其坡度应与原路基相同。高填方地段培土困难、流失严重或土质强度不够者，应采用干砌片石或砂浆砌石加固。片石应挤压紧密、堆砌整齐，砂浆应饱满、标号符合规定。

（5）支柱拉线及拉线基础。拉线与地面的夹角一般情况下为 45°，最大不得超过 60°。拉线应绷紧，在同一支柱上的各拉线应受力均衡，应有防腐措施。拉线不得有断股、松股、接头及锈蚀。各部连接件、螺栓紧固良好。拉线基础周围不得有积水。

第 68 条 吸上线维护技术标准：

（1）吸上线安装位置应符合设计要求。电缆截面应满足回流要求，外露部分电缆护管应无损伤。吸上线埋入地下时，埋深不少于 300 mm。穿过钢轨、桥台时应采取防护措施。

（2）吸上线电缆与回流线（保护线）、扼流变压器（或空心线圈 SVAC）连接处应连接牢固，接触良好，并涂电力复合脂。

（3）吸上线电缆沿地面、支柱的敷设必须密贴、牢固。

（4）吸上线与回流线（保护线）连接时，距悬挂点的距离应符合设计要求。

第 69 条 避雷器维护技术标准：

（1）避雷器安装牢固、无损伤，绝缘护套无严重放电，动作计数器完好。

（2）瓷套管应光洁、无裂纹、无破损等，铁件无锈蚀。封口处的橡皮胶垫应良好、严密。

（3）避雷器绝缘子应呈竖直状态，倾斜角度不超过 2°。

（4）避雷器至高压侧的引线张力应适宜。极限条件下，高压侧引线对接地体之间距离大于 350 mm。

（5）避雷器需要单独接地时，接地电阻不大于 10 Ω。

（6）脱离器的安装应保证脱离后不影响供电，不侵入受电弓的工作范围。

（7）避雷器的维护、试验按产品说明书的规定进行。

第 70 条 安全接地技术标准：

（1）开关、避雷器、接触网支柱的接地按符合设计要求。

（2）27.5 kV 上网供电电缆接地保护：

① 单根上网电缆长度小于 100 m，则每根电缆保护层采用单点（即仅一端）接地。

② 单根上网电缆长度大于 100 m，则每隔 500 m 分段设置中间接头，每段电缆保护层采

用一端接地，另一端保护层通过保安器接地。

（3）所有接地连接应满足现行设计规范、国家规范、电力系统规范等的要求。

第 71 条 保安装置及标志维护技术标准：

（1）站内和行人较多的接触网支柱上，在距轨面 2.5 m 高的处所，以及安全挡板或细孔网栅均要有涂以白底用黑色书写"高压危险"字样和用红色画出闪电符号的警告标志。

（2）在接触网分相处应双向装设"预断""断""合"等标志。在接触网终端应装设"接触网终点"标志。"接触网终点"标志应装设于接触网锚支距受电弓中心线 400 mm 处接触线的上方。上述标志均为白底黑框，黑字黑体，标志装设位置及规格符合《技规》《铁路电力牵引供电施工规范》等规定。

（3）牵引供电设备管理单位的抢修列车、接触网工区均应备有"降"、"升"弓标志。当突然发现接触网故障或故障抢修先行送电开通时，按规定在故障地点两端设置"升"、"降"弓标。

（4）各种标志和揭示牌应完整无损、安装牢固、字迹清晰、便于瞭望，不得侵入限界。与行车有关的标志应设于列车运行方向的左侧。

（5）在桥下等处承力索上采取绝缘防护措施，出口两端绝缘防护长度不少于 5 m。

第 72 条 零件及其他：

（1）接触网零件（包括附加导线的金具，下同）应符合国家及铁道部有关标准（附加导线的金具还应符合电业部门架空线路金具相应的有关标准）。

（2）接触网零件要安装牢固，凡用螺母紧固者应有防松措施。零件上的各个螺栓均应受力均匀，其紧固力矩符合规定。各种调整螺丝的丝扣外露部分不得小于 50mm。各种线索的紧固零件在温度变化时不应使线索往复弯曲，以防疲劳。应涂油的螺栓必须涂油。

（3）接触网和附加导线中用于电气连接的零件，其允许载流量不应小于被连接的导线。

（4）除螺栓等标准件外，所有接触网零件均应有明确的生产厂家标志，否则视为不合格零件，严禁使用。

作业指导书

（1）各种设备的施工标准还要符合《铁路电力牵引供电设计规范》及《铁路电力牵引供电工程施工质量验收标准》的要求，要达到同期新建工程的标准。

（2）接触网常见故障：

① 线索类缺陷。

a. 承力索与接触线。

➤承力索出现锈蚀、断股等现象。

➤加强线与接触悬挂电气连接不良。

➤承力索出现过度的偏移。

➤导线定位点的高度过高或者过低。

➤导线的磨耗太大。

➤有异常点且此异常点的磨耗值很大等。

b. 吊弦与吊索。

➤吊弦布置的数量、间距不符合要求。

➢吊弦受力状态不符合要求。

➢吊弦有腐蚀现象，环节有卡滞现象，环节之间磨损严重（即超过了截面的 20%），有烧伤的痕迹。

➢吊弦的偏移角度和方向不符合调整温度要求。

➢吊弦线夹有裂纹，安装不正确、不牢固，有晃动现象。

➢吊弦环出现折断现象，吊弦脱落等。

➢吊索安装不正确、不牢固，接触线有偏磨和打弓的现象。

➢吊索在悬挂点中心两侧布置不均，两侧受力不均衡，不能够保证接触线高度，两段长度误差超过了 100 mm。

➢吊索座、高吊索座受力侧不正确，为反装。

➢吊索有断股、烧伤、锈蚀现象。

c. 电连接器。

➢电连接线有烧伤现象，安装不正确，螺、母不齐全且有松动现象，楔子与线夹不配套打紧，岔口有瓣开、螺栓无油等现象。

➢电连接线出现断股、散股现象，截面不符合截流要求，垂直部分有松弛现象，弹簧圈直径、间距不符合要求。

➢电连接线安装位置、偏移不符合要求，线夹与线索不配套、接触不密贴。

➢电连接线的预留量不满足温度变化时承力索、接触线伸缩的要求。

d. 供电线与回流线。

➢出现断股、散股、烧伤现象，绝缘子有闪络和破损现象，各导线电连接部分不牢固、接触不良好，钳接管接头有裂纹与抽脱现象。

➢供电线、回流线与铁路、公路、电力线、弱电线路、河流、地面、树木、建筑物、山坡、峭壁、岩石、接触网及杆塔的最小距离不符合规定。

➢供电线、回流线与接触网同杆合架时，其带电部分距支柱边缘的距离不符合要求。

➢供电线、正馈线合架时，两线间的距离小于 1 m。

➢回流线在支持绝缘子上绑扎的方式不正确，不牢固。

➢回流线肩架受力时不呈水平状态，误差在 -0~+50 mm 之外。

➢供电线、回流线采用鞍子悬吊时，在直线或曲线外侧时鞍子的开口侧有靠近支柱的现象，在曲线内侧时鞍子的开口侧有背离支柱的现象。

➢线夹（耐张线夹、鞍子等）悬吊导线时，导线的悬吊部位缠绕铝包带没有超出线夹夹持部分各 30 mm。导线接头距导线固定处（耐张线夹或鞍子等）的距离小于 500 mm，且每个跨距的接头出现超过 1 个的现象，跨越道口、铁路立交桥处有接头。

➢供电线、回流线的弛度不符合规定。

② 设备类缺陷。

a. 绝缘部件的常见缺陷：

➢绝缘部件发生闪络现象。

➢运行中的绝缘子泄漏距离不符合要求，即在一般地区小于 920 mm，在污秽地区小于 120 mm。

➢绝缘子出现裂纹现象，瓷体有破损、烧伤现象，其瓷釉剥落面积大于 300 mm。E-01 环

183

氧树脂绝缘子有弯曲和裂纹现象，连接件松动等。

➢绝缘子铁帽和金属件有锈蚀现象。

➢绝缘子出现击穿（爆炸）现象。

➢绝缘子出现机械破损情况，即棒式绝缘子自钢帽处断裂、棒式绝缘子自瓷体某部位断裂、棒式绝缘子瓷体裙部破损，悬式绝缘子瓷体破损。

b. 定位装置的常见故障：

➢定位器不能保证接触线拉出值及工作面的正确性以及定位点弹性不足。

➢定位器坡度不符合要求。

➢定位器、定位钩有裂纹。

➢定位环与定位钩的相对位置不正确，定位器有烧伤现象，转动不灵活。

➢定位线夹有裂纹，支持器安装方向不正确、顶丝不紧固、有滑落隐患，定位管伸出支持器长度不在 50~80 mm。

➢隧道内定位齿座为反装或特殊情况下的反装没有采取紧固措施。

➢定位管及定位肩架不呈水平状态。

➢反定位主管两侧拉线的长度和张力不相等、有损伤现象。

➢定位管在平均温度时不垂直于线路中心线，温度变化时其水平方向的偏角接触线在该点的伸缩不相适应。

➢防风支撑装置的安装位置及尺寸不符合要求，部件有裂纹。

➢螺栓紧固及受力没有达到良好状态，脱扣，锈蚀，弹垫平垫不齐全。

c. 补偿装置的常见缺陷：

➢坠砣串有卡滞现象、坠砣数量不符合要求、叠码不整齐、有缺损现象，a、b 值不符合要求。

➢限界支架安装状态不符合要求，部件及螺栓有缺损现象。

➢补偿绳有断股和偏磨现象。

➢补偿滑轮有永久性变形或部件缺损现象；补偿滑轮沿垂直方向的偏斜超过了规定；与补偿滑轮连接的零件有缺损、断裂现象。

➢补偿滑轮有卡滞或转动不灵活现象。

d. 支持装置的常见缺陷：

➢平腕臂受力状态不良，与斜腕臂的连接角度不良。

➢腕臂有永久性变形的现象。

➢承力索底座位置不符合要求。

➢隧道内埋入杆件有变形、锈蚀现象，水泥填充物状态不良。

e. 支柱及接地线：

➢H支柱外表有裂纹、混凝土破损、露筋及变形等，G柱有生锈、裂纹、变形。

➢H支柱内部有放电引起的异响声音。

➢支柱倾斜度过大。

➢侧面限界不符合要求。

➢支柱标志（红线标记、杆号）不符合要求。

➢支柱地线数目不符合要求，连接状态不良。

➤H 支柱的基础出现塌方、滑坡现象，G 柱基础出现裂纹。

➤支柱或隧道内地线没有与其密贴。

➤火花间隙安装不正确，有破损和放电的痕迹。

➤地线有锈蚀现象。

f. 隔离开关的常见缺陷：

➤隔离开关各部零件连接不牢固，铁件有锈蚀，瓷体有破损现象。

➤支柱绝缘子外伤、硬伤等异常现象。

➤刀闸触头、设备线夹与开关引线板接触不密贴。螺栓不紧固、无油。

➤闭合隔离开关，有反弹现象。主刀闸触头接触压力不均匀，有烧伤、扭曲、麻点等。接地刀闸合闸状态不符合要求。

➤双极隔离开关不同步、刀闸位置不一致。

➤操作机构转动不灵活。

g. 避雷器的常见缺陷：

➤避雷器出现破损、裂纹、电弧烧伤、漆层脱落、发黑等现象。

➤闭口端的堵头不堵紧；外部放电间隙的中心线不相对，放电；间隙距离不符合要求。

➤避雷器管体及绝缘子表面出现太多污垢和漆点情况。

➤避雷器肩架不水平，安装不牢固。

➤避雷器引线弛度状态及引线对地面距离不符合要求。

h. 保安装置和标志的常见缺陷：

➤限界门的吊板状态不良好。

➤吊板距地面的高度不符合要求。

➤各部连接件状况和螺栓的紧固情况不符合要求。

➤安全网栅的安全挡板和网栅距桥面的高度、宽度不符合要求。

➤安全挡板和网栅的安装状况不良好，网孔出现破损。

i. 吸流变压器的常见缺陷：

➤变压器内部音响很大且很不均匀，有爆破声响。

➤有异味，有油枕或防爆管喷油等现象。

➤吸流变压器密封垫圈老化。

➤出现油色不正常（如有碳质等）、绝缘老化等现象。

➤引线与吸流变压器或接触悬挂接触不良，有破损、烧断股或开股等现象。

③结构类缺陷。

a. 软、硬横跨的常见缺陷：

➤横向承力索和上、下部固定绳不在同一铅垂面内。

➤横向承力索的弛度不符合规定。

➤直吊弦没有保持铅垂状态，其截面和长度不符合规定，最短直吊弦的长度误差大于 50 mm。

➤横向承力索和上、下部固定绳有接头，有断股和补强。

➤上、下部固定绳不呈水平状态，负弛度超过标准要求（5 道以下为 100 mm，5 股道以上

185

为 200 mm）；下部固定绳距接触线的垂直距离超过 250 mm。

> 1、2、3、4 节点的绝缘子串，双重绝缘连接不牢固，有松动现象。

> 下部固定绳出现断线的现象。

> 硬横跨钢梁状态不好，有锈蚀现象；吊柱不垂直。

> 上、下部固定绳的张力与弛度不符合要求。

> 横向承力索，上、下部固定绳各受力杆件的状态差；横向承力索，上、下部固定绳的距离不满足要求。

> 两支柱的中心连线与正线线路中心线不垂直。

b. 非绝缘锚段关节常见缺陷：

> 转换柱处非工作支接触线抬高值小于 200 mm，使转换柱间两支接触线等高点偏移跨距中心位置。

> 锚支接触线在转换柱处相对于工作支接触线的抬高值小于 200 mm；在动滑轮处相对于工作支接触线的抬高值小于 500 mm（这种现象容易引起刮弓事故）。

> 非工作支接触线上安装的线夹不端正；相应转换柱处非支抬高值不够。

> 电连接器接触不良，造成承力索烧股或烧断，烧伤或烧断接触线，烧伤或烧断吊弦及其他零件，造成定位器电气腐蚀等现象。

> 支持装置受力不合理或定位管卡滞。

c.绝缘锚段关节常见缺陷：

> 关节内吊弦、定位器、腕臂的偏移方向不正确，偏移角度不符合要求。

> 电连接器有烧伤、断股及散股现象，线夹技术状态不符合要求。分段悬式绝缘子串有破损缺陷。

> 两组接触悬挂的绝缘间距及非工作支接触线的抬高值不符合要求。

> 中心柱处两支工作支接触线对轨平面不等高；中心柱与两转换柱间两支接触悬挂间的水平距离不满足要求。

> 支持装置、非工作支接触线定位装置的技术状态不满足要求。

> 补偿装置出现故障的现象。

> 四跨绝缘锚段关节处接触线磨耗值超标，有烧伤及硬点情况，承力索有断股现象，各部螺栓、螺母有破损，以及零件有断裂、烧损、脱落等缺陷。

d. 中心锚结常见缺陷：

> 中心锚结线夹没有保持铅垂状态，线夹螺母有松动、脱落缺陷。

> 线夹处及其附近的接触线有局部磨损严重及损伤缺陷。

> 中心锚结绳有断股和接头现象，中心锚结线夹两边锚结绳的张力、长度不相等，有松弛现象。

> 钢线卡子的安装状态不符合要求。螺母有松动、脱落，锚结绳外露绑扎部位有开脱现象。

> 中心锚结线夹处接触线高度不满足要求。

e. 线岔常见缺陷：

> 线岔交叉点的投影位置不符合技术要求。

> 工作支接触线和非工作支接触线抬高值不满足要求。

➢道岔定位点处拉出值不符合要求。

➢限制管安装位置及其管内两接触线间隙不符合要求。

➢各部线夹及防松垫片、紧固螺栓的状态差；限制管的定位线夹有偏斜及变形现象，螺母有松动或脱落、垫片缺损现象；限制管内有卡滞现象，交叉点处及其附近接触线有损伤痕迹。

➢电连接器、交叉吊弦状态有缺陷。

➢道岔柱、定位柱、软横跨处定位状态有缺陷。

➢线岔所在跨距内接触线有损伤痕迹、硬点、局部磨损严重点，吊弦有松弛、磨损或烧伤及吊弦线夹被受电弓碰击或磨损现象。

第七节　抢修管理

一、抢修基本要求

第 73 条　客运专线接触网抢修要遵循"先通后复"和"先通一线"的基本原则，以最快的速度先行供电、疏通线路，及早恢复设备正常的技术状态。抢修方案应遵循"先重点，后一般"的原则，首先使接触网脱离接地，尽快恢复送电，待列车离开故障供电单元时，再对故障地点进行恢复。

第 74 条　客运专线接触网抢修作业方式根据故障现场需要，可采取 V 型天窗停电作业或垂直天窗停电作业方式。客专电调在发布停电作业命令前应撤除相关馈线断路器重合闸。

第 75 条　客运专线接触网抢修处理方式可分为一次性恢复和分次恢复两种。

（1）一次性恢复：对于故障影响不大，恢复用时不长的，应一次性恢复到正常技术状态。

（2）分次恢复：对于故障破坏严重，影响范围大，难以恢复到接触网正常技术状态的，宜采用分次恢复方式。分次恢复有以下两种情况：

①对故障临时处理后，采取降弓运行的方式，速度不超过 160 km/h。

②对故障临时处理后，设备恢复基本状态，可按 200 km/h 速度运行。

故障地段接触网设备经临时处理后，铁路局应尽快制定设备恢复正常技术速度的方案，并尽快组织实施。

第 76 条　故障抢修采取降弓运行时，降弓运行时间原则上不超过 24 小时。

第 77 条　故障抢修中，现场抢修指挥人员要指定专人负责与电调联系，随时汇报故障抢修进展情况，并及时传达上级领导对抢修的有关要求。

二、恶劣天气运行及抢修要求

第 78 条　为了有效预防以及快速处理恶劣天气下接触网设备突发事故，最大限度地减轻恶劣天气对供电设备运行的影响，必须坚持"安全第一、预防为主"的原则，加强对突发事件的预防和控制，各铁路局要有相应的预防措施和预案。

第 79 条　雨、雪、雾、大风及接触网覆冰等恶劣天气下，应避免出现接触网停电状态。各种恶劣天气多发时间段前，设备管理单位要对接触网设备进行全面的巡视检查，及时发现和处理设备缺陷，防止恶劣天气下设备事故的发生；并组织开展针对恶劣天气的故障抢修演练，提高对恶劣天气下突发事件处理、抢修以及快速恢复接触网设备正常运行的能力。

第 80 条　恶劣天气下发生接触网设备故障，由高铁供电调度统一指挥抢修。高铁供电调度是命令发布机构和信息反馈终端，各级领导的要求和指示应通过高铁供电调度传递到各级指挥人员。

第 81 条　雨、雪、雾等恶劣天气下的应急抢修：

（1）环境温度较低天气发生雨、雪、雾情况下，要及时撤除接触网跳闸的自动重合闸功能。

（2）遇上述天气情况下发生接触网跳闸时，供电调度要立即告知列车调度员，通知在该供电臂内所有动车全部降下受电弓，确认全部动车降弓后，该供电臂首先强送一次。如强送不成功，立即通知接触网工区查找故障；如强送成功，确认接触网无故障后，该供电臂再次停电。在接触网无电状态下，按下述程序办理：

通知其中一台动车升弓后，合闸送电，确认无故障后，再次停电，并通知另一台动车升弓，再次送电确认，直至确认故障动车，通知其降弓并不得自行升弓，等待救援。

（3）遇暴雨、暴雪、大雾、较低温度降雨等恶劣天气情况下，动车运行中发生接触网跳闸故障后，供电调度要立即通知有关接触网工区，做好抢修准备，与列车调度员密切配合，迅速对故障处所进行判断和处置。

第 82 条　接触网覆冰时的应急抢修。

接触网出现覆冰，导致受电弓无法正常取流时，铁路局要立即启动导线机械除冰应急预案。

（1）取消停电天窗，避免接触网出现长时间停电，并安排一定数量的动车组（或电力机车）开行，利用电弧熔化接触线上的薄冰。

（2）对结冰较厚并导致受电弓无法取流的区段，采用人工除冰。除冰时，用铲刀、木槌等工具刮除冰快，不可敲打接触线，避免接触线产生硬弯。

（3）车站侧线是结冰较厚的区段，工区要及时除冰，防止机车升弓取流时烧段导线。

（4）冻雨天气下，抢修人员应直接乘轨道作业车赶往故障区段、巡视查找故障点。若区间有列车阻隔，应采取反向行车或改乘其他交通工具，迅速将抢修人员及机具材料送达故障地点，查明情况，迅速抢通。

若故障区段上下行均被阻隔，调度应通知相邻工区的抢修待令人员乘轨道车直接出动进行抢修，本工区人员到达现场后加入到抢修组织中。

第 83 条　强风天气应急抢修。

强风天气下，发生接接触悬挂舞动时，可根据频率及振幅大小采取限速措施，必要时动车组（电力机车）停止运行，采取内燃机车牵引过渡措施。

（1）接到接触网晃动报告后，接触网专业技术人员及抢修作业人员要按《电气化铁路接触网事故抢修规则》（铁运〔2009〕39 号）要求，迅速赶赴现场查明情况，并严密注视灾情和列车运行状态，及时、准确向供电调度报告现场情况。

（2）当接触网上下晃动量不超过 200 mm 或水平晃动量不超过 150 mm 时，可采取动车组（电力机车）限速 45 km/h 通过晃动区段的措施，并现场观察弓网运行情况。

（3）当接触网上下晃动量大于 200 mm 或左右晃动量大于 150 mm 时，应适时采取降弓通过晃动区段的措施。当晃动区段过长，无法降弓通过时，应采用内燃机车摆渡方案组织行车。

（4）因接触网晃动，导致接触网有明显缺陷，无法保证受电弓安全运行时，应立即停电进行处理。

第八节　安全规定

第 84 条　客运专线接触网设备抢修、维护作业，应采用作业车，利用垂直天窗进行。如遇故障处理、抢修必须采用 V 停检修作业时，其邻线通过列车应限速 160 km/h 以下。

第 85 条　凡参加客运专线接触网运营维护的设备管理单位机关、供电车间管理技术人员和工区职工，上岗前必须经过高速列车运行安全技术业务培训，并经考试合格后方能上岗。

第 86 条　在隧道、桥梁等特殊区段及雨、雪、雾或风力在 5 级及以上特殊天气时，只进行垂直天窗接触网检修作业。遇有雷电（在作业地点可看见闪电或可听到雷声）时应禁止接触网维护作业。事故抢修遇有上述情况时，应利用垂直天窗，在增设接地线并加强监护的情况下方可进行。

第 87 条　客运专线接触网设备维护作业，要严格执行监护制度，每一个监护人的监护范围不得超过一个跨距，同一组硬横跨上作业时不超过 2 股道。清扫绝缘子、检调附加悬挂作业监护范围按普速线路有关规定执行，作业人员及料具严禁从两线间上下，严禁侵入邻线。

作业指导书

高速接触网检修多安排在夜间进行。接触网夜间检修作业是指天窗时间为当日 18 时至次日 7 时范围内进行的所有接触网检修工作。

开展夜间检修作业需要满足以下条件：

（1）开展夜间作业的车间要依照接触网夜间作业的规定并根据现场实际提报通信照明设施，安全科根据提报计划优先配齐照明设备、安全防护工具和检测设备。照明设备要满足夜间整个作业面和各作业点照明的要求；防护工具要满足夜间作业行车安全防护和人身安全防护的要求；检测工具要适应夜间作业的要求，以满足接触网夜间作业的安全防护、检修质量及效率的需要。90 分钟及以上的天窗作业还要配备适当的备用照明。

（2）开展夜间作业的电气化区段，牵引供电设备要按规定设置设备分界等各类标示牌。接触网设备的上、下行分界牌，隔离开关编号牌、支柱号码牌以及 V 型天窗作业等标示牌要全部改为荧光式或反光材料，以示醒目。

（3）变电所、开闭所、分区亭室外设备区要确保照明良好，馈线侧要安装投光灯，馈线编号牌要采用反光材料。电调所进行远动停电操作时，当地变电值班人员必须确认相关开关的分、合状态。

开展夜间检修作业需要注意的安全措施：

（1）施工前，施工车间、项目部应抓好修前调查，并提前上报检修计划，由段技术科审核后方可执行。

（2）接触网夜间检修以轨道作业车作业为主，车梯作业为辅。

（3）接触网夜间作业，要认真执行天窗点前点毕的人员集中点名制度。所有施工人员严

189

禁站在移动车辆的前方。夜间在线路上及路基上行走时，要认真确认路况，严防拉线及其他障碍物绊倒摔伤。

（4）复线区段接触网夜间 V 型天窗作业要在工作票右上角加盖"上行夜间"或"下行夜间"红色标示，垂直天窗作业要在工作票右上角加盖"垂直夜间"红色标识。

（5）接触网夜间检修尽量采取集中作业方式。在夜间进行清扫绝缘等分散作业时，要适当增加监护人员，加强安全防护。

（6）所有参加接触网夜间作业的人员必须穿着反光防护服。攀登支柱、上下作业平台或车梯时，作业组成员要呼唤应答。多名人员高空作业时，高空人员要互相呼唤应答，防止在传递工具或材料的过程中误伤作业人员。

（7）在雨、雪、雾、风力五级及以上等特殊气候情况下，或在小曲线、长大隧道及桥梁等特殊区段，一般不进行接触网夜间 V 型天窗或垂直天窗作业。如遇接触网事故抢修时，必须利用垂直停电天窗进行。

（8）利用轨道作业车进行天窗作业时，要严格执行作业平台的有关安全规定，专人操作。利用车梯夜间作业时，要严格执行车梯作业的有关安全措施，同时要保证充足的照明随车梯移动。所有接触网工具、材料要按规定放置，严防坠落伤害人员。

（9）夜间进行更换接触网大部件或线索的作业，要时刻注意保持安全距离，所有物品不得抛上、掷下，严禁高空掉物伤人。

（10）每次接触网夜间作业消令前，工作领导人必须组织人员对作业现场进行认真的清理，确保在接触网设备上、线路中不遗留任何路料。

（11）严禁超出作业范围作业。

（12）所有验电装置必须先用接触式的音响或灯光报警验电器，再用地线杆探针在需接挂的腕臂或定位器上验电，做到双重保险。

（13）接触网夜间作业，接地线的防护距离要适当缩短，必要时要增设接地线。

（14）地线杆连接处的金属接头上，要粘贴白色反光带，以示醒目。防护员要配备对讲机及防护信号灯。

（15）夜间施工，作业组要配备足够的照明和通信工具。作业照明要采用固定和移动两种方式，在保证覆盖全部作业范围同时，还要确保每个作业点的局部照明。

（16）施工作业组要指定专人对夜间作业使用的通信照明器材进行管理，并制定对灯具设备的日常维修及保养制度。所有照明灯具在使用前要确保性能良好、电源充足。作业中，照明设备不得侵入限界，并时刻处于良好状态。

（17）作业结束后工作领导人必须集中全体作业组人员，点名清点人数，确保同去同归。清点人数齐全，方可撤除各项安全防护措施，下达撤除地线命令、消令。

（18）作业车辆在夜间行驶中，轨道平板车上严禁留有人员。

（19）施工中轨道车辆移动时，副司机必须下车使用防护信号灯引导，严禁在两线间引导。换向运行时司机必须换端操作。

（20）如果施工、作业项目较多，每个作业点必须要设专人监护。

（21）在夜间作业时，非特殊情况作业车组严禁解列。

第九节　附　则

第88条　本规程由铁道部运输局负责解释。

第89条　本规程自 2010 年 11 月 1 日起实施。

附件1　高速铁路供电车间主要机具设备表

序号	设备名称	规格、参数	单位	数量	备注
一、车辆及交通工具					
1	生产抢修指挥车	乘坐 5 人	辆	1	
2	电力工程车	乘坐 12 人	辆	1	
3	电气试验车	试验电压：0～150 kV	辆	1	
4	汽车升降车		辆	1	
5	发电、电焊两用车	100 kW	辆	1	
6	轨道平板车	载重量：70 t	辆	1	
7	轨道吊车	最大起重量：25 t	辆	1	
8	接触网抢修列车	接触网作业车 2 辆、轨道吊车 1 辆、接触网恒张力作业车 1 辆、轨道平车组成	组	1	全线 1 组
二、车间共用设备					
1	接触网抢修材料	具体见铁运〔2009〕39 号附件 3	套	1	
2	接触网抢修机具	具体见铁运〔2009〕39 号附件 4	套	1	
3	接触网抢修照明设备	全方位自动泛光工作灯、多功能强光灯、轻型升降泛光灯等共 8 项	套	1	
4	通信工具	对讲机	台	8	
5	蓄电池恒流充放电机		台	1	
6	接触网成像检测装置		套	1	
7	超声波探伤仪		台	1	
8	绝缘水冲洗设备		套	1	
三、信息化系统					
1	牵引供电维护管理信息化系统		套	1	全线 1 套
四、专用检修工具					
1	接触线连通装置	AD-GW+HC-CW	套	3	
2	钢性无损切割装置	HT-TC041	把	4	
3	高速铁路专用液压钳	B62	把	4	
4	高速铁路电连接液压套装	9.03.20	套	2	
5	接触线无损平行装置	MSGW	个	4	
6	弹性吊索安装工具	TZ.TD.01	台	3	
7	高速铁路无损硬点消除装置	9.03.10	套	2	

序号	设备名称	规格、参数	单位	数量	备注
8	无损卡线器装置	CCT-150	个	12	
9	电缆终端作业装置	AV6320+GB-M20+GB-PM20-SET+B131-UC+B-TC095	套	1	
10	高速铁路接触线无损切割装置	B-TFC2	把	4	
11	承力索无损专用小型液压切刀	B35-TC025	套	4	
12	快速紧线装置	TZ.TD.03	把	4	

附件2 高速铁路接触网工区主要机具设备表

序号	设备名称及规格	规格、参数	单位	数量
1	接触网作业车	120 km/h(暂定)、四轴,带检测装置	辆	1
2	高空作业车	120 km/h、四轴	辆	1
3	电力工程抢修车	乘坐12人,带自救装置	辆	1
4	红外热成像仪		台	1
5	导线磨耗带电遥测仪	精度：0.005 mm；分辨率：0.001 mm；带PDA、蓝牙无线传输、非接触测量	台	1
6	接触网检修机具(含抢修)			
6-1	充电式液压导线切刀	B-TC026	把	3
6-2	充电式液压钳	B135-UC	台	2
6-3	充电式液压切刀	B-TFC2	台	2
6-4	充电式压接钳	B62	台	3
6-5	充电式电缆切刀	B-TC095	台	2
6-6	电连接液压套装	9.03.20	套	2
6-7	五轮校直器	MSGW	个	2
6-8	接触线紧固套装	AD-GW，HC-GW	套	2
6-9	充电式螺帽切除器	B-TD1724	把	3
6-10	数显力矩扳手	TZCEM	把	5
6-11	力矩扳手	410-530	把	15
6-12	承力索专用切刀	B-TC04	把	3
6-13	带电电缆防护安全切刀	CP1120-W-1000KV	套	2
6-14	充电式液压电缆切刀	B-TC051	把	3
6-15	弹性吊索安装工具	TZ-TD.01	台	3
6-16	接触线断线快速抢修装置	9.18.10	套	2
6-17	供电电缆快速抢修装置	9.17.10	套	1

序号	设备名称及规格	规格、参数	单位	数量
6-18	硬点处理套装	9.03.10	套	2
6-19	无损卡线器装置	CCT-150	个	6
6-20	高铁终锚、斜拉线专用压接装置	9.04.10	套	4
6-21	扭力扳手校验仪	682/400	台	1
6-22	线索张力测试仪	TZ.CEML	台	1
7	接触网几何参数测量仪	9项功能	台	2
8	绝缘子在线检测仪		台	1
9	接触网抢修材料	具体见铁运〔2009〕39号附件3	套	1
10	绝缘器件干燥装置	温度：300℃	套	1
11	接触网维修照明设备灯具	全方位自动泛光工作灯、遥控探照灯等共8项	套	1
12	折叠梯车		台	1
13	绝缘折叠挂梯		台	1
14	高枝油锯		台	1
15	通信器材（对讲机）		台	8
16	光学检测仪器		套	1
17	柴油发电机组	10 kW	台	1
18	附盐密度检测仪		台	1
19	轴温检测仪		台	1
20	氧化锌避雷器在线监测仪		台	1
21	绝缘子冲洗设备		套	1

附件3 接触网线索及绝缘件机械强度安全系数

（1）铜或铜合金接触线在最大允许磨耗面积20%的情况下，其强度安全系数不应小于2.0。

（2）承力索的强度安全系数，铜或铜合金绞线不应小于2.0。钢绞线不应小于3.0；钢芯铝绞线、铝包钢和铜包钢系列绞线不应小于2.5。

（3）软横跨横向承力索中的钢绞线安全系数不小于4.0，定位索的强度安全系数不应小于3.0。

（4）供电线、加强线、正馈线、回流线等接触网附加导线的强度安全系数不应小于2.5。

（5）绝缘部件机械强度的安全系数应不小于：

①瓷及钢化玻璃悬式绝缘子（受机电联合负载时抗拉）：2.0。

②瓷棒式绝缘子（抗弯）：2.5。

③针式绝缘子（抗弯）：2.5。

④合成材料绝缘元件（抗弯）：5.0。

（6）耐张的零件强度安全系数不应小于3.0。

本章小结

本章讲解了《高速铁路接触网运行检修规程》，其中包括高速铁路接触网运行检修的总则、运行管理、状态监测、接触网检测与检查、检修管理、高铁接触网维护技术标准、抢修管理、安全规定等相关规定。

思考题

1. 为保证运行维护工作顺利开展，开通前，施工单位应向设备接管单位提供哪些技术资料？
2. 设备管理单位应建立或具备哪些规章制度和技术文件？
3. 监测分为哪几类？具体内容是什么？
4. 巡视分为哪几类？各类巡视具体看什么？
5. 视频和摄像检查的检查周期为多长？检查项目有哪些？
6. 主导电回路接续状态监测的检查周期为多长？检查项目有哪些？
7. 静态检测的检测项目有哪些？
8. 动态检测的检测项目有哪些？
9. 全面检查的周期为多长？检查项目有哪些？
10. 设备管理单位要建立月度接触网运行质量分析、诊断制度，诊断、分析的主要内容有哪些方面？
11. 绝缘部件的清扫周期如何确定？

第六章　牵引供电事故管理规则及高速铁路接触网故障抢修规则

本章主要讲授《牵引供电事故管理规则》及《高速铁路接触网故障抢修规则》，使学生熟悉牵引供电事故的分类与事故处理原则，熟悉高速接触网故障抢修的组织流程和典型故障的判断、查找、处理方法。学生通过对本章的学习，应该具备一定的高速接触网故障抢修组织、判断、查找、处理和总结的能力。

第一节　总　　则

安全生产是党和国家的一贯方针。牵引供电工作要坚持预防为主，经常进行安全思想教育和劳动纪律教育，积极开展事故预想活动，不断提高设备质量和人员的技术水平，确保安全可靠地供电。

第二节　事故分类

第 1 条　在牵引供电系统中，凡由于工作失误、设备状态不良或自然灾害致使牵引供电设备破损、中断供电以及严重威胁供电安全者，均列为供电事故。

第 2 条　根据事故的性质和损失，供电事故分为重大事故、大事故、一般事故和障碍 4 种；根据发生事故的原因，分为责任、关系及自然灾害 3 种。

第 3 条　符合下列情况之一者列为重大事故：

（1）接触网停电时间超过 5 小时。

（2）牵引变电所全所停电超过 3 小时。

（3）牵引变电所主变压器破损需整组更换线圈或必须拆卸线圈才能进行的铁心检修。

（4）牵引变电所一次侧的断路器破损达到报废程度。

第 4 条　符合下列情况之一者列为大事故：

（1）接触网停电时间超过 4 小时。

（2）牵引变电所全所停电超过 2 小时。

（3）由于牵引供电设备反常、工作失误迫使列车降低牵引重量或限制列车对数超过 48 小时。

（4）牵引变电所主变压器破损需检修线圈或铁心。

（5）额定电压为 27.5 kV（包括 35 kV 和 55 kV）的变压器或断路器破损达到报废程度。

第 5 条　符合下列情况之一者列为一般事故：

（1）接触网停电时间超过 30 分钟。

（2）牵引变电所全所停电（重合闸成功或备用电源自动投入供电者除外）。

（3）由于牵引供电设备反常、工作失误迫使列车降低牵引重量或限制列车对数。

（4）由于电力调度错发命令或人员误操作造成断路器跳闸，或者造成接触网误停电、误送电。

（5）由于电力调度错发命令或人员误操作或牵引变电所保护拒动（避雷器除外），造成电力系统断路器跳闸且重合闸不成功。

（6）正线承力索或接触线或馈电线断线。

第6条 符合下列情况之一者列为供电障碍：

（1）接触网停电时间超过10分钟。

（2）由于牵引供电设备反常、工作失误迫使列车降低运行速度或降弓运行通过故障处所。

（3）由于设备状态不良或供电方面准备工作不充分，使备用设备不能按要求投入运行。

（4）保护装置（避雷器除外）误动、拒动。

第三节　事故抢修

第7条 当发现供电设备故障时，要按照规定进行现场防护，在力所能及的范围内采取措施防止事故蔓延和扩大，减少事故损失，同时尽快地报告电力调度。

第8条 在事故抢修中电力调度要与列车调度密切配合，严格掌握供电和行车两方面的基本标准条件，机智、果断地采取有效措施，保证安全迅速地恢复供电和行车。

第9条 事故抢修可以不要工作票，但必须有电力调度的命令，并按规定办理作业手续，以及做好安全措施。

第10条 事故抢修的工作领导人即是事故现场抢修工作的指挥者。当有几个作业组同时进行抢修作业时，必须指定1人担当总指挥，负责各作业组之间的协调配合；同时必须指定专人与电力调度时刻保持联系，及时汇报抢修工作进度、情况等，并将电力调度和上级的指示、命令迅速传达给事故抢修的指挥者。

第四节　事故处理

第11条 对每一件供电事故都要按照"三不放过"、"四查"（即事故原因分析不清不放过，事故责任者和群众没有受到教育不放过，没有防范措施不放过；查思想，查纪律，查制度，查领导）的要求，认真组织调查，弄清原因，确定责任者，制定出有效的防范措施。

第12条 供电重大事故由铁路局组织处理，供电大事故由铁路分局组织处理，供电一般事故和障碍属供电段责任者由供电段组织处理，属其他单位责任者由分局指定单位组织处理。当故障涉及两个及以上单位，且对故障原因、责任者，各单位意见分歧不能统一者，按上述处理权限报上一级组织审查裁处。

第13条 对每件事故的划分和处理应严肃认真，实事求是，及时准确。对事故责任者，依情节轻重，应给予批评或处分；对防止事故有功人员应给予表扬或奖励。

第14条 由于发生供电事故同时引起行车事故或职工伤亡事故，除分别按《铁路行车事故处理规则》或人事、劳资部门的有关规定上报处理外，对供电事故还应按本规则规定上报。

第五节　事故报告

第15条 事故报告分为电话速报和书面报告两种。电话速报是于故障发生后用电话（或电报）向有关上级机关的报告；书面报告是于事故处理后用书面向有关上级机关的报告。

第16条 电力调度接到供电故障报告后除尽快组织抢修外，同时要按照电话速报的内容要求迅速用电话报告供电段、铁路分局和铁路局电力调度，铁路局电力调度还要及时报告铁道部。

第17条 对每一件责任供电事故，供电段均要填写"牵引供电事故报告"。一般事故填写3份于事故处理后3日内报铁路分局抄报铁路局。大事故填写4份，于事故处理后5日内由铁路分局报铁路局抄报铁道部。重大事故填写4份于事故处理后7日内由铁路局报铁道部。

第六节　高速铁路接触网故障抢修规则

一、总　则

第1条 为规范和加强高速铁路（含相关联络线和动车走行线，下同）接触网故障（或事故，下同）抢修工作，保障铁路运输安全和畅通，特制定本规则。

第2条 高速铁路接触网故障抢修要遵循"先行供电""先通后复"和"先通一线"的基本原则，以最快的速度满足滞留列车供电条件，尽快疏通线路并尽早恢复设备正常的技术状态。为保证快速抢通，在确保安全的前提下，允许接触网降低技术条件临时恢复供电开通运行。

第3条 牵引供电运行各级管理部门按照"细分供电单元，缩小供电范围，准确判断故障，压缩故障停时"的要求，合理抢修布局，强化抢修设施配套，完善抢修预案，实现快速响应、高效抢修。

第4条 接触网抢修基地应针对高速铁路设备特点，配备先进装备、机具和充足的材料。在供电段生产调度指挥场所设置实时的远动（SCADA）和综合视频复视系统。积极推广和应用集设备运行、技术资料、信息传递、抢修预案等功能于一体的接触网抢修辅助决策系统，提高接触网故障应急抢修工作效率与管理水平。

第5条 铁路从业人员凡发现接触网故障和异状，应立即报告列车调度员、供电调度员或者邻近车站值班员、供电设备管理单位（含牵引供电外委维修管理单位或公司，从事高速铁路牵引供电的施工单位等，下同）人员，并尽可能详细地说清故障范围和损坏情况。

第6条 本规则适用于高速铁路接触网故障、事故抢修及自然灾害和其他事故引起的接触网修复、配合工作。新建设计速度200 km/h的铁路参照本规则执行。各铁路局应结合本局具体情况制定实施细则。

二、抢修组织

第7条 牵引供电运行各级管理部门要加强高速铁路接触网故障抢修工作的领导，建立健全各级责任制。铁路局应成立接触网故障抢修领导小组，供电段、车间和工区应成立接触网故障应急抢修组织。

第8条 铁路局供电调度员负责接触网故障抢修指挥。铁路局应建立高铁供电应急指挥专家组，应急指挥专家组主要负责指导高铁供电应急处置方案的制定和实施，为电调指挥和现场抢修提供技术支持，实现安全快速抢通。

第 9 条　供电段负责现场抢修组织和实施。抢修时，应明确现场抢修负责人，所有抢修人员必须服从抢修负责人的统一指挥。在配合铁路交通事故救援时，接触网抢修负责人应服从事故现场负责人的指挥。

第 10 条　接触网现场抢修负责人一般由先行到达现场技术安全等级最高的人员担任。抢修负责人变更后应及时报告供电调度。

第 11 条　跨局或两个及以上工区参加抢修时，原则上由设备管理单位人员担任现场抢修负责人。

第 12 条　在高铁车站（含动车段、所）站房内应设立接触网应急值守点。值守点应具有不小于 30m² 的单独的值守和工具材料房间，满足值守抢修条件。特殊情况时，可在重点区段增设临时应急值守点。在冰雪、大雾、雷雨、台风等恶劣天气时，应急值守点人员、车辆等应相应加强。

第 13 条　牵引供电运行各级管理部门应备有管辖范围的供电分段示意图、接触网平面图和安装图、"一杆一档"设备档案、抢修交通路线系统等资料。

第 14 条　承担抢修工作的车间、班组和应急值守点有关人员根据作业需要均应配置GSM-R 手持终端，并保持状态良好。铁路局供电调度应掌握各级抢修组织成员及现场抢修人员的联系通信方式。

第 15 条　抢修预案应明确 AT 供电、直接供电、迂回供电、越区供电等不同供电方式保护定值组别转换及倒闸作业流程。

第 16 条　接触网发生断线、弓网故障或故障停电时间可能超过 30 分钟的接触网抢修，铁路局抢修领导小组成员应及时到达调度台或现场协调组织抢修，供电段负责人应及时赶赴现场组织抢修。

第 17 条　为保证抢修工作的顺利进行，可要求通信部门开通现场至铁路局间电话和图像通信。相关单位应做好后勤服务工作，保证抢修人员生活和物资供应。

三、信息处置与行车组织

第 18 条　铁路局应建立供电与其他相关专业的故障信息沟通、处置机制。供电调度、供电段接到与故障相关信息后，应及时组织分析和处理，信息情况不明时，应主动联系，了解详情。

第 19 条　发生供电跳闸、接触网悬挂异物、零部件脱落、动车组停电、降弓（换弓）等异常情况时，供电调度员应协调列车调度员，及时办理列车限速、降弓、扣停等行车限制措施，同时组织供电人员登乘后续列车巡视检查设备。

第 20 条　跳闸重合闸成功或试送电成功，判明为未侵入铁路建筑限界的变电设备原因、过负荷或供电线（缆）原因时，列车可不限速、降弓。

第 21 条　需要限速或降弓时，限速范围原则上按故障指示地点前后各加 2 km 确定。故障地点不明确的，按整个供电臂（供电单元）限速。

第 22 条　跳闸后试送电失败，本供电臂内停有列车，确认故障地点及性质后，具备条件的，供电调度员应通过远动分合接触网分段隔离开关，隔离故障点，恢复故障点所在最小停电单元以外的区段供电。

第 23 条　遇强风天气线路停运时，接触网可相应停电。恢复送电前，确认具备送电条件后方可送电。发生接触网覆冰及覆冰融化脱落时段，列车限速 160 km/h 及以下运行。

四、安全措施

第 24 条 抢修人员需进入防护栅栏防护网检查确认或处理故障时，应向列车调度员提出申请，在本线及邻线封锁或本线封锁、邻线列车限速 160 km/h 及以下进行。

第 25 条 抢修作业可不签发接触网工作票，但必须得到供电调度批准的相应作业命令，并由抢修负责人布置安全、防护措施。

第 26 条 除遇有危及人身或设备安全的紧急情况，供电调度员发布的开关倒闸命令可以没有命令编号和批准时间外，接触网所有的作业命令，均必须有命令编号和批准时间。

第 27 条 进入封闭栅栏防护网内进行抢修作业，人员到达现场，在线路封锁命令下达前，所有作业人员须全部在封闭栅栏防护网外等候。接到封锁命令后，施工负责人方能带领作业人员进入防护网内。

第 28 条 设备发生故障，需在双线区间的一线上道检查、处理设备故障时，须设置防护。本线、邻线可不设置防护信号，不同作业的具体防护办法由铁路局制定。

第 29 条 作业组所有的工具物品和安全用具均须粘贴反光标识，在使用前均须进行状态、数量检查，符合要求方可使用。进、出封闭栅栏防护网时对所携带和消耗后的机具、材料数量认真清点核对，不得遗漏在线路或封闭栅栏防护网内。

第 30 条 根据故障现场实际和抢修需要，需采取 V 停或间接带电方式抢修作业时，应撤除相关馈线自动重合闸功能。

五、抢修处置

（一）故障判断与查找

第 31 条 凡发生牵引供电跳闸、接触网异常的情况，供电调度员应立即组织供电段巡查设备，查明跳闸、异常情况的原因。需登乘列车检查处理故障时，协调列车调度员办理抢修人员登乘事宜。

第 32 条 发生供电跳闸后，供电调度员应通过保护装置提供的故障报告，结合列车运行、天气情况、视频监控等信息，初步分析判定跳闸故障类别、性质、故障地点或区段。

作业指导书

（一）故障判断

为及早判断出故障性质，根据运行实际，判断故障的主要方法如下：

1. 恶劣天气易发故障

（1）大雾天气：首先考虑绝缘子闪络、击穿，与隔离开关连接的分段绝缘器烧伤，"V"型天窗作业时渡线分段击穿，电力机车受电弓支持绝缘子击穿引起断线，接触网带电设备对跨线桥底面放电等。

（2）雷雨天气：主要考虑避雷器是否爆炸，绝缘子击穿及雷电引起变电所跳闸、电缆头损坏、树木倒在接触网上等。

（3）大风天气：主要考虑是否网上有异物、树枝触网、树木倒在接触网上等。

2. 气温急剧变化易发故障

主要考虑引线、电连接、供电线、正馈线、上跨桥下设备对地绝缘距离减小放电或过紧拉歪开关、避雷器等设备，补偿装置 a、b 值减小或卡滞，线岔卡滞，悬挂交叉处是否产生摩擦放电现象。

3. 晴朗天气易发故障

主要考虑薄弱设备（线岔、关节、分段）引发的弓网故障，入地电缆故障，外单位施工地点部件脱落引发的故障等。

4. 根据跳闸情况判断

（1）永久接地：变电所断路器跳闸，重合闸和强送均不成功，可能是接触网或供电线断线接地、绝缘子击穿、较严重的弓网故障、机车故障等。

（2）断续接地：变电所断路器跳闸重合成功，过一段时间又跳闸，可能是接触网或电力机车绝缘部闪络、列车超限、树木与接触网放电、接触网与接地部分距离不够、接触网断线但未落地、弓网故障等。

（3）短时接地：变电所跳闸后重合成功，一般是绝缘部瞬时闪络、电击人或动物、网上飘落物、树枝烧断等。

（4）每次跳闸时电压都降至很小或为零，重合闸和强送均不成功，可判断为金属性接地，可能是接触网或供电线断线接地、绝缘子击穿、较严重的弓网故障、机车故障、设备短路等。

5. 根据跳闸报告内容判断

（1）每次跳闸时电压下降但仍保持较高，可判断为高阻接地，可能是接触网或电力机车绝缘部闪络、树木与接触网放电、接触网与接地部分距离不够、接触网断线但未落地、隔离开关引线脱落或断线但未接地、弓网故障等。

（2）几次跳闸时电压有变化，而故标指示不变，说明故障时设备绝缘下降或恢复的变化过程，可能是接触网或电力机车绝缘部闪络、树木与接触网放电等。

（3）若几次跳闸时电压无变化，故标指示不变，说明故障时设备绝缘水平不变，可能是绝缘部击穿等。

（4）跳闸时电流较大，一般为金属性接地或设备绝缘击穿等情况。

（5）跳闸时电流较小，一般为高阻接地、过负荷等。

（6）速断跳闸，一般为金属性接地或故障点较近的情况。

（7）过流跳闸，一般为过负荷或故障点较远的情况。

（8）阻抗 I 段跳闸，一般为故障点较近（线路长度 85% 以内）的情况。

（9）阻抗 II 段跳闸，一般为故障点较远（线路长度 85% 以外）的情况。

（10）故障点沿列车运行方向移动，一般为机车原因。

6. 根据受电弓损伤位置判定

（1）受电弓上有伤痕，主要考虑电力机车行走路径上的线夹偏斜、导线硬弯、分段消弧棒松动下垂低于导线面等原因。

（2）受电弓刮坏，主要考虑是线岔电连接位于始触区并且弛度过大，分段绝缘器技术状态超标；定位、支持装置松动下垂等。

7. 外界反映

（1）车站人员反映的情况，主要是设备放电。

（2）工务、电务等单位人员反映的情况，主要部件脱落、断线。

（3）机车司机反映的情况，主要是网上异物、断线、刮弓等故障。

8. 特殊故障

（1）变电所送出电而接触网无电：可能是供电线断线，上网点断开，绝缘关节引线断线，隔离开关引线断线等原因。

（2）变电所没有跳闸，但现场已经出现影响行车的设备事故，比如线岔脱落、吊弦折断、线索上挂有铁线等。

（二）故障查找

故障点查找的方法如下：

（1）接到故障通知后应根据故标指示距离，比照故标对应杆号表迅速找到对应区间和杆号。

（2）根据故障现象（对故障的初步了解，如跳闸报告内容、受电弓损伤、其他渠道反映），结合天气（雨、雪、雾、雷、风等）和故标指示附近的特殊设备（跨线桥、管、电力线、避雷器、线岔、开关、分相、分段等，下同）对故障进行初步判断。

（3）抢修组负责人根据初步判断带齐抢修工具、材料迅速赶往故障现场。

（4）对现场附近（或对初步判断特殊点）进行巡视。对于跳闸故障主要巡视绝缘子状态，有无对跨线桥、管放电现象，线索有无断开接地。对于弓网故障主要观察列车走行路径上分段、线岔状态。

（5）故障点的查找应以故标指示为中心，以特殊设备为重点进行查找。

（6）对于跳闸故障在人员散开初步查找未发现故障点时可要求电调进行一次强送电，届时人员应注意观察，以便发现故障。对于故标指示在 3 km 以内的设备故障，建议供电调度用闭合分区亭并联开关的方式进行试送电。超出 3 km 时可以用闭合变电馈线断路器的方法进行强送。

（7）如按照以上方法仍未发现故障点时则按照如下办法进行查找：

① 当故标指示在车站内并且车站正线和侧线间有隔离开关时，先打开此开关甩开侧线，试送电查找故障点。如果仍未发现故障点，则就近打开正线开关，变电所试送电（或通过分区亭环供）确认故障范围。若仍不能确认故障点，则扩大打开开关范围，确认故障区段。

② 当故标指示在区间正线时，可就近断开隔离开关，通过变电所或分区所环供方式确认故障区段。若仍不能确认故障点，则扩大打开开关范围，确认故障区段。

③ 确定故障区段后仍不能找到故障点时，可采取甩薄弱设备的方式查找故障点。薄弱设备指：电缆→避雷器→隔离开关。

（8）对于枢纽站场，一时不能查找到故障点时应采取"先甩一般，后甩重要设备"的原则，分步打开开关，分束送电确认故障区段后再按照上述甩薄弱设备的顺序和办法确认故障点。

（9）除上述方法外，巡视检查人员还应借助望远镜、接触网综合参数激光测量仪等先进仪器对设备状态和参数进行检查，确认故障点。

（10）故障查找不仅要检查易看到的一面，更要对设备隐蔽的一面加强巡视检查，如绝缘子的上表面，埋入地下的电缆等，以期尽快找到故障点。

第 33 条　在动车段（所）发生供电跳闸时，供电调度员应及时与列车调度员联系，确认跳闸时段动车组走行及检修作业信息，调阅视频监控信息等，指导现场排查和分析跳闸原因，协调动车调度员，适时安排供电人员对相关动车组进行登顶检查。

第 34 条　中断供电，故障原因不明时，供电调度员可采取分段试送电的方式基本判定故障区段或设备。故障点标定装置指示在供电线（缆）范围内的近端短路时，可断开故障供电线（缆）上网开关，通过迂回供电方式试送电。

第 35 条　已判明为正馈线故障，可断开正馈线采取直供的方式供电。已判明为变电所馈线开关或供电线（缆）故障，可断开故障区段采取上下行供电臂并联或迂回的方式供电。

第 36 条　抢修人员找到故障点后，应立即向供电调度员报告故障的位置、性质、设备损坏范围，提出抢修建议方案。抢修组要指派专人与电调时刻保持联系，随时汇报抢修进度，传达指挥信息。

第 37 条　发生供电跳闸后，供电段应立即组织人员对接触网设备进行检查，对跳闸原因进行分析，未查找到跳闸原因时还应利用天窗时间再次组织对接触网设备进行检查，直至查明原因。

（二）抢修出动

第 38 条　接触网工区（含应急值守点）接到抢修通知后，应根据抢修预案和现场情况，带好材料、工具等，15 分钟内出动。

第 39 条　抢修人员应优先采取登乘列车的方式出动抢修。登乘人员要本着快速出动、就近上车的原则，立即申请要点登乘列车。铁路局列车调度员应及时安排停点上下车，车站、公安、列车乘务等相关部门应积极配合，确保抢修人员尽早到达故障现场。

第 40 条　接触网作业车（抢修列）出动抢修时，按救援列车办理。当故障现场有车辆占用时，抢修人员应视情况登车顶处理，或请求列车调度员尽快安排腾空线路，为接触网抢修作业创造条件。

（三）抢修方案

第 41 条　已判明故障性质及故障最小停电单元，短时内无法彻底恢复，但经确认或处理，满足机车车辆限界及惰行条件的，可采用最小故障停电单元停电，列车降弓惰行通过故障点的方式组织行车。

第 42 条　对影响较小，恢复用时不长的故障，应组织一次性恢复到接触网正常技术状态。故障破坏严重，影响范围大，难以短时恢复到接触网正常技术状态的，宜采用分次恢复方式，即对故障临时处理后，开通线路，申请列车以限速、降弓惰行等方式通过故障地点，另行申请时间组织彻底恢复。

第 43 条　采取列车降弓惰行运行时，降弓范围由现场抢修组提报，并应满足列车惰行运行要求。长距离降弓范围由铁路局抢修领导小组确定。

第 44 条　接触网主导电回路线索断线，采取临时紧起、接续时，须加装电气短接线。短接线截面应不小于被连接导电线索的截面。

第 45 条　抢修方案一经确定，一般不应变动，确需变动时，须报供电调度员，经铁路局抢修领导小组同意。

作业指导书

常见接触网故障抢修方案如下：

1. 接触线断线

（1）方案一，抢修时间紧：用手搬葫芦将接触线拉起，并用电连接短接，保证跨中最小接触线高度，送电降弓通过。

（2）方案二，抢修时间允许：做接触线接头（如断口处烧伤长度较长时可补加一段接触线），开通正常通过。

注意事项：抢修前后均应巡视确认本锚段、中心锚结、补偿装置和线岔技术状态，确保一次抢修到位，避免二次要点。

2. 承力索断线

（1）方案一，抢修时间紧：用手搬葫芦将承力索拉起，并用电连接短接，送电开通。

（2）方案二，抢修时间允许：用手搬葫芦将承力索拉起，承力索做接头，用电连接短接，送电开通。

注意事项：用手搬葫芦短接时要绑紧严防脱落。抢修前后均应巡视确认本锚段、中心锚结、补偿装置和线岔技术状态，确保一次抢修到位，避免二次要点。

3. 分段绝缘器损坏

（1）方案一，分段绝缘器变形，机械电气强度正常时：与车站联系，封闭该分段所在线路的电力机车通过。

（2）方案二，分段绝缘器开裂等机械强度受损时：更换整体分段或受损部件，调整送电开通。若时间不允许则可简单用手搬葫芦短接并安装短接线后封闭该线路，同时禁止电力机车通过。

（3）方案三，分段绝缘器电气强度受损而机械强度正常时：渡线分段时，禁止电力机车通过；带开关分段时，闭合隔离开关，禁止小单元停电。

（4）方案四，分段平衡吊弦烧断：更换平衡吊弦，检查绝缘滑道，必要时进行更换或清扫。

注意事项：分段绝缘器电气强度和绝缘强度具有关联性，在检查确认时要综合考虑，采取必要技术措施。

4. 线岔处故障

（1）方案一，线岔变形但正线正常：去掉固定筋条，将侧线吊起，开通正线；该线岔侧线禁过电力机车；确实不能停电时先降弓通过。

（2）方案二，线岔变形影响正线：时间允许，抢修恢复；时间不允许，先抢修通正线，将侧线吊起，开通正线，该线岔侧线禁过电力机车；确实不能停电时先降弓通过。

注意事项：线岔抢修以快速恢复正线通车为条件，如时间紧又短时间难以恢复时，线岔技术参数可暂不保证，只保证正线的接触网几何参数，开通正线。若线岔处的电连接损坏，为避免两悬挂放电，应及时恢复。

5. 隔离开关故障

抢修方案：从开关处甩开开关引线。如开关处于闭合状态，则用短接线短接网上设备（如关节、分段等）；如开关处于开位，则直接甩开引线绑扎到承力索上。

注意事项：上述抢修完毕后应向供电调度进行登记。

6. 避雷器故障。

抢修方案：直接将避雷器的引线从避雷器处甩开，绑在承力索上。

7. 支柱折断。

（1）下锚支柱折断：

方案一，临时锚固法：一是将下锚接触线锚固在另一支接触悬挂的承力索上，同时将下锚支承力索锚固在与断柱相邻的转换柱上（此转换支柱上需打临时斜拉线）；二是将下锚支接触悬挂的接触线和承力索分别锚固在不同的支柱上（三跨中，接触线锚固在距断柱近的转换柱上；五跨中，接触线锚固在距断柱近的转换柱上，承力索锚固在中心柱上）。断柱处下锚支悬挂的拆卸必须用断线法，锚固作业与拆卸作业同时进行。

方案二，合并锚段法：在两转换柱间，将承力索、接触线分别合并，取消一个中心锚结，再另立组合支柱，撑起悬挂、接触线定位及附加悬挂，临时开通。

（2）中间支柱折断：

方案一，在直线区段中间柱折断：可以不立支柱，不定位，将接触线绑到承力索上，保证接触线最小高度，降弓通过。

方案二，中间柱折断：可用轻型临时支柱代替，将接触悬挂固定在临时支柱上，送电开通，根据具体情况降弓或限速通过。

（3）中心柱、转换柱折断：

抢修方案基本同中间柱，如是绝缘锚段关节中心柱、转换柱折断，两悬挂不能保证规定的绝缘距离时，可暂不做绝缘锚段关节使用。

如需立组合支柱时，则应立两个，分别定位。

（4）软（硬）横跨支柱折断：

先保正线，封闭侧线。方案同上。

注意事项：不立支柱开通时，一定要确保接触线高度不低于该区段最低允许高度。软（硬）横跨支柱折断只开通正线时必须保持侧线的绝缘距离。

8. 预埋杆件脱落、损坏

（1）方案一，利用其他预埋件进行临时固定，保证可以通车。

（2）方案二，时间充足时，将故障点向同一侧方向平行移动 300~400 mm，预埋入同种类型、规格的螺栓，待化学胶凝固后将事故悬挂安装于新的预埋件上。

注意事项：利用其他预埋件进行临时固定一定要保证各部的绝缘距离。打完孔后一定要三吹三清，保证孔清理干净。在化学锚栓凝固期间严禁挠动螺栓。

9. 电连接抢修

（1）方案一，电连接烧断：原处更换临时电连接。

（2）方案二，电连接烧伤：根据情况进行补强，然后更换。

注意事项：电连接烧断原则上必须及时更换，以免范围扩大。电连接不宜进行补强处理，若抢修进行补强时，用同规格、型号的电连接进行补强。

10. 锚段关节抢修

（1）方案一，锚段关节技术参数发生变化：调整恢复，有困难时先保证工支技术参数。

（2）方案二，绝缘锚段关节参数发生变化：可按照非绝缘关节标准进行恢复，或只保证工支接触线参数。但必须保证非支抬高，以免非支绝缘子打弓。

注意事项：绝缘锚段关节因抢修调整为非绝缘锚段关节时应向供电调度说明情况。

11. 吊弦脱落

抢修方案：吊弦线夹脱落或吊弦烧断，立即取下，开通线路，有时间时进行补装。

注意事项：要检查附近电连接技术状态，或是否与其他线索摩擦。

12. 定位装置或腕臂损坏

当定位装置或腕臂损坏时：接触线、承力索可通过绝缘子固定在支柱上，机车降弓通过。

13. 绝缘子故障

（1）频繁闪络，不影响运输，则利用晚上无列车时间组织清扫。

（2）绝缘闪络，重合失败。根据故标显示，则利用作业车对故标点左右1000 m的绝缘子状态进行巡视，发现烧伤，立即组织人员对其进行更换；发现脏污，组织人工或水冲洗车进行清扫。

（3）绝缘击穿：如作业车能到达则利用作业车进行更换，如作业车不能到达时则利用绝缘子更换器对其进行人工更换。

注意事项：更换或清扫绝缘子时要检查定位器根部、承力索支座处承力索状态，确认有无烧伤痕迹。

14. 补偿装置故障

抢修方案：利用手扳葫芦在锚柱上做硬锚，检查锚段关节和本锚段的技术状态，送电开通。

注意事项：利用硬锚抢修恢复时，其运行时间不宜过长。恢复送电后应及时利用点外时间尽可能恢复补偿技术状态或进行整体更换，尽快要点全部恢复。

15. 中心锚结故障

（1）方案一，中锚脱落损坏：时间允许时，安装新中心锚结；时间不允许时，撤除中心锚结（或临时绑扎到承力索上），送电开通。

（2）方案二，中锚辅助绳松弛低于导线面：降弓通过。

注意事项：中锚故障时要考虑整个锚段的技术状态，尤其要确认两端补偿装置的技术状态，力争一次到位，避免二次要点。

16. 回流线、保护线故障

（1）方案一，回流线（保护线）断开：将断线（股）相邻悬挂点摘开，人员在地面（或在梯车上）用钳压管连接，此时需要补加不少于2 m的同型号线索，用两个钳压管；没有钳压管时可比照其锚段接头处所形式用并沟线夹代替。吊起固定，送电开通。

（2）方案二，回流线（保护线）断股：用并沟线夹加同型号线索补强。

17. 电缆故障

（1）方案一，变电所馈线电缆故障：甩开故障电缆，采取通过分区亭进行环供，同时调整保护定值，限制列车对数。

（2）方案二，变电所不同供电臂馈线电缆同时故障：甩开故障电缆，采取越区供电方式，同时调整保护定值，限制列车对数。

18. 网上异物

如果列车在运行中或工区人员巡视过程中发现网上有异物，则用绝缘杂物杆将其取下。

19. 列车脱线、颠覆事故

列车脱线、颠覆是一种常见的故障配合，配合时应尽可能选择工作量较小的配合方案，尽可能采用拔线方式进行配合，一般情况下不断线进行配合。

六、开通线路

第 46 条　抢修作业结束后，应对故障设备涉及范围内整个锚段的接触网技术状态进行检查，确认没有侵入机车车辆限界和受电弓动态包络线的情况，确认符合供电、行车条件方准申请送电、开通线路。

第 47 条　需改变正常供电运行方式时，根据预案内容，供电调度员远动操作或发令转换保护定值区。必要时，及时向列车调度员提出限制列车对数等行车限制要求。

第 48 条　定位支撑、补偿装置及接触悬挂部分的抢修结束后，本线首列故障区段应限速160 km/h 及以下，具体限速要求由供电调度员通知列车调度员。线路开通后，现场抢修组应安排人员登乘巡视检查，有条件的应在线路栅栏外观察 1~2 趟车，检查列车通过故障区段情况，确认供电设备正常抢修人员方准撤离。

第 49 条　抢修人员根据当时具体情况和地形条件可从应急作业通道或申请登乘列车撤离线路。

第 50 条　接触网设备技术状态不能满足列车常速运行时，应采取列车限速措施，由供电设备管理部门在相应车站登记行车条件，待确认接触网设备恢复正常技术状态后，恢复常速。

第 51 条　采取限速、降弓行车限制措施临时开通线路时，一般不设置降速、升降弓标志及手信号，由列车调度员发布调度命令。

第 52 条　故障抢修开通线路后采取临时降弓方式运行时，故障区段降弓运行时间一般不超过 24 小时。

七、机具材料

第 53 条　新建高速铁路开通前，相应人员、机具、材料、车库、专用线路、抢修值班及值守房屋应按有关规定配置到位。

第 54 条　接触网工区做好抢修机具料管理和日常维护保养。接触网抢修用车辆应停放在能够迅速出动的指定地点。如变更停放地点，工区值班员要及时报告供电调度员和供电段生产调度员。冬季取暖的地区，车库应有采暖设施，保证车辆能及时出动。

第 55 条　铁路局供电调度员和供电段生产调度员应随时掌握抢修车辆停放地点及状况，交接班时进行交接，接班后要复查。

第 56 条　供电段、接触网工区、应急值守点及抢修基地（抢修列车）应配齐抢修材料（见表 6.1）、工具、备品、通信和防护用具等（见表 6.2），并定期组织检查，抢修材料使用后要及时补充到位，保证数量充足，状态良好。

表 6.1　高速铁路接触网抢修材料储备定额

序号	材料名称	规格	单位	数量				备注
				供电段	供电车间	工区	值守点	
一、支柱								
1	支柱		根	各10	各2	0	0	根据管内支柱类型确定
二、支撑定位装置								
1	常用的支撑定位结构		套	各10	各4	各6	常用定位器2套	包括平、斜腕臂及连接、悬吊零部件，底座、定位器（含线夹）
2	非常用的腕臂固定底座	各种	套	各10	0	各1	0	根据管内情况确定
3	隧道内悬挂及定位埋入杆件		套	10	2	4	0	根据管内情况确定
4	吊柱		套	10	2	4	0	根据管内情况确定
三、接触悬挂								
1	可调式整体吊弦		套	100	40	20	5	
2	弹性吊索		套	100	20	10	0	
四、下锚及补偿装置								
1	补偿滑轮		套	各2	各1	各1	0	管内各种规格
2	坠砣	铁材质	块	50	20	20	0	
3	棘轮		套	2	2	2	0	管内各种规格
五、线索及终端、接续线夹								
1	承力索及接触线		米	各3000	各1500	各100	0	管内各种规格
2	供电线、正馈线		米	各1000	各1000	各100	0	管内各种规格
3	回流线、保护线及架空地线		米	各1000	各1000	各100	0	管内各种规格
4	钢绞线		米	各500	各500	各100	0	管内各种规格
5	电连接线	120mm²	米	100	100	20	0	预制成组
6	承力索终端线夹	各种	套	各10	各2	各2	0	
7	附加导线终端线夹	各种	套	各10	各2	各2	0	
8	接触线终端线夹	各种	套	各10	各2	各2	0	
9	接触线接头线夹	各种	套	20	4	6	0	
10	承力索接头线夹	各种	套	20	4	6	0	
11	附加导线接头线夹	各种	套	各10	各2	各2	0	

序号	材料名称	规格	单位	数 量				备注
				供电段	供电车间	工区	值守点	
六、硬（软）横跨零部件								
1	横承力索线夹	单、双	套	20	10	各4	0	
2	定位环线夹		套	20	10	6	0	
3	球头挂环		个	20	10	6	0	
4	开式螺旋扣		个	20	10	2	0	
5	悬吊滑轮		个	20	10	2	0	
6	双耳楔形线夹		个	20	10	10	0	
7	杆座楔形线夹		个	20	10	10	0	
七、其他零部件								
1	悬式绝缘子		组	30	10	5	0	
2	棒式绝缘子		支	30	10	5	0	爬距：≥1400 mm
3	复合绝缘子	硅橡胶	支	30	10	5	0	
4	线岔		套	4	2	2	0	
5	分段绝缘器		台	4	1	1	0	
6	线岔电连接器		组	1	1	1	0	
7	各种电连接线夹		套	各6	0	各4	0	
8	隔离开关	各种	台	各2台	0	0	0	容量按管内最大
9	接触线中心锚结线夹		套	5	1	1	0	
10	承力索中心锚结线夹	各种	套	各4	各1	各1	0	
11	常用的肩架		套			2	0	
12	铁线		kg	50	20	10	5	

表 6.2 高速铁路接触网抢修机具储备定额

序号	名 称	规格	单位	数 量			备注
				供电车间	工区	值守点	
1	接地线		根	8	4	2	
2	验电器	25 kV	个	4	2	2	
3	绝缘手套		副	4	4	2	
4	绝缘靴		双	4	4	2	
5	安全帽		个	20	10	4	
6	安全带		副	20	10	4	
7	充电电筒		个	30	20	4	
8	个人工具五件套		套	30	10	4	
9	数码照相机		个	2	1	1	
10	望远镜	≥10倍	个	2	1	1	

序号	名　称	规格	单位	数　量			备注
				供电车间	工区	值守点	
11	打冰杆（绝缘杆）		套		2	1	根据需要配置
12	防护信号旗		套	2	4	4	红、黄各2套
13	防护信号灯		个	2	2	2	红、黄各2套
14	对讲机		个	10	10		
15	抢修组合箱（包）	便携式	个		6~8	2~4	根据需要组合
16	车梯	便携式	个	4	1		
17	人字梯		个	4	2	1	
18	挂梯	7~12 m	个	各1	各1	1	
19	梯子	7~12 m	个	各1	各1		
20	攀支柱的脚扣	各种型号	付	8	4	2	
21	断线钳	铜线、钢绞线	把	各2	各2	1	液压或充电式
22	棕绳		根	4	2	1	
23	滑轮组		套	3	3		
24	链条葫芦	6t、3t	个	各2	各1		
25	手扳葫芦	6t、3t	个	各2	各1		
26	紧线器		套	各4	各4		根据管内线索型号确定
27	钢丝套		个	8	4		
28	接触线紧线紧固夹具		套	2	2		
29	导线正弯器	五轮	个	1	2		
30	接触网激光测量仪		套	1	2		
31	皮尺		个	1	2	1	
32	游标卡尺			1	1		
33	水平尺及道尺		个	各1	各2		
34	兆欧表	2500 V	块		1		
35	发电机、临时照明用灯具、电缆		套	2	2		
36	便携式充电矿灯、安全帽		套		8	4	
37	射钉枪		个	1	1		
38	螺母粉碎机		把	1	1		
39	钢锯架		把		2		
40	力矩扳手		套		5		
41	管钳		把	2	2		
42	割刀		把	2	2		

序号	名　　称	规格	单位	数　　量			备注
				供电车间	工区	值守点	
43	扁锉		把	2	2		
44	平锉		套	2	2		
45	放线滑轮		个	30	10		
46	压接钳		套	2	2		
47	大锤		把	2	2		
48	橡胶锤		把	2	2		
49	干湿温度计		个		1		
50	急救药箱		个	1	1		

八、抢修报告和总结

第 57 条　牵引供电设备发生故障后，供电调度员及时收集故障抢修信息，上报牵引供电故障速报，必要时附图或照片说明。

第 58 条　现场抢修组应指定专人负责故障情况及其修复过程的写实（含影像资料），收集并妥善保管与故障相关的零部件等。

第 59 条　牵引供电运行各级管理部门要对每件事故、故障按《铁路交通事故调查处理规程》和《铁路供电设备故障调查处理办法》认真调查、分析原因，制定防范措施；要对每次抢修进行总结分析，抢修中存在的问题要认真研究制定改进措施，不断完善抢修组织、方法与抢修预案。

九、培训与演练

第 60 条　铁路局要加强抢修队伍的定期培训，积极开展故障预想和日常演练。定期组织各级抢修领导小组成员、工区抢修负责人进行轮训，学习有关规章制度，分析典型案例，总结经验教训，不断提高抢修指挥能力。

第 61 条　铁路局应经常进行各类故障抢修方法的训练，定期组织故障抢修出动演练（包括按时集合、整装出动和携带工具、材料等）。

第 62 条　为做好故障抢修的日常演练，抢修基地、供电段及接触网工区应设有供训练用的场地和设施。

十、附　　则

第 63 条　本规则由中国铁路总公司运输局负责解释。

第 64 条　本规则自 2014 年 3 月 1 日起施行。

本章小结

本章讲授了《牵引供电事故管理规则》和《高速铁路接触网故障抢修规则》，其中《牵引供电事故管理规则》包括牵引供电事故的总则、事故分类、事故抢修、事故处理、事故报告等相关规定。《高速铁路接触网故障抢修规则》包括高速铁路接触网故障抢修的总则、抢修组织、信息处置与行车组织、安全措施、抢修处置、开通线路、机具材料、抢修报告和总结、培训与演练等相关规定。

思考题

1. 牵引供电事故等级如何划分？
2. 牵引供电事故抢修如何组织？
3. 牵引供电事故处理应把握哪些原则？
4. 对牵引供电事故应如何报告？
5. 高速铁路接触网故障抢修的基本原则是什么？
6. 高速铁路接触网故障抢修怎样进行信息处置与行车组织？
7. 接触网抢修时如何进行故障类型的判断？
8. 接触网故障点应如何进行查找？
9. 对接触线断线故障应如何进行恢复？
10. 对支柱折断故障应如何处理？
11. 接触网故障抢修结束后如何报告和总结？

参考文献

[1] 中国铁路总公司〔2015〕48 号《高速铁路牵引变电所安全工作规则》
[2] 中国铁路总公司〔2015〕50 号《高速铁路牵引变电所运行检修规则》
[3] 中国铁路总公司〔2014〕221 号《高速铁路接触网安全工作规则》
[4] 中国铁路总公司〔2011〕10 号《高速铁路接触网运行检修暂行规程》
[5] 马羚. 牵引供电规程与规则[M]. 北京: 中国铁道出版社，2008.